高等学校网络空间安全专业系列教材

U0289939

网络安全
设计与运营

王宇　熊达鹏　钱克昌　编著

清华大学出版社
北京

内 容 简 介

本书立足于将所学的网络安全、软件安全等基础知识应用于网络安全防护体系建设和网络安全运营实践中,提供分析问题、解决问题的方法论指导。本书分 4 章,第 1 章阐述常用的网络安全架构及框架,用于指导组织结合具体实际开展网络安全防护体系的规划和设计;第 2 章给出网络安全工程的主要流程,重点介绍威胁建模分析、安全需求分析、安全体系设计的方法和信息安全工程能力成熟度模型;第3 章阐述如何进行网络安全风险评估和安全度量;第 4 章简要介绍网络安全运维和应急响应的主要内容和方法,内容包含理论方法、模型、参考实例、标准规范等。

本书可作为信息安全专业、网络空间安全专业的本科生、研究生"网络安全""信息安全工程"等课程的教材,也可供信息安全、网络安全工程师以及网络安全设计、运维人员参考。

与本书配套的《网络安全应急响应技术与实践》,提供了针对 Windows 和 Linux 操作系统典型攻击事件进行应急响应和取证分析的方式方法以及相关实验指导,可作为网络安全应急响应演练和安全事件分析处置的参考手册。

图书在版编目(CIP)数据

网络安全设计与运营/王宇,熊达鹏,钱克昌编著. —北京:清华大学出版社,2024.4
高等学校网络空间安全专业系列教材
ISBN 978-7-302-66039-2

Ⅰ.①网… Ⅱ.①王… ②熊… ③钱… Ⅲ.①计算机网络-网络安全-安全设计-高等学校-教材 Ⅳ.①TP393.08

中国国家版本馆 CIP 数据核字(2024)第 070793 号

责任编辑:袁勤勇
封面设计:傅瑞学
责任校对:胡伟民
责任印制:刘海龙

出版发行:清华大学出版社
  网 址:https://www.tup.com.cn,https://www.wqxuetang.com
  地 址:北京清华大学学研大厦 A 座   **邮 编:**100084
  社 总 机:010-83470000   **邮 购:**010-62786544
  投稿与读者服务:010-62776969,c-service@tup.tsinghua.edu.cn
  质量反馈:010-62772015,zhiliang@tup.tsinghua.edu.cn
  课件下载:https://www.tup.com.cn,010-83470236
印 装 者:北京同文印刷有限责任公司
经 销:全国新华书店
开 本:185mm×260mm **印 张:**15.25 **字 数:**380 千字
版 次:2024 年 5 月第 1 版 **印 次:**2024 年 5 月第 1 次印刷
定 价:49.00 元

产品编号:100485-01

前　言

　　人工智能、5G移动通信、云计算等不但使得现有的网络信息系统规模更大、联网设备更多，其网络结构也从传统的物理层、网络层、系统层、应用层和数据层逐步演变为物理层、网络和系统层、软件定义网络层、身份应用访问层和数据层，与之对应的网络安全，相应从仅重视网络安全域边界防护和主机安全加固，转变为更加重视云安全、边缘接入安全、API安全、身份与访问的安全，以及零信任安全等。在这一演变过程中，网络安全的边界正逐步从传统的局域网扩展到广域网之间的边界，逐步缩小到终端、应用甚至数据层面，网络安全控制的粒度也越来越细。网络安全保障能力的提升必须从限制和缩小网络攻击面入手。供应链安全问题、人员安全问题叠加网络信息系统固有的安全缺陷和漏洞等问题，使得网络信息系统面临的安全威胁不再停留在系统建成后的运行阶段，而是贯穿在网络信息系统的整个生命周期中。以城市交通拥堵为例，造成拥堵的原因不但与天气原因、小客车保有量、尾号限行政策等运维管理有关，还与道路设计、交通信号灯设置等设计问题有关。同样地，造成网络安全事件的原因，从表象上看可能是系统安全策略设置不当，系统安全配置不合理等运维问题造成的，而从深层次看则可能是网络信息系统在设计开发阶段存在的漏洞与缺陷引起的，因此网络安全保障应该向网络信息系统的上游（系统安全防护体系的建设）和下游（系统安全运维）渗透，将网络安全设计与网络安全运营结合起来整体考虑。

　　本书内容不涉及身份认证、访问控制、数据加密等网络安全基础知识，以及防火墙、入侵检测、虚拟专用网等网络安全应用技术，而是重点阐述如何运用网络安全技术与产品构建网络信息系统的安全防护体系，包括如何进行安全需求分析、安全防护体系设计和安全风险评估，如何运用网络安全框架设计方法论开展网络安全架构设计等；如何进行网络安全运营，包括网络安全运维的主要内容、方式方法，网络安全应急响应的主要流程等。这些理论和方法可灵活运用于网络信息系统的安全设计与运营中，提高网络信息系统的安全保障能力。

　　本书共分为4章，第1章为网络安全体系，重点阐述网络安全架构设计方法和常用的网络安全框架；第2章介绍网络安全工程包括哪些过程，如何进行安全威胁建模和安全需求分析，如何设计网络安全防护系统，如何评价信息安全工程的能力成熟度等；第3章系统介绍如何进行网络安全风险评估；第4章介绍网络安全运维管理的主要内容、要求和措施，以及网络安全应急响应的分类和流程等。

　　本书可作为高等学校网络安全、信息安全专业的教材。在编写过程中,参考了大量的技术标准、网上论坛、教材、专著和研究资料。

　　由于编写时间仓促、作者水平有限,书中难免存在错误和缺点,欢迎各界学者不吝赐教,提出宝贵意见。

　　　　　　　　　　　　　　　　　　　　　　　　　　　作　者
　　　　　　　　　　　　　　　　　　　　　　　　　　2024 年 4 月

目 录

第 3 章　网络安全风险　　/115

第 1 章

网络安全体系

体系(system of system,SOS),是更高层次的系统,是系统的系统,由多个在功能上相对独立的系统构成,通过一定方式的协调组合,共同实现单个系统不具备且多个系统简单叠加也无法实现的综合能力和整体效能。

物理学中有个很著名的"熵增定律":一个封闭系统永远趋向于从有序到无序,也就是说它的熵(即混乱程度)会不断地增加,最终会彻底无序。现实世界也是这样的,随着 IT 技术的应用、互联网技术的发展,网络信息系统会变得越来越复杂,其上承载的应用、交互的信息会越来越多,网络的受攻击面也会越来越大,保障这样的信息系统或网络的安全,绝不仅仅是各类安全产品的简单堆叠就能实现的。这就如同手头拥有一辆汽车的所有零部件,包括发动机、车轮、底盘、传动轴、车架等,但这并不等同于拥有一辆能开动的汽车! 同样的道理,拥有各种安全产品和系统,并不能证明能够有效防护整个信息系统! 还需要验证这些安全产品和系统能够有效组合和协作吗? 系统的安全配置是否正确? 对系统进行持续维护了吗? 因此设计一个网络的安全防护体系,必须从架构设计出发,分析安全需求、评估安全风险、选择安全控制措施、实施安全运维,只有这样才能有效防范复杂多变的网络攻击。

1.1 架构及框架

要理解什么是架构,需要先搞明白系统、子系统、组件、模块的定义。

系统(system)有时也称为"体系",泛指由一群有关联的个体组成,根据某种规则运作,能完成个别元件不能单独完成的工作的群体。关联代表多个个体。规则代表有指定要求和顺序,而非随意组合。子系统定义与系统一样,只是突出表达是一个大系统的组成部分,大系统由多个子系统组成。

系统=子系统 A+子系统 B+…+子系统 N

模块(module)是指可组成系统的、具有某种确定独立功能的半自律性的子系统,可以通过标准的界面和其他同样的子系统按照一定的规则相互联系而构成更加复杂的系统。

组件(component)是对数据和方法的简单封装。组件强调封装性和可重复性。组件和模块的概念往往相互交织,互相包含。模块一般是从逻辑的角度拆分系统,而组件则是从物理的角度拆分系统。一个模块可以由多个组件组成,反之,一个组件也可能由多个模块组成。模块与组件都强调一定的功能独立性,并通过接口与其他模块或组件进行信息交互。

架构(architecture)是有关系统整体结构与组件的抽象描述,用于指导复杂系统各个方面的设计。架构是从结构的角度设计系统的草图,是计划、设计和构建实体(系统)的过程和产品。通过架构可将复杂的事物分解并变简单,可将思维的注意力集中在具体概念层上。系统架构包括系统各模块的组成以及模块之间的连接（交互）关系。

框架（framework）是指为实现某个行业标准或完成特定使命的系统组件规范。框架的功能类似于基础设施，与具体的系统无关，但是提供并实现最为基础的系统架构和体系。

综上可知，框架是设计系统的一套规范或者规则，是一系列关于"如何"做某事的步骤或指南；而架构是设计系统结构与组件的抽象描述，是一组关于"什么"的项目清单。框架比架构更具体，更偏重于技术，而架构偏重于设计。同一个系统架构可以用不同的框架描述，反之，同一个框架可以指导不同系统架构的设计。框架关注"规范"，架构关注"结构"，如图 1-1 所示。

系统设计＝组件结构+关系+原则和指导
架构 框架

图 1-1 架构与框架

架构设计是指将复杂的系统分解为更加简单的系统或子系统，一般采用分层技术实现，并通过模块化将原有的整体设计打破成可管理部分并定义其功能和接口。这个过程也被称为"系统工程"。

架构设计一般包含以下步骤。

（1）边界划分：根据要解决的问题，对目标系统的边界进行界定。

（2）能力划分：对目标系统按某个原则进行切分。切分的原则要便于不同的角色对切分出来的部分，并行或串行开展工作，一般并行才能减少时间。

（3）交互机制：对切分出来的部分设立沟通机制。

（4）根据（3），使得这些部分之间能够进行有机的联系，合并组装成为一个整体，完成目标系统的所有工作。

1.2 安全架构和安全框架

Gartner 对安全架构的定义是：安全架构是计划和设计组织的、概念的、逻辑的、物理的组件的规程和相关过程，这些组件以一致的方式进行交互，并与业务需求相适应，以达到和维护一种安全相关风险可被管理的状态。

采用安全架构的根本目的是实现与业务相关的安全。传统的基于合规（如等保、分保的标准要求）的安全，往往只重视在安全风险评估基础上选择必要的安全控制措施，至于这些安全控制措施是否能够满足组织的业务需求（包括安全需求、IT 需求等），并不能得到有效的保证。而采用安全架构能够提供一套科学的方法，指导安全设计和运维人员从组织的业务战略需求出发，逐步构建其安全概念架构、逻辑架构（应用和技术架构）、物理架构（组件）和运营架构等，并可双向追溯实现的安全架构是否能够满足业务需求，是否能够有效控制安全风险，达到成本效益最大化的目标。

很多组织不考虑且不了解安全架构，但会购买和部署安全产品。这会导致这些组织因为缺少安全架构而无法确定其部署的安全产品是否会降低风险。同时又致使安全技术部署不均，即在某些领域部署了太多的安全技术（通常有很多重叠的功能），而在其他领域部署的安全技术又太少或根本没有。

安全框架是一种为决策过程定义规则的方法，是设计安全架构的方法论，用来提供在给定用例中必须使用的安全控制组件。图 1-2 给出了典型的安全框架。安全框架一般包含安全控制框架、安全管理计划框架、治理框架、安全风险管理框架等。

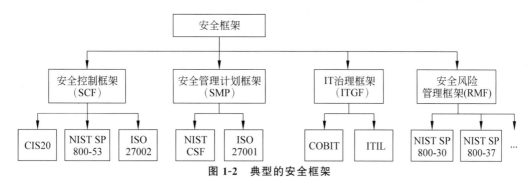

图 1-2 典型的安全框架

安全控制是指为保护对组织重要的各种形式的数据和基础结构而实施的安全管理与技术措施,用于避免、检测、抵消或最小化对物理财产、信息、计算机系统或其他资产的安全风险的任何类型的保护技术或对策都被视为安全控制。

目前常见的安全控制框架(Security Control Framework,SCF)包括互联网安全中心(Center for Internet Security,CIS)发布的"CIS 关键安全控制框架",美国国家标准与技术研究院(National Institute of Standards and Technology,NIST)发布的信息系统和组织的安全和隐私控制(NIST SP800-53),以及国际标准化组织(International Organization for Standardization,ISO)发布的信息技术,网络安全与隐私保护——信息安全控制(ISO/IEC 27002:2022)等。

关键安全控制(Critical Security Controls,CIS)是一组按优先级排列的保护措施,用于缓解针对系统和网络的最普遍的网络攻击。

NIST SP800-53 为信息系统和组织提供安全和隐私控制目录,以保护组织运营的资产、人员、其他组织和国家免受各种威胁和风险的影响。

ISO27002 为组织信息安全标准和信息安全管理实践提供指导方针,包括选择、实施和管理控制措施,同时考虑到组织的信息安全风险环境。

安全控制必须基于安全风险评估的结果动态调整、动态实施,并且要考虑成本效益最优,因此安全控制离不开安全管理计划(Security Management Plan,SMP)的支持。目前常用的安全管理计划框架包括美国国家标准和技术研究院的网络安全框架(Cyber Security Framework,CSF),国际标准化组织发布的信息安全管理系统要求(ISO/IEC 27001)等。

NIST CSF 可以帮助组织开始或改进其网络安全计划。ISO/IEC 27001:2013 规定了在组织环境中建立、实施、维护和持续改进信息安全管理体系(Information Security Management System,ISMS)的要求。它还包括根据组织需求量身定制的信息安全风险的评估和处理要求。

IT 治理框架提供了具体安全运维的指导方法,主要包括由信息系统审计与控制协会(Information Systems Audit and Control Association,ISACA)在 1996 年公布的信息及相关技术控制目标(Control Objectives for Information and related Technology,COBIT),该信息系统审计标准在商业风险、控制需要和技术问题之间架起了一座桥梁,以满足管理的多方面需要；以及信息技术基础架构库（Information Technology Infrastructure Library，ITIL），它由英国政府部门中央计算与电信局（Central Computing and Telecommunications Agency，CCTA）在 20 世纪 80 年代末制定，主要适用于 IT 服务管理。

安全风险管理框架提供了风险管理的流程、风险评估的方法、风险监控及响应的方法等内容。

网络安全框架与安全设计流程的关系如图 1-3 所示。安全架构设计人员采用安全风险管理框架进行系统安全风险评估；根据网络安全风险评估的结果，参考安全控制框架选择适合的安全控制措施；根据所选择的安全控制措施，以安全管理计划框架为指导，制定安全管理（控制）计划；在系统安全运维期间，采用 IT 治理框架进行系统变更管理、资产管理等，将安全治理纳入整个组织的 IT 治理中。以上安全设计流程接受安全架构方法论的指导。

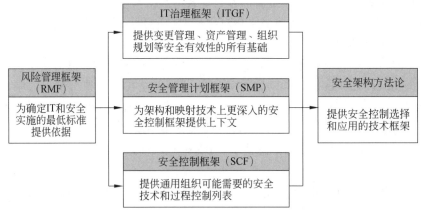

图 1-3　网络安全框架与安全设计流程的关系

安全架构方法论为开展系统安全架构的设计提供安全控制选择和应用的技术框架。目前值得借鉴的安全架构设计方法主要包括 SABSA 应用业务安全架构方法论、TOGAF企业架构方法论和安全设计模式等，如图 1-4 所示。其中，TOGAF 从业务驱动的视角指

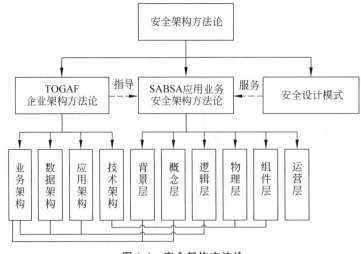

图 1-4　安全架构方法论

导企业 IT 架构的设计,安全设计模式为安全架构的设计提供通用的解决方案,SABSA 则从风险驱动的角度设计系统的安全架构。安全架构方法论可以帮助组织实现将安全需求与业务需求结合起来的目标。

信息系统的架构一般包括业务架构、应用架构、数据架构和技术架构等。

(1) 业务架构。业务架构是使用一套方法论对产品(项目)所涉及的需求的业务进行业务边界划分,简言之,就是根据一套逻辑思路进行业务的拆分,总体原则是对业务进行业务边界的划分。例如开发一个企业订购服务网站,需要把商品类目、商品、订单、订单服务、支付、退款很清晰地划分出来,而业务架构不需要考虑诸如用什么技术开发、并发访问多怎么办、选择什么样的硬件等,仅相当于做系统需求分析,绘制用例图。

(2) 应用架构。应用介于业务语言与技术语言之间,应用架构是整个系统实现的总体架构,需要指出系统的层次、系统开发的原则、系统各个层次的应用服务等。例如,某系统可以分为数据层(资源层)、数据服务层、中间构建服务层、业务逻辑层、表现层,并写明每个层次的应用服务。应用架构应说明产品架构分为哪些应用系统,应用系统间如何集成,重点考虑两个方面:一是子系统间的关系,二是考虑将可复用的组件或模块下沉到平台层,为业务组件提供统一的支撑,相当于设计系统的数据流图、时序图或活动图,绘制系统功能模块组成图。

(3) 数据(持久化)架构。数据(持久化)架构描述了组织的逻辑和物理数据资产以及相关数据管理资源的结构。数据架构主要解决三个问题:一是系统需要什么样的数据;二是如何存储这些数据;三是如何管理数据的分布。数据架构主要包括数据模型、数据定义、数据标签体系(针对定性数据)和数据指标体系(针对定量数据)四个方面的内容。

- 数据模型是系统中的数据在"现实域"中的映射。数据模型通过类、关系、实例描述数据所表达的业务内涵。
- 数据定义是指每一项数据都必须具有没有歧义的描述、内涵,以及在系统中的格式约束。数据的定义需要用"元数据"来规范。
- 标签用来规定"定性"数据的值域,是数据消费者最终关心的业务特征。
- 指标用来规定"定量"数据的值域,通过特定规则(或公式)用机器自动计算而来。

(4) 技术架构。应用架构本身只关心需要哪些应用系统、哪些平台来满足业务目标的需求,而不会关心在整个构建过程中需要使用哪些技术。技术架构则是承接应用架构的技术需求,其可根据识别的技术需求,进行技术选型,把各个关键技术和技术之间的关系描述清楚。技术架构解决的问题包括如何进行纯技术层面的分层、开发框架的选择、开发语言的选择、涉及非功能性需求的技术选择等。

此外,技术架构也可以简单归纳为:

技术架构=解决业务上的技术问题+技术方案+技术组件

- 解决业务上的技术问题。以系统登录功能为例,可以用用户名和密码在后台验证登录,也可以用二维码扫描或动态口令验证的方式登录,具体采用哪种登录方式,涉及不同的业务需求。
- 技术方案。针对上面的技术问题设计技术方案。如果采用用户名、密码登录,那么是传递明文密码还是密码的哈希摘要?后台是保存密码的哈希摘要本身还是加盐？如果采用动态口令应该如何设计鉴别协议等，都需要给出具体的技术方案。

- 技术组件。技术方案可能涉及以下技术组件，如分布式缓存、消息队列、分布式定时任务、网络通信数据加解密、数字签名、消息认证等。技术方案会根据需要选择一个或多个技术组件来完成目标。

业务架构、技术架构与应用架构、数据架构之间的关系如图 1-5 所示。

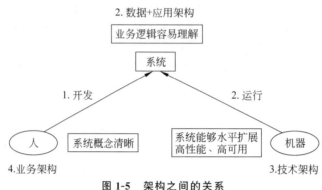

图 1-5　架构之间的关系

　　网络安全架构的设计离不开安全框架和安全架构方法论的支撑。安全框架可与安全架构方法论结合使用，为网络和信息系统安全架构的设计提供方法、流程、标准、规范、模式等方面的指导，减少安全设计的不确定性和安全风险。例如，可以依据 SABSA 制定的系统安全设计流程，参考安全框架（如 NIST CSF）加速构建安全架构，根据业务上下文确定战略安全目标和安全需求，运用 ISO/OSI 安全参考模型、IATF 信息保障技术框架等安全框架，以及安全设计模式，定制系统的逻辑安全架构，选择相应的安全控制措施，制定系统的物理安全部署方案，如图 1-6 所示。

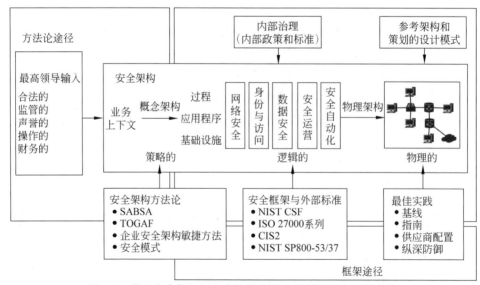

图 1-6　基于安全框架和安全架构方法论的网络安全架构设计

1.3 安全架构方法论

1.3.1 SABSA

SABSA(Sherwood Applied Business Security Architecture)[①]是一个基于风险和机遇的业务驱动的企业安全框架。它是一个开放式标准,容纳了大量的框架、模型、方法和步骤。它提供了一个总体框架,将所有其他现有的标准整合在一个单一的 SABSA 框架中,填补了"安全架构"和"安全服务管理"之间的空隙,形成一个从系统需求分析到部署运营实施的全生命周期结构解决方案。使用 SABSA,架构师应该关注策略域和信任的相互关系,以帮助分解这些域,从而建议在何处分配属性。如表 1-1 所示,SABSA 方法论有 6个层次,其中最后一层贯通前 5 层。每一层都有不同的目的和视图,并从资产、动机、过程、人员、地点和时间 6 个方面进行表述。

表 1-1 SABSA 组成

属性 层次	资产 (什么)	动机 (为什么)	过程 (如何)	人员 (谁)	地点 (何地)	时间 (何时)
背景层 (上下文层)	业务	业务风险模型	业务过程模型	业务组织和关系	业务地理布局	业务时间依赖性
概念层	业务属性配置文件	控制目标	安全战略和架构分层	安全实体模型和信任框架	安全域模型	安全有效期和截止时间
逻辑层	业务信息模型	安全策略	安全服务	实体概要和特权配置文件	安全域定义和关系	安全过程循环
物理层	业务数据模型	安全规则、实践和规程	安全机制	用户、应用程序和用户接口	平台和网络基础设施	控制结构执行
组件层	数据结构细节	安全标准	安全产品和工具	标识、功能、行为和访问控制列表(ACL)	过程、节点、地址和协议	安全步骤计时和顺序
运营层	业务连续性保证	运营风险管理	安全服务管理和支持	应用程序和用户管理域支持	站点、网络和平台的安全	安全运营日程表

例如建造一座楼可以分为以下 6 个层次。

- 背景层:明确要建一座楼;
- 概念层:确定这座楼是什么形状,采用什么风格;
- 逻辑层:明确这座楼体现什么功能(服务);
- 物理层:设计这座楼如何组装搭建;
- 组件层:确定这座楼所需要的建筑材料;
- 运营层:建成后如何运行管理。

---

① https://sabsa.org/。

背景层,即上下文层位于顶部,需要进行系统的业务安全风险分析,确定业务安全需求和目标。上下文层安全架构设计的内容列举如下。

- What:这是什么系统?将有什么用途?它需要保护哪些资产?
- Why:为什么会使用它?系统面临哪些安全威胁?
- How:如何使用它?使用过程中的安全威胁有哪些?
- Who:谁会使用它?利益相关人员对安全的要求和看法是什么?
- Where:在哪里使用它?保密性、真实性和完整性的要求是什么?
- When:何时使用它?对系统及数据的完整性和可用性有何要求?

在明确上下文层安全架构后,安全架构师就要设计系统的概念安全架构,内容列举如下。

- What:需要保护什么?
- Why:为什么要保护它?分析资产的价值和业务相关性。
- How:如何实现这些保护?
- Who:谁参与了安全管理?他的角色和职责是什么?各角色之间、角色与系统之间如何建立信任关系?
- Where:如何通过安全域框架进行保护?
- When:什么时候进行安全保护?

设计概念安全架构的目的是确定系统的安全战略。接下来,系统安全设计师需要根据已经明确的安全控制目标和系统安全战略,进行系统的逻辑安全架构设计。创建逻辑安全架构时应该将安全标准(用于帮助组织满足监管需求或其他遵从性需求)纳入,并将它们转换映射为安全控制措施(策略),以创建处理实体之间逻辑域和信任的控制措施集合。逻辑安全架构包括以下内容。

- What:系统的业务逻辑是什么(如数据流图)?
- Why:系统的安全和风险管理政策需求是什么?
- How:明确表述逻辑安全服务(数据加密、身份认证、完整性保护、访问控制、不可抵赖性等服务)和功能;
- Who:人员的访问授权规则、策略,以及如何建立信任关系?
- Where:详细说明安全域和域间的关系;
- When:详细说明与安全相关的业务流程、起始时间、周期等。

物理安全架构是从实施部署的角度将逻辑安全架构加以实现,主要包括以下内容。

- What:详细描述业务数据模型与安全相关的数据结构(表、信息、指针、证书、签名等);
- Why:详细描述逻辑规则(条件、方法、程序、动作);
- How:详细描述采用的安全机制;
- Who:详细描述界面和人机交互方式;
- Where:详细描述安全基础设施、安全产品与系统的部署方案等;
- When:详细描述序列、事件、有效期等与时间相关的安全。

组件安全架构包括以下内容。

- What:信息通信技术组件有哪些?

- Why：部署哪些与风险管理相关的工具和产品？
- How：如何使用这些安全工具和产品（标准、方法）？
- Who：包含哪些身份管理工具和产品？
- Where：在哪里部署这些安全工具和产品？
- When：部署的时间进度表。

运营安全架构包括以下内容。

- What：确保业务系统和信息处理的运营连续性，维护运营业务数据和信息的安全性（机密性、完整性、可用性、可审计性和问责制）；
- Why：管理运营风险，从而最大限度地减少运营失败和中断；
- How：执行专业的安全相关操作（用户安全管理、系统安全管理、数据备份、安全监控、应急响应程序等）；
- Who：为所有用户及其应用程序（业务用户、操作员、管理员等）的安全相关需求提供运营支持；
- Wher：维护所有运营平台和网络的完整性和安全性（通过应用运营安全标准并根据这些标准审核配置）；
- When：安排和执行安全相关操作的时间表。

以上 6 个安全架构层的输出如表 1-2 所示。

表 1-2　SABSA 每层的输出

架　构　层	输　　出
背景层	业务需求与风险
概念层	控制目标与安全属性
逻辑层	安全服务、安全域分布、信任（AAA）模型
物理层	安全机制、安全部署方案（基础设施）
组件层	特定的安全产品、协议
运营层	安全运维、风险管理等

注：AAA 即 Authentication、Authorization 和 Accounting。

1.3.2　TOGAF

TOGAF(The Open Group Architecture Framework)[①]是一个开发企业架构的框架和一组支持工具集，用于定义系统的业务、信息系统和技术架构、目标和愿景，完成不同架构之间的差距分析，并监视系统生命周期的整个过程。这里"企业"的概念意味着在组织最高级别而不是在普通级别进行业务调整。

TOGAF 架构是一个业务驱动的架构，其开发周期（见图 1-7）非常适合任何开始创建企业安全架构的组织，具体流程如下。

---

① https://www.opengroup.org/togaf。

- 预备阶段：定义和建立企业架构的组织模型；
- 架构愿景：定义架构范围以及对架构项目的预期；
- 业务架构：开发业务基线和目标架构，进行差距分析；
- 信息系统架构：开发数据 & 应用基线及其目标架构，进行差距分析；
- 技术架构：开发技术基线和目标架构，进行差距分析；
- 机会和解决方案：识别主要的工作内容，并纳入迁移架构中；
- 迁移规划：完成和实现迁移计划；
- 实施治理：确保项目实现、满足需求；
- 架构变更管理：持续的检查和完善。

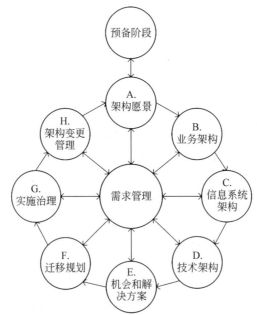

图 1-7　TOGAF 架构开发周期

TOGAF 企业架构的组成如图 1-8 所示，主要包括以下几个部分。

- 业务架构：定义组织的战略、管理、组织和主要的业务流程；
- 数据架构：描述组织的物理和逻辑数据资产，以及数据资源的结构，数据的收集、治理（管理）、服务等；
- 应用架构：根据业务场景需要，设计软件的功能分配、集成交互、服务总线（规范与标准），其关注点在系统的功能以及功能之间的交互；它提供了描绘各个应用程序部署方式和相互作用的蓝图，并描述它们之间的关系以及组织的核心业务流程；
- 技术架构：从技术实现的角度考虑应用的各种功能，技术选型等，包括硬件与软件之间如何通信，如何从技术角度实现系统功能、可用性，稳定性等方面的指标；描述了需要支持的业务、数据和应用服务部署的逻辑软件和硬件的能力，如 IT 基础设施、中间件、网络、通信、处理、标准等。

与 SABSA 架构对应，TOGAF 企业架构中的业务架构涵盖了 SABSA 的资产（服务、

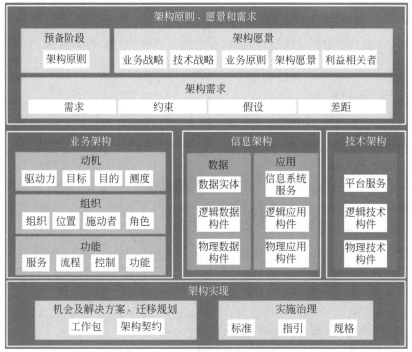

图 1-8 TOGAF 架构组成

功能)、动机(驱动力、目标、目的、测度)、过程(流程、控制)、人员(组织、实施者、角色)、地点(位置)等 5 个方面,并给出了系统开发周期中各个阶段的输出成果(见图 1-9),可作为系统开发与设计的通用参考模型。

图 1-9 TOGAF 架构各阶段的输出成果

实际上,可以将 SABSA 基于风险驱动的架构与 TOGAF 基于业务驱动的架构结合起来,将 SABSA 的各层融入 TOGAF 企业架构开发的各个阶段,实现既能兼顾组织的业务战略目标,又能确保组织安全风险可控,企业业务目标与安全保障目标统一的系统安全架构设计。

1.3.3 企业安全架构设计模型

基于 SABSA 和 TOGAF 安全架构设计的方法论,可以定制一个简化版的企业安全架构设计模型,如图 1-10 所示。

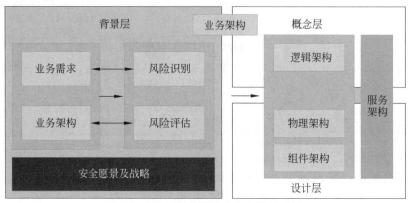

图 1-10 简化的企业安全架构设计模型

其具体步骤如下。

- 识别业务目标、目的和战略;
- 识别实现这些目标所需的业务属性;
- 识别那些与导致业务目标无法实现的属性相关的所有风险;
- 识别管理风险所需的控制措施;
- 定义一个计划/程序来设计和实现这些控制。
  - 定义业务风险的概念架构:
    - 治理、政策和领域架构;
    - 运行风险管理架构;
    - 信息架构;
    - 证书管理架构;
    - 访问控制架构;
    - 事件响应架构;
    - 应用安全架构;
    - Web 服务架构;
    - 通信安全架构。
  - 定义物理架构并映射到概念架构:
    - 物理安全;
    - 电磁安全;

- 网络安全；
- 系统安全；
- 数据安全；
- 应用安全；
- 用户安全。
  - 定义组件架构并映射到物理架构：
    - 安全标准（例如，NIST、ISO、GB 等）；
    - 安全产品和工具（例如，防病毒、虚拟专用网络、防火墙、无线安全、漏洞扫描系统、入侵检测系统等）；
    - Web 服务安全（例如，HTTP/HTTPS 协议、应用程序接口、Web 应用防火墙等）。
  - 定义运行服务架构：
    - 实施指南；
    - 行政管理；
    - 资产/漏洞/配置/补丁管理；
    - 监测审计；
    - 日志记录；
    - 渗透测试；
    - 访问管理；
    - 变更管理；
    - 取证。

1.3.4　安全设计模式

安全设计模式是在给定的场景中，为控制、阻止或消减一组特定的威胁而采取的通用解决方案。在信息系统和软件设计中使用安全设计模式，可以有效地增强信息系统和软件的架构安全性，降低其安全风险。安全设计模式的最终目标是建立安全的系统。严格意义上来说，安全模式的方法是一种工程方法。

运用安全设计模式必须遵循以下两条原则。

- 安全模式必须遵循"安全须从最顶层开始"的安全原则。安全依赖于每个层次，因此必须一开始就加以考虑。
- 体系架构的所有层次都必须是安全的。

描述模式时，解决方案的内容应该详细到设计人员可以直接拿来使用的程度。在描述安全设计模式时，可以使用 UML 类图来描述静态的信息结构，用时序图来描述主要用例中的动态交互。

在 UML 类图中，常见的有以下几种关系，如图 1-11 所示。

- 泛化（generalization）：表示类与类之间的继承关系，接口与接口之间的继承关系，或类对接口的实现关系；
- 实现（realization）：也是一种继承关系，表现为继承一个抽象类，例如"车"是一个抽象的概念，在现实中无法直接用来定义一个对象，必须指明具体的子类（如汽车

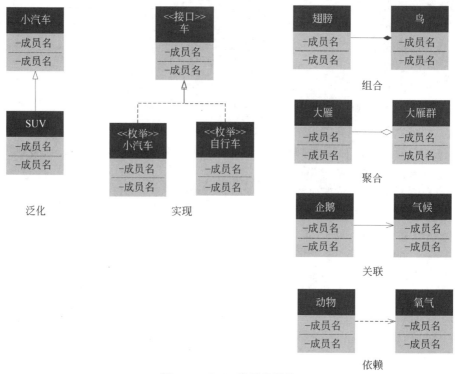

图 1-11　UML 类图表示法

或自行车),才可以用来定义对象;

- 关联(association):对于两个相对独立的对象,当一个对象的实例与另一个对象的一些特定实例存在固定的对应关系时,这两个对象之间为关联关系;
- 聚合(aggregation):表示一种弱的"拥有"关系,即 has-a 的关系,体现的是 A 对象可以包含 B 对象,但 B 对象不是 A 对象的一部分,两个对象具有各自的生命周期;
- 组合(composition):是一种强的"拥有"关系,是一种 contains-a 的关系,体现了严格的部分和整体关系,部分和整体的生命周期一样;
- 依赖(dependency):对于两个相对独立的对象,当一个对象负责构造另一个对象的实例,或者依赖另一个对象的服务时,这两个对象之间主要体现为依赖关系。

UML 时序图(sequence diagram)是显示对象之间交互的图,这些对象按时间顺序排列。时序图中显示的是参与交互的对象及其对象之间消息交互的顺序,如图 1-12 所示。

时序图的建模元素主要有:对象(actor)、生命线(lifeline)、控制焦点(focus of control)、消息(message)等。

对象:包括以下三种命名方式。

- 第一种方式包括对象名和类名;
- 第二种方式只显示类名,不显示对象名,即匿名对象;
- 第三种方式只显示对象名,不显示类名。

控制焦点是顺序图中表示时间段的符号,在这个时间段内对象将执行相应的操作,用

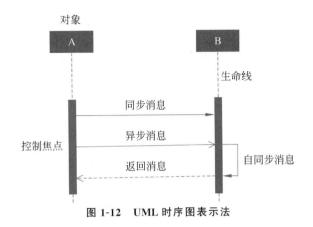

图 1-12　UML 时序图表示法

小矩形表示。

消息包含以下类型。

- 同步消息（synchronous message）＝调用消息：消息的发送者把信号传递给消息的接收者，然后停止活动，等待消息的接收者放弃或者返回信号。
- 异步消息（asynchronous message）：消息发送者通过消息把信号传递给消息的接收者，然后继续自己的活动，不等待接受者返回消息或者信号。
- 返回消息（return message）：返回消息表示从过程调用返回。
- 自关联消息（self-message）：表示方法的自身调用以及一个对象内的一个方法调用另外一个方法。

以图 1-13 的基于策略的访问控制模型为例，可以采用安全设计模式进行访问控制设计，其 UML 类图和时序图分别如图 1-14 和图 1-15 所示。安全设计人员可以根据这些类图和时序图，方便、规范、无二义地在系统中实现基于策略的访问控制。

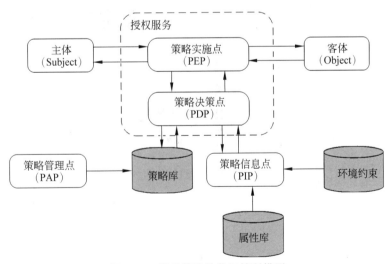

图 1-13　基于策略的访问控制模型

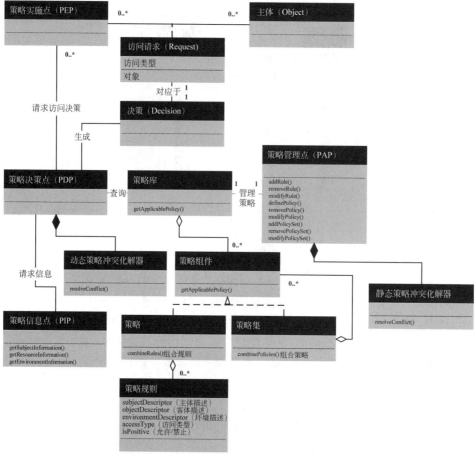

图 1-14   基于策略的访问控制模式类图

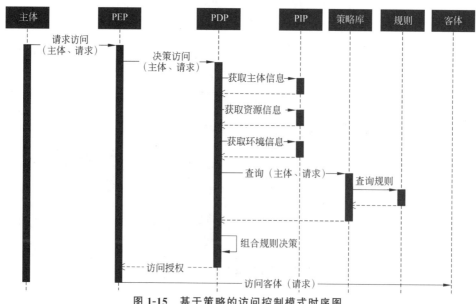

图 1-15   基于策略的访问控制模式时序图

1.4　网络安全框架

1.4.1　NIST CSF

CSF(Cybersecurity Framework)[①]是 NIST(美国国家标准与技术研究院)与全球自愿开发网络安全框架的相关利益人合作建立的通用安全框架,该框架的优先级、灵活、可重复和具有成本效益的方法可帮助关键基础设施的所有者和运营商管理与网络安全相关的风险。

此框架以风险为基础,由框架核心(the core)、框架实现层(implementation tiers)、框架概要(profiles)三个主要组件组成。

- 框架核心使用易于理解的通用语言提供一组所需的网络安全活动和结果,用以指导组织规范网络安全和风险管理的流程,以管理和降低其网络安全风险。
- 框架实现层通过提供组织如何看待网络安全风险管理的背景来帮助组织。该组件指导组织考虑其网络安全计划的适当严格程度,可作为利益相关方讨论风险偏好、任务优先级和预算的沟通工具。
- 框架概要是组织对其安全要求和目标、风险偏好和资源与框架核心的预期结果的独特调整,概要文件主要用于识别和优先考虑改善组织网络安全的机会。

CSF 的框架核心是 IPDRR(Identify,Protect,Detect,Response,Recover)安全模型,即识别-保护-检测-响应-恢复,包含功能、类别、子类别和参考资料四个元素,其中功能部分为 IPDRR,类别是将功能细分为与安全规划需求和特定活动密切相关的网络安全成果组,类别的例子包括"资产管理""访问控制""检测过程"等,子类别进一步将一个类别划分为具体的技术和/或管理活动成果,参考资料是在关键基础设施部门中常见的安全标准、指南和实践的特定部分,说明了实现与每个子类别相关的成果的方法,如图 1-16 所示。

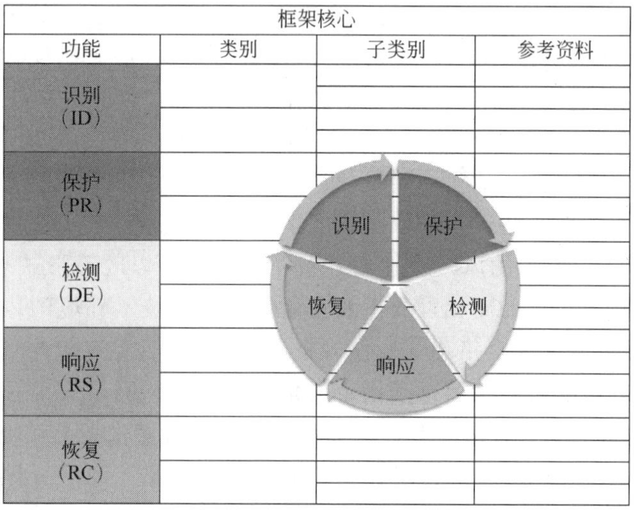

图 1-16　CSF 的框架核心

---

① https://www.nist.gov/cyberframework。

(1) Identify(识别)。识别是有效使用框架的基础。识别组织中的系统、人员、资产、数据和功能,了解业务环境、支持关键功能的资源以及相关的网络安全风险,可以使组织根据其风险管理战略和业务需求,确定风险控制的优先顺序。这一职能范围内的成果类别包括资产管理、业务环境、政策支持、风险评估、风险管理策略和供应链风险管理。

(2) Protect(保护)。制定并实施适当的保障措施,以确保关键服务的安全。保护功能支持限制或遏制潜在网络安全事件的影响能力。这一职能范围内的结果类别包括身份管理、认证及访问控制,意识与培训,数据安全,信息保护流程及程序,维保和防护技术。

(3) Detect(检测)。制定并实施适当的活动以识别故障的发生和网络安全事件。通过 Detect 功能,可以及时发现网络安全事件。该功能的结果类别包括异常及事件、安全持续性监控和检测流程。

(4) Respond(响应)。针对检测到的网络安全事件制定并实施适当的行动。这一职能范围内的结果类别包括响应计划、问题沟通、结果分析、缓解方案和改进方案。

(5) Recover(恢复)。制定并实施适当的活动以维持弹性计划,并恢复因网络安全事件而受损的任何功能或服务。恢复功能支持及时恢复正常操作,减少网络安全事件造成的影响。这一职能范围内的成果类别包括恢复规划、改进方案和问题沟通,如图 1-17 所示。

在具体实现框架时,可以采用基于风险管理的能力成熟度推进方式,将框架的实现分为四级。

第一级:部分实施。以被动方式管理组织的安全风险,从组织外部获取风险信息,对网络安全风险的认识局限在组织层面而非系统层面。组织内部缺乏共享网络安全信息的流程。组织不与其他实体(如供应商、依赖方、研究人员、政府)合作或接收威胁情报、最佳实践、技术等信息,也不共享这些信息,不对产品和服务的供应链风险进行管理。

第二级:察觉风险。风险管理实践得到管理层的批准,网络安全活动和保护需求的优先级直接由组织风险目标、威胁环境或业务/任务需求决定,但还没有建立一个组织范围内的网络安全风险管理方法,网络安全信息在组织内部以非正式方式共享,但会不定期对组织和外部资产进行网络风险评估。组织会与其他实体协作并从其他实体接收一些威胁情报信息,但可能不会与其他实体共享信息。此外,组织意识到与产品和服务相关的网络供应链风险,但没有对这些风险采取一致或正式的行动。

第三级:可重复。组织的风险管理实践被正式批准并以政策形式表达,网络安全实践活动根据业务/任务需求的变化以及不断变化的威胁和技术环境的风险管理流程定期更新。定义了基于风险的安全策略与操作规程,并能按预期实施与评审。人员拥有相关的网络安全知识和技能,可有效履行其指定的角色和职责。网络安全管理人员和非网络安全管理人员能够定期就网络安全风险进行沟通。组织能够定期与其他实体协作并接收来自其他实体的威胁情报,并与其他实体共享安全风险信息。组织意识到所使用产品和服务的网络供应链风险,并采取措施应对这些风险。

第四级:自适应。组织可基于风险评估结果调整其网络安全实践活动,整合先进网络安全技术和实践持续改进安全运维过程,能够积极适应不断变化的威胁和技术环境,并及时有效地应对不断演变的复杂威胁。组织制定了全组织范围的安全风险管理计划,高

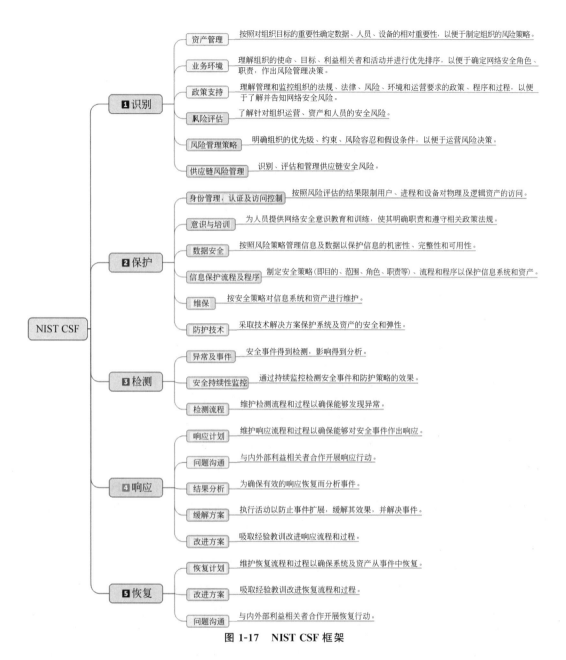

图 1-17 NIST CSF 框架

级管理人员共同监控网络安全风险,网络安全风险管理成为组织文化的一部分。组织接收、生成和审查威胁情报信息,并在内部和外部与其他合作者共享这些信息。组织使用实时或近实时的信息了解并始终如一地对产品和服务相关的网络供应链风险采取行动。

如图 1-18 所示,组织可以使用该框架作为识别、评估和管理网络安全风险的系统过程的关键部分,并将其覆盖到框架上,以确定其当前在控制网络安全风险方面存在的差距,并制定改进路线图。

(1)创建当前概要文件:确定当前正在实施的框架类别和子类别成果有哪些。

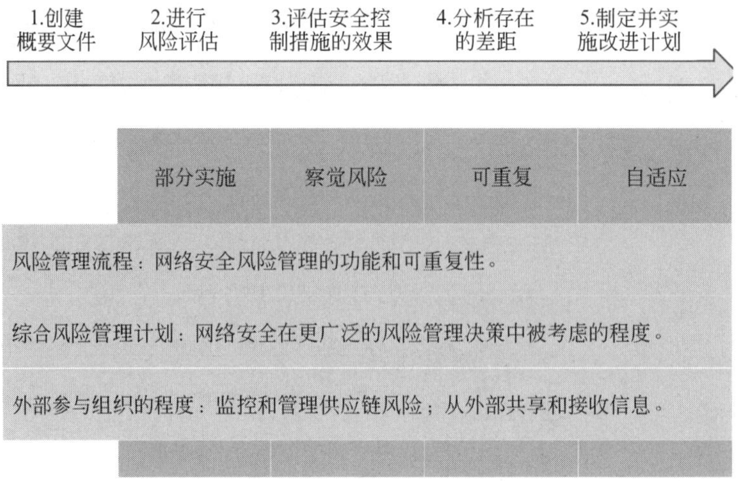

1.创建 概要文件	2.进行 风险评估	3.评估安全控 制措施的效果	4.分析存在 的差距	5.制定并实 施改进计划

部分实施	察觉风险	可重复	自适应
风险管理流程：网络安全风险管理的功能和可重复性。			
综合风险管理计划：网络安全在更广泛的风险管理决策中被考虑的程度。			
外部参与组织的程度：监控和管理供应链风险；从外部共享和接收信息。			

图 1-18　CSF 实现流程

（2）进行风险评估：识别组织面临的安全威胁，存在的脆弱性，以及威胁利用脆弱性造成影响的大小和安全事件发生的可能性。

（3）评估安全控制措施的效果：对当前实施的框架类别和子类别的效果进行评估。

（4）分析存在的差距：组织创建目标概要文件，重点描述期望的网络安全结果的框架类别和子类别，找出当前成果与目标成果之间的差距。

（5）制定并实施改进计划。确定解决差距所需的资源和成本效益，制定有针对性的改进计划，划分风险控制措施及实施步骤的优先级。

综上所述，CSF 安全框架的类别涵盖了"技术、人员、操作"三个方面，建立了覆盖"识别、保护、检测、响应、恢复"各环节的动态防御体系，以及安全风险驱动的实施流程，可作为组织开展网络安全架构设计和网络安全运营的实施指南。不同组织可依据各自的安全目标和行业安全规范，采用定制的安全控制措施替代或补充 CSF 各功能框架下的类别或子类别。

1.4.2　CARTA

Gartner 于 2018 年提出了自适应安全 3.0 阶段的 CARTA（Continuous Adaptive Risk and Trust Assessment）安全框架（即持续自适应风险与信任评估，如图 1-19 所示），这是自适应安全架构演进后形成的一个概念。CARTA 强调的对风险和信任的评估分析，与传统安全方案采用 allow（允许）或 deny（拒绝）的简单处置方式完全不同，CARTA 是通过持续监控和审计来判断安全状况的，强调没有绝对的安全和 100% 的信任，以寻求一种 0 和 1 之间的风险与信任的平衡。

（1）防御：是指一系列策略集、产品和服务可以用于防御攻击。这个方面的关键目标是通过减少被攻击面来提升攻击门槛，并在受影响前拦截攻击动作。

（2）检测：用于发现那些逃过防御网络的攻击，该方面的关键目标是降低威胁造成的"停摆时间"以及其他潜在的损失。检测能力非常关键，任何组织均应假设自己已处在被攻击状态中。

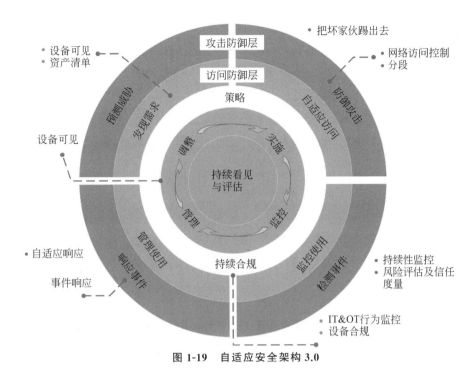

图 1-19　自适应安全架构 3.0

（3）响应：用于高效调查和补救被检测分析功能（或外部服务）查出的安全事件，以提供入侵取证和攻击来源分析，并产生新的预防手段来避免未来安全事件的发生。

（4）预测：通过防御、检测、响应结果不断优化安全基线，逐渐精准预测未知的、新型的攻击。主动锁定对现有系统和信息具有威胁的新型攻击，并对漏洞划定优先级和定位。该情报将反馈到防御和检测功能，从而构成整个处理流程的闭环。

如图 1-20 所示，实现 CARTA，第一步就是零信任，即对任何访问操作的主体和客体都采取不信任的态度。在实施访问前，首先需要评估安全状况，包括验证用户、验证设备、限制访问和权限，然后根据信任评估结果自适应地调整安全策略。在整个安全运行过程中，安全状况会随时发生变化，其中最主要就是需要面临各种攻击，因此需要进行持续检测，这个时候 ATT&CK 框架就是一个很好的安全检测和响应模型。

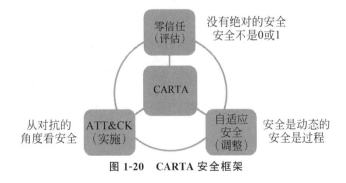

图 1-20　CARTA 安全框架

自适应安全调整即安全编排、自动化与响应（Security Orchestration，Automation and Response，SOAR），最主要的体现是要根据实时采集的外部威胁情报、信息安全系统提供的安全事件告警以及网络信息系统的当前状态(如信任度量值、访问操作日志等)进行实时集中的、自动化(半自动化)的安全策略调整与攻击响应,如图 1-21 所示。图中 IRP(Incident Response Platform)代表事件响应平台,TIP(Threat Intelligence Platform) 表示威胁情报分析平台;SIEM(Security Information Event Management)指安全信息与事件管理平台。

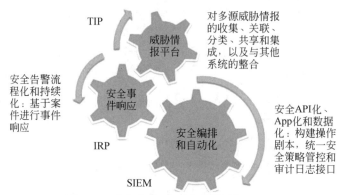

图 1-21　安全编排、自动化及响应(SOAR)

　　网络的开放性、动态性使得传统的系统安全防护边界被模糊化,简单依靠防火墙、安全网关和网络入侵检测系统无法防范来自内部系统的攻击和利用合法身份实施的非授权网络攻击,而 CARTA 体现了最新的信息安全、网络安全防护理念,即网络信息系统中不存在原始假定的任何信任基础,任何主体(具有独立身份的实体)在访问任何客体(目标实体)前,都要进行身份识别与认证,评估可信度和面临的安全风险,只有在取得信任的基础上,才能被允许访问,并且在整个访问过程中被持续监控安全状态,动态调整访问控制策略,从而大大降低信息系统及网络被攻击破坏的风险,这一点对保障网络信息系统的安全至关重要。

　　CARTA 安全框架是建立在零信任基础上的。零信任是一种端到端的、侧重于资产的防护体系,它以动态、细粒度的持续分析和评估为基础,包含身份、凭据、访问管理、操作、终端、托管环境与关联基础设施等。零信任架构具有四大核心特性,如图 1-22 所示。

- 以身份为基石:需要为网络中的人和设备赋予数字身份,将身份化的人和设备在运行时组合构建访问主体,并为访问主体设定其所需的最小权限。
- 业务安全访问:零信任架构关注业务保护面的构建,要求所有业务默认隐藏,根据授权结果进行最小限度的开放,所有的业务访问请求都应该进行全流量加密和强制授权。
- 持续信任评估:通过信任评估引擎,实现基于身份的信任评估能力,同时需要对访问的上下文环境进行风险判定,对访问请求进行异常行为识别并对信任评估结果进行调整。
- 动态访问控制:通过动态访问控制,设置灵活的访问控制基线,基于信任等级实现分级的业务访问,当访问上下文和环境存在风险时,需要对访问权限进行实时干预并评估是否对访问主体的信任进行降级。

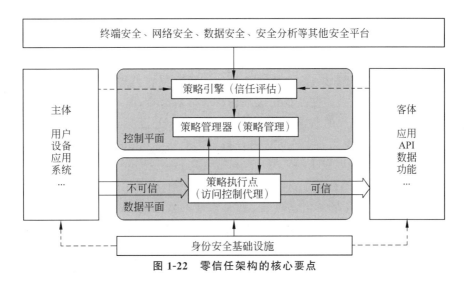

图 1-22　零信任架构的核心要点

采用零信任架构可有效减少非授权访问和病毒木马入侵带来的内部安全威胁,将信息系统和信息资产的保护边界缩小到终端设备甚至系统进程级,这样可以实现更高细粒度的访问控制和安全隔离,降低网络攻击造成的安全风险。

有效防范攻击的前提是能及时发现攻击,对攻击进行取证与溯源,这样才能采取针对性的保护响应措施,降低安全风险。ATT&CK 全称为 Adversarial Tactics, Techniques, and Common Knowledge,即对抗性策略、技术和通用知识。它是 MITRE 在 2013 年推出的模型,根据真实的观察数据来描述和分类对抗行为。ATT&CK 其实就是一个攻击知识图谱,它将已知攻击者行为转换为结构化列表,将这些已知的行为汇总成战术和技术(见图 1-23),并通过几个矩阵以及结构化威胁信息表达式(Structured Threat Information eXpression,STIX)、指标信息的可信自动化交换(Trusted Automated

图 1-23　ATT&AK 的战术、技术与步骤(TTP)

eXchange of Indicator Information，TAXII)来表示。由于此列表相当全面地呈现了攻击者在攻击网络时所采用的行为，因此对于各种进攻性和防御性度量、表示和其他机制都非常有用。

ATT&CK 使用攻击者视角，比从纯粹的防御角度更容易理解上下文中的行动和潜在对策。对于检测，虽然很多防御模型会向防御者显示警报，但不提供引起警报事件的任何上下文，例如从防御者的视角自上而下地介绍安全目标的 CIA(Confidentiality，Integrity，Availability)模型、侧重于漏洞评级的 CVSS(Common Vulnerability Scoring System)、主要考虑风险计算的 DREAD(Damage，Reproducibility，Exploitability，Affected Users，Discoverability)模型等。这些模型只能形成一个浅层次的参考框架，并没有提供导致这些警报的原因以及与系统或网络上可能发生的其他事件的关系。

而 ATT&CK 框架提供了对抗行动和信息之间的关系和依存关系，防御者可以据此追踪攻击者采取每项行动的动机，并了解这些行动和依存关系。拥有了这些信息之后，安全人员的工作就从寻找发生了什么事情，转变为按照 ATT&CK 框架，将防御策略与攻击者的手册对比，预测会发生什么事情。这正是 CARTA 所倡导的"预防有助于布置检测和响应措施，检测和响应也有助于预测"。

基于 ATT&CK 框架，可以建立针对网络信息系统最有可能发生或已经发生过的攻击战术、技术和步骤知识框架，提出针对性的防御缓解措施，从而为网络信息系统的安全风险评估、入侵检测和攻击响应等提供更有针对性的、基于攻防对抗能力的决策支持。

1.4.3 滑动安全标尺

网络滑动安全标尺对组织在威胁防御方面的措施、能力以及所做的资源投资进行了分类，可作为了解网络安全措施的框架，如图 1-24 所示。该框架将安全控制措施划分为结构安全、被动防御、主动防御、威胁情报和反制进攻五大类，使用标尺来表示每个类别的某些措施与相邻类别的密切程度，例如修复软件漏洞位于结构安全的范围，而修复这一动作位于结构安全类别的右侧，要比构建系统更靠近被动防御类别。

图 1-24　网络滑动安全标尺

（1）结构安全：基于网络信息系统等级保护（分级保护）的思想，从合规的角度确定网络信息系统的安全等级（涉密等级），划分安全域，基于等保标准部署相应的安全控制措施，常态化做好信息资产核查、安全策略管理、漏洞及补丁管理等日常安全运维工作，按照信息系统安全生命周期（Security Development Lifecycle，SDL）的理念提高应用系统的安全性。

（2）被动（纵深）防御：采取 IATF（Information Assurance Technology Framework）纵深防御的理念建立网络信息系统的多级多层纵深防御体系，减少攻击面、消耗攻击资源、迟滞攻击效果。

（3）主动防御：基于保护、检测、响应、恢复（Protection，Detection，Reaction，Recovery，PDRR）的动态防御理念，以及基于安全风险管控和持续安全监控的自适应安全理念，加强网络攻击事件的安全分析、追踪溯源和响应处置，提升主动攻击检测、预警与响应能力。

（4）威胁情报：实现外网威胁情报的及时共享与分发，结合内网安全运维中心和安全网态势感知系统，提升大数据安全分析能力和安全态势感知能力。

（5）反制进攻：对攻击者采取技术威慑、法律制裁等反制行动，将攻防对抗从己方网络转移到攻击者所在的网络。

滑动标尺框架能潜在地促进网络安全成熟度的提升，在实施安全防御体系建设时，应该按照标尺从左到右实施，兼顾成本和可行性。

从上述网络安全框架可以看出，增强网络的"看见"能力、"控制"能力，也就是说，增强对网络安全的状态检测、态势感知和有针对性的自适应调整控制能力，是提高网络攻击检测与响应水平的必然途径。由于网络规模越来越大，网络系统越来越复杂多变，网络自身的漏洞又难以避免，因此网络的攻击面始终存在，甚至在不采取应对措施的情况下，会越来越大，即便采取有效的防护措施（如检测与弥补漏洞、采取边界防护措施等），攻击面仍是随时变化的，原有的防范措施不一定能应对攻击面变化后的攻击。为此，必须在对原有信息系统和网络进行免疫加固以减少攻击面的同时，采取持续性的风险检测与评估、自适应的安全策略调整、动态赋能的主动安全防御等策略，才能改变攻防不对称的局面，提高网络安全的可控、可信水平。

1.4.4 网络安全网格

如图 1-25 所示，传统的网络安全防护及安全事件的检测与响应经常需要在多个工具之间进行协调，每个设备升级时都必须不断重新配置复杂的安全策略，同时多种安全工具存在功能重叠，也带来很多不必要的投资浪费。当用户提出新的安全需求以及引入新的安全工具时，上述问题将愈加严重。

2020 年 10 月，Gartner 在 2021 年重要战略技术趋势报告中第一次提出了"网络安全网格"这个概念。网络安全网格架构（Cybersecurity Mesh Architecture，CSMA）是一种分布式架构方法，能够实现可扩展、灵活和可靠的网络安全控制。当前，许多资产存在于传统安全边界之外，网络安全网格本质上允许围绕人或事物的身份定义安全边界，通过集中策略编排和分布策略执行来实现更加模块化、更加快速响应的安全防护。该架构可使任何人都能安全地访问任何数字资产，无论资产或人员位于何处。它通过云交付模型解除策略执行与策略决策之间的关联，并使身份验证成为新的安全边界。

这种架构摆脱了物理网络限制，在任何物理位置上的终端或者业务系统随时都可以接入这个完全网格化结构的逻辑网络中，无须考虑物理网络环境；所有网络主客体之间在

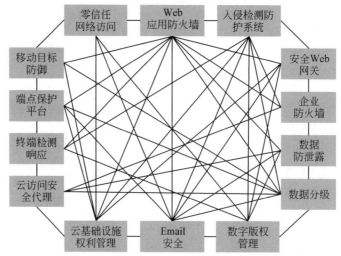

图 1-25　传统的网络安全架构

逻辑上都是点对点直连关系，没有复杂的中间网络，这种极简结构让策略管理变得扁平化，给集中管控和行为分析带来了天然优势。

　　网络安全网格架构的组成如图 1-26 所示，四个基础支撑层之间以及与其他安全系统之间的关系如下。

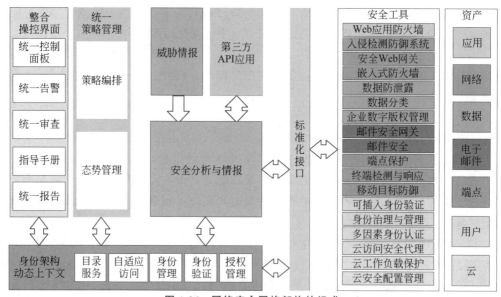

图 1-26　网络安全网格架构的组成

　　（1）安全分析与情报层：可与来自第三方的安全工具开展联合协同检测，基于丰富的威胁分析手段，结合威胁情报，利用机器学习等技术形成更加准确一致的威胁分析结果。

　　（2）统一策略管理层：主要包括安全策略编排和安全态势管理，将集中的策略转换为各个安全工具的本地配置策略，实现分布式执行，并支持动态策略管理服务。

　　（3）整合操控界面层：实现安全数据可视化，提供安全系统复合视图，主要包括统一的控制面板、告警、审查、指导手册和报告等,使安全运维人员能够更快速、更有效地响应安全事件。

(4) 身份架构层:主要提供目录服务、自适应访问以及去中心化的身份管理、身份验证和授权管理等功能,支撑构建适合用户需求的零信任网络架构。

网络安全网格具备以下三个特征。

(1) 网络安全网格是一种分布式架构方法,能够综合多源数据进行安全分析和研判,利用 AI 技术基于身份进行安全数据聚合和跨域的上下文分析,对网络中的人、端进行实时可信研判和动态策略调整,实现了在分布式策略执行架构中进行集中策略编排和决策,用于实现可扩展、灵活和可靠的网络安全控制;

(2) 网络安全网格允许身份成为新的安全边界,网络数据包都被打上身份标签,分布式访问控制引擎基于身份,端到端地执行网络访问控制策略,真正在网络底层实现了基于身份的安全边界,使任何人或事物都能够安全地访问和使用任何数字资产,无论其位于何处,同时提供必要的安全级别,成为随时随地运营趋势的关键推动因素;

(3) 网络安全网格这种分布式、模块化架构方法,正迅速成为分布式身份结构(The Distributed Identity Fabric)、基于上下文的安全分析、情报和响应(包括 Endpoint Detection and Resopnse,即 EDR 和 Extended Detection and Response,即 XDR)、集中式策略管理和编排、零信任网络访问(Zero Trust Network Access,ZTNA)、云访问安全代理(Cloud Access Security Broker,CASB)和安全访问服务边缘(Secure Access Service Edge,SASE)的安全网络基础设施。

网络安全网格架构的优势主要体现在以下几个方面。

(1) 实现更加可靠的安全防御。网络安全网格摒弃了传统的边界防护思想,不仅围绕网络数据中心、服务中心构建"边界",还围绕每个接入点创建更小的、独立的边界,并由集中的控制中心进行统一管理,从而将安全控制扩展到广泛分布的资产,在提高威胁应对能力的同时,增强安全系统的可扩展性、灵活性和弹性。

(2) 应对复杂环境下的安全需求。通过网络安全策略集中编排但分散执行的方法,在统一的安全策略控制下,提供一种灵活且易于扩展的安全基础架构,可为混合云和多云等复杂环境中的资产保护提供所需的安全能力。

(3) 实现更加高效的威胁处置。通过安全工具集成,加强安全数据采集和预测分析之间的协作,可以更加快速、准确地获取安全态势,及时发现并应对安全威胁,大幅度增强对违规和攻击事件的响应处置能力。

(4) 构建更加开放的安全架构。提供一种可编排的通用集成框架和方法,支持各类安全服务之间的协同工作,用户可自主选择当前和新兴的安全技术与标准,面向云原生和应用程序接口(Application Programming Interface,API)插件的环境更加易于集成,便于定制与扩展,能有效弥补不同供应商安全方案之间的能力差距。

(5) 降低建设维护的成本与难度。用户可以有效减少管理一组庞大的孤立安全解决方案的开销,同时,安全能力部署和维护所需的时间更少、成本更低,易于与用户已建设的身份识别与访问管理(Identity and Access Management,IAM)、安全信息和事件管理(Security Information and Event Management,SIEM)、安全运营中心(Security

Operations Center，SOC）、态势感知等安全系统共存，也方便对接已建设的专线、软件定义广域网（Software-Defined Wide Area Network，SD-WAN）等网络服务。

1.5　风险管理框架

网络安全控制措施的选择必须以安全风险管理为导向，如果在不了解风险的情况下设计网络安全架构，得到的结果只能是一个与上下文无关的通用安全控制模板，无法有效降低组织面临的真正风险。因此，所有的安全架构都应该致力于管理安全风险。美国国家标准与技术研究院出台了一系列基于风险控制的安全标准，形成了以风险管理为核心的网络安全框架，如图 1-27 所示。该框架包括风险评估、风险响应和风险监控三个主要环节，按照如图 1-26 所示的风险管理流程，从组织层、业务层和系统层三个层面管理网络安全风险。相应的标准列举如下。

- NIST SP800-39：《管理信息安全风险：组织、使命和信息系统视图》，从三个层面管理信息安全风险；
- NIST SP800-37：《信息系统和组织的风险管理框架：安全和隐私的系统生命周期方法》，给出了安全风险管理的流程；
- NIST SP800-30：《风险评估指南》，阐述了风险评估的流程与方法；
- NIST SP800-53：《信息系统和组织的安全和隐私控制》，给出了应对风险的安全控制措施和基线；
- NIST SP800-137/55：《联邦信息系统和组织的信息安全持续监控（ISCM）》/《信息安全性能测量指南》，明确如何持续监控系统的安全状态与风险，以及如何评估安全控制措施执行的效果。

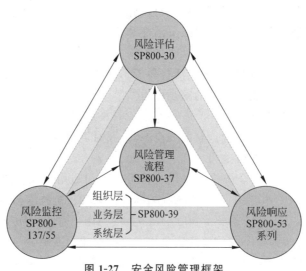

图 1-27　安全风险管理框架

NIST SP800-39 将风险管理分为三层架构：组织层、使命/业务层和信息系统层。组织通过在这三个层面实施风险管理过程，实现其持续改进风险相关活动的目标，并将系统安全风险的控制目标与组织的使命/业务的保障目标紧密关联起来,将系统级的战术风险(针对具体软硬件的局部性风险)与组织级的战略风险(针对利益相关方关心的全局性关键风险)关联起来。具体方式如下。

第一层:定义系统的使命和业务功能,确定组织所处的风险环境,并给出优先级。

第二层:在第一层确定的风险环境下,定义成功执行使命/任务过程所需的信息类型,信息的临界度和敏感度,绘制系统的信息流图(数据流图),将信息安全需求纳入组织的使命/业务中。

第三层:对组织的信息系统进行分类,从信息系统的角度论述与评估风险,将安全控制措施分配到组织的信息系统和运行环境中,对已分配的安全控制措施进行持续监控。

NIST SP800-37 给出了安全风险管理的流程(见图 1-28),包括确定组织的风险管理策略、持续监控策略,评估组织的安全风险,确定要采用的网络安全框架,并根据影响程度划分系统优先级(防护等级)等。主要流程如下。

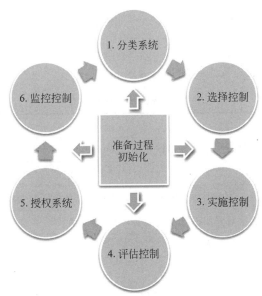

图 1-28　安全风险管理流程

- 准备过程初始化:确定风险管理和持续监控策略,包括确定风险评估与响应的方式,风险承受水平,管理风险要考虑的重要事务等,确定系统风险管理的边界(范围),评估组织和系统风险,确定安全需求;
- 分类系统:根据损失影响分析对系统及所处理、存储和传输的信息进行分类;
- 选择控制:基于风险评估结果选择初始安全控制集并根据需要进行裁剪,使风险可接受;
- 实施控制:描述如何在系统及其运行环境中实施安全控制;
- 评估控制:评估控制措施是否正确实施、按预期运行、产生所期望的结果、满足安全需求;
- 授权系统:在可接受的情况下授权运行系统和执行公共的安全控制措施;

- 监控控制：评估控制效果、对系统和运行环境的改变进行归档、执行风险评估和影响分析、报告系统的安全状态，持续监控系统及安全控制。

SP800-37 将风险管控的理念融入了信息系统及网络的全生命周期，强调了"持续监控"的理念，实现了实时风险管控和持续信息系统授权。

NIST SP800-30 阐述了如何评估已确定的风险框架内的风险。风险评估的目的是识别组织面临的威胁、组织内外部的脆弱性、威胁利用脆弱性对组织造成的损害，以及损害发生的可能性。

NIST SP800-53 阐述了组织应该如何响应风险，包括选择响应风险的安全控制措施，评价安全控制措施是否得到实施。其中 NIST SP800-53A《联邦信息系统中安全控制评价指南》提供了一套评估联邦信息系统和组织内采用的安全控制是否实施到位的方法，也称为安全控制基准（benchmark），即检查表（checklist），它是目标系统安全配置的最佳实践。评价的具体方法包括

- 检查（以文档、资料查看为主）；
- 座谈（以问卷调查和交谈为主）；
- 测试（以功能、性能测试为主）。

以如表 1-3 所示的账户管理控制基准为例。

表 1-3　账户管理控制基准

账户管理			
评价目标：确定组织是否完成以下工作			
AC-2	AC-2(a)	AC-2(a)[1]	定义了要鉴别和筛选的支持组织使命/业务功能的信息系统账户类型
		AC-2(a)[2]	鉴别和筛选了组织定义的信息系统账户类型
	AC-2(b)	指派了信息系统账户管理员	
	AC-2(c)	设置了组和角色成员关系的条件	
	AC-2(d)	为每个账户设置了以下属性	
		AC-2(d)[1]	信息系统的授权用户
		AC-2(d)[2]	组和角色成员关系
		AC-2(d)[3]	访问权限
		AC-2(d)[4]	其他属性
	AC-2(e)	AC-2(e)[1]	定义了创建信息系统账户的人员或角色
		AC-2(e)[2]	在创建信息系统账户时需要组织定义的人员或角色授权
可能的评价方法和目标 检查：访问控制策略、账户管理规程、安全计划、信息系统设计文档、信息系统配置及相关文档、活动系统账户列表（含人员姓名）、组和角色的成员关系，转岗、划分或终止雇员的通知及记录、最近禁用的信息系统账户，账户合规性审计记录，信息系统监控记录，信息系统审计记录，其他相关的文档记录 座谈：负责账户管理的人员，系统/网络管理员，负责信息安全的人员 测试：信息系统的账户管理流程，实现账户管理的自动化机制			

NIST SP800-53B《信息系统和组织的控制基线》为美联邦政府提供了基于 NIST SP800-53 的安全和隐私控制基线。安全控制基线(security control baseline)是为低影响、中影响、高影响的信息系统定义的最低限度的安全控制的集合。这里的影响(impact)是指系统的安全目标(即机密性、完整性、可用性)。除了控制基线之外,该标准还提供了定制安全控制基线的控制选择过程,以供实现安全控制时参考,如表 1-4 所示("×"表示采用此控制项)。

表 1-4　访问控制项的安全基线

控制编号	控　制　项	隐私控制基线	安全控制基线		
			低	中	高
AC-1	策略与过程	×	×	×	×
AC-2	账户管理		×	×	×
AC-2(1)	自动化的系统账户管理			×	×
AC-2(2)	自动化的临时和紧急账户管理			×	×
AC-2(3)	禁用账户			×	×
AC-2(4)	自动化的审计			×	×
AC-2(5)	非活动登出			×	×
AC-2(6)	动态特权管理				
AC-2(7)	特权用户账户				
AC-2(8)	动态账户管理				
AC-2(9)	限制共享账户和组账户的使用				

NIST SP800-137 阐述了组织应如何持续监控风险。监控风险的目的在于证实风险管理计划中的风险响应措施被实施,并与组织的业务安全需求、相关的安全法规标准和组织的安全要求相吻合,确定实施的风险响应措施是持续有效的,识别出风险对组织信息系统以及运行环境所产生的影响变化等,如图 1-29 所示。

NIST SP800-55 定义了实施安全控制后系统信息安全性能测试的指标与流程,如图 1-30 所示。安全性能测量指标与 SP800-53 中的安全控制项基本上是一一对应的。安全控制项按风险评估结果选择并实施后,需要测量以确定是否能够正确实施,是否能够发挥应有的作用,因此 SP800-55 给出了一些控制项的测量方法和依据。其中,P(Program)代表管理、程序,即检查组织是否执行了相关控制流程;S(System)代表系统,即是否从技术上对系统进行了安全实现或配置。

测量的目的有以下三点。

(1) 是否执行了相关安全策略?

(2) 所采用的安全服务是否有效? 产生的安全效果如何?

(3) 安全事件对业务和使命造成什么影响?

需要注意的是,安全测量的结果尽量是可量化的,测量的对象(信息安全过程)尽量是

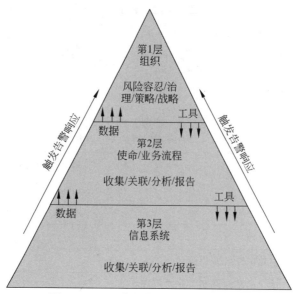

图 1-29　组织范围的信息安全持续监控

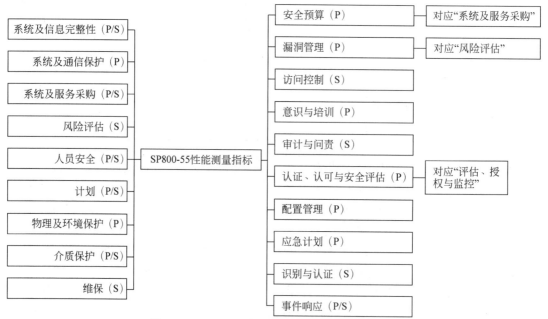

图 1-30　SP800-55 确定的信息安全性能测量指标

可重复的,测量的数据是可采集的。

　　表 1-5 以访问控制(AC)控制项的性能测量为例,给出了远程访问控制措施的测量方法、指标计算方式、测量频率、责任方、数据来源和报告格式等,可操作性较强。

表 1-5　远程访问控制项性能测量指南

域	数据
测量 ID	远程访问控制测量 1(或组织定义的唯一的测量编号)
目标	• 战略目标：确保人员、设施、产品等是安全与可审计的 • 信息安全目标：限制人员、设备对信息、系统和组件的访问，并且访问行为是可鉴别的、已知的、可信的、授权的
测量类型	效率/效果
公式	(远程未经授权的访问点/总的远程访问点)×100
标准	由组织定义的很低的百分比
实施依据	1. 组织是否采用自动化工具维护一张最新的网络图，该图能够识别所有的远程访问点？(CM-2) □是　　　　　□否 2. 在组织的网络中有多少远程访问点？_____ 3. 组织是否部署入侵检测系统监控远程访问点的流量传输？(SI-4) □是　　　　　□否 4. 组织是否收集与审计所有远程访问点的日志记录？ □是　　　　　□否 5. 组织是否维护一个能够识别标准事件类型的安全事件数据库？(IR-5) □是　　　　　□否 6. 基于事件数据库、IDS 日志与告警、远程访问点的日志文件，在指定的报告周期里远程访问点发生了多少次未授权的访问？_____
频率	测量的频率：由组织定义(如每月一次)
负责人	• 信息拥有者：计算机安全事件响应小组 • 信息收集者：系统管理员或信息系统安全官 • 信息客户：首席信息官、高级部门信息安全官
数据源	事件数据库、审计日志、网络图、IDS 日志与告警
报告格式	堆栈条形图，按月统计，显示未授权的远程访问次数与总访问次数的百分比

1.6　安全控制框架

如果通过控制网络信息系统组成的某一方面，能够使某一危害网络安全的因素得到预防、消除或降低到可接受的水平，则称这个方面为安全控制点。根据各个安全控制点的复杂性，可以在安全控制点下设定具体、详细的子项，称为安全控制项(简称安全控制)，如身份认证、访问控制、恶意代码防范、安全审计、通信保密性、安全标记、数据完整性、隐蔽信道分析等，都属于典型的安全控制项。安全控制是降低安全风险，满足安全需求的具体技术与管理措施，可被视为对适合于实现组织的特定安全和隐私目标并反映组织利益攸关者的保护需要的保障措施和保护能力的描述。安全控制由组织选择和实施，以满足系统安全风险管理的要求。控制可以包括管理、技术和物理方面。

网络安全归根结底是进行安全控制。安全控制的驱动因素主要包括业务驱动、IT 驱动、风险驱动、合规驱动等类型。安全控制必须基于安全控制框架,按照安全控制需求,选择与所设计的安全架构一致的控制项。如果在安全运维与安全设计之间缺乏一致性,将导致安全控制不足或缺失。

安全控制可分为

- 功能性控制:实现安全功能,满足安全需求;
- 保障性控制:确保所实现的安全功能是正确的、符合预期的;
- 组织级控制:即检查组织是否执行了相关流程;
- 系统级控制:即检查是否从技术上对系统进行了实现或配置。

常用的安全控制框架如图 1-31 所示。

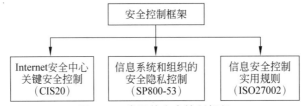

图 1-31　常用的安全控制框架

CIS20 是互联网安全中心发布的关键安全控制框架。CIS20 框架列出了 20 个区域(称为控制),每个区域包含 10 个左右更详细的控制要求(称为子控制)。CIS20 缺乏风险管理方法来选择控制和进行 IT 安全治理,因此在使用 CIS20 选择安全控制前,应该使用风险管理框架正确评估风险,确定安全需求。

CIS20 的安全控制共分为 3 层。

(1)基本控制:编号为 1～6,俗称"网络卫生"(Cyber Hygiene)。网络卫生是安全控制的最小集合,也是最小的安全控制基线,涵盖了系统的资产/配置/补丁/漏洞 4 大管理。任何大小的组织都应该开展基本安全控制活动。根据统计分析,只要成功实施了基本控制,就可以将网络攻击成功的机会降低 84%。6 个基本控制列举如下。

- 硬件资产的清单和控制(资产管理);
- 软件资产的清单和控制(资产管理、补丁管理);
- 持续脆弱性(漏洞管理);
- 管理权限的受控使用(漏洞管理、配置管理);
- 移动设备、笔记本电脑、工作站和服务器上硬件和软件的安全配置(漏洞管理、配置管理、补丁管理);
- 审核日志的维护、监控和分析(漏洞管理)。

(2)基础控制:CIS 设置了 10 种基础的网络安全控制措施,可帮助组织免受更复杂的网络攻击。这 10 个基础控制列举如下。

- 电子邮件和 Web 浏览器防护;
- 恶意软件防御;
- 网络端口/协议/服务的限制和控制;
- 数据恢复能力;

- 网络设备(如交换机、防火墙、路由器)的安全配置;
- 边界防御;
- 数据保护;
- 基于知情需求的受控访问;
- 无线访问控制;
- 账户监控和控制。

(3) 组织控制:概述了组织层面加强和维持高安全标准所需的步骤,列举如下。

- 实施安全意识和培训计划;
- 应用软件安全;
- 事件响应和管理;
- 渗透测试和红队演练。

CIS 将安全控制的实施分为 3 个实施组(Implementation Group,IG),类似于安全控制基线。实施组是基于网络安全属性对组织进行自我评估的类别,而 IG1 是基础中的基础。CIS20 建议组织实施控制项的顺序是:先实施 IG1 中的控制项,然后是 IG2,最后是 IG3。由于 IG1 中的控制项至关重要,因此 IG1 的实施应该作为网络安全计划的首要任务之一,如图 1-32 所示。

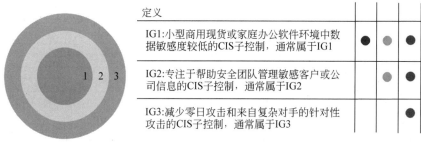

图 1-32　CIS20 的实施组

CIS20 还给出了针对目标系统的安全配置检查表(即实现网络安全最佳实践的标准,简称安全基准)。CIS 基准覆盖的目标对象类别包括操作系统、服务器软件、云提供商、移动设备、网络设备、桌面软件、多功能打印设备等。其中每一类又有细分,例如服务器软件又分为 Web 服务器、虚拟化、协作服务器、数据库服务器、DNS 服务器、认证服务器。而每一类服务器又细分为不同的厂商型号。

CIS 基准中有两个级别的轮廓(profiles)。

- 1 级(Level 1)轮廓:被视为基本建议,可被相当迅速地实施,并被设计为不会对性能产生广泛影响。1 级轮廓文件基准的目的是降低组织的受攻击面,同时保持设备性能可用,不妨碍业务功能的运行;
- 2 级(Level 2)轮廓:被认为是"纵深防御",适用于安全性至关重要的环境。如果实施不当或不谨慎,则可能会对组织产生不利影响。

除此之外,CIS20 还包括其他的网络安全工具,如强化镜像(Hardened Images),该镜像已经按轮廓要求进行了安全配置,可直接下载克隆安装使用。

从 CIS 控制到 CIS 基准,再到 CIS 强化镜像,表明 CIS 的行动并未停留在书面的安全控制指南和基准的层面,而是更进一步,将这些安全控制应用到实际的系统中,产生了最佳实践。

NIST SP800-53 是信息安全风险管理框架的重要组成部分,为选择和规定信息系统安全控制措施提供了指导原则,定义了安全控制措施选择和规范化的基本概念以及为信息系统选择控制措施的过程,可帮助组织达到对信息系统安全和风险的有效管理,如表 1-6 所示。SP800-53 中的每个控制均分为基本控制和增强控制两种实现选择,是否采用增强控制由安全风险评估结果确定。此外,每个控制还可选择 3 种实现类型:组织(管理)实现、系统(技术)实现、组织/系统联合实现,兼顾了技术与管理相结合的原则。

表 1-6　SP800-53 安全控制

ID	控 制 家 族	ID	控 制 家 族
AC	访问控制	PE	物理及环境保护
AT	意识与培训	PL	计划
AU	审计与问责	PM	项目管理
CA	评估、授权与监控	PS	人员安全
CM	配置管理	PT	个人身份标识处理与透明度
CP	应急计划	RA	风险评估
IA	识别与认证	SA	系统及服务采购
IR	事件响应	SC	系统及通信保护
MA	维保	SI	系统及信息完整性
MP	介质保护	SR	供应链风险管理

ISO27002《信息技术,网络安全与隐私保护——信息安全控制》包含 93 个控制项,并被划分为组织控制、人员控制、物理控制和技术控制 4 个类别,如图 1-33 所示。4 个类别的控制布局可以让组织明显意识到高层管理人员需要制定组织的信息安全管理框架和方向,以识别和传达不同信息对业务和组织的重要性和影响,对信息和数据的保护不应该仅仅依靠技术手段,技术手段只是预防或减轻信息安全风险的补救措施。

ISO27002 提供了一种从不同视角对控制进行整理和筛选的标准化方法,以满足不同组织的安全控制需求。每个控制的属性选项如下。

- 控制类型:预防、检测和纠正;
- 信息安全属性:保密性、完整性和可用性;
- 网络安全概念:识别、保护、检测、响应和恢复(与 CSF 保持一致);
- 运行能力:治理、资产管理、信息保护、人力资源安全、物理安全、系统和网络安全、应用安全、安全配置、身份和访问管理、威胁和脆弱性管理、连续性、供应商关系安全、法律符合性、信息安全事件管理以及信息安全保障;
- 安全域:治理和生态系统、保护、防御和恢复能力。

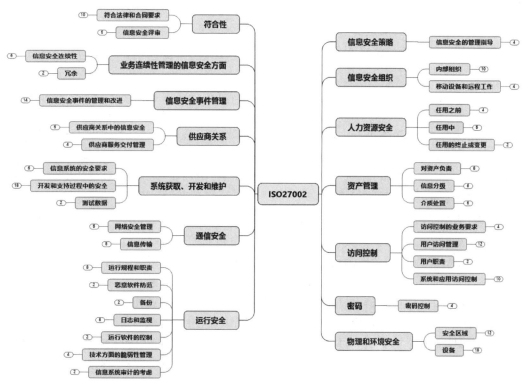

图 1-33 ISO27002（信息安全控制实用规则）

这些属性实现了 ISO27002 控制与其他类似安全框架（如 NIST 风险管理框架）的结合。

总之，安全控制的选择应该遵循以下原则：

- 安全控制要以风险评估、安全要求（标准）和业务安全需求为基础确定；
- 安全控制应该涵盖"识别、保护、检测、响应、恢复"各个环节；
- 所有组织都应该实现基本安全控制，包括"配置/漏洞/资产/补丁"管理；
- 安全控制基准应该根据等保（分保）要求、业务影响程度等定制；
- 安全控制的效果一定要定期检查（基准）与测量，并根据持续安全风险评估的结果动态调整控制项。

1.7 小 结

本章重点介绍了 TOGAF、SABSA 等网络安全系统设计方法框架，这些框架给出了从安全需求分析到详细的系统部署方案的设计开发流程与方法，用于指导网络安全防护体系的设计与开发；NIST CSF、CARTA、滑动安全标尺、网络安全网格等是基于不同安全理念提出的安全框架；风险管理框架是从网络信息系统全生命周期风险管控的角度提出的安全框架；CIS20、NIST SP800-53 和 ISO27002 则是从等保、分保的角度提出的安全控制措施与要求框架。这些框架可用于指导网络安全防护系统的设计，在具体使用时，可以借鉴 TOGAF 定制自己的安全开发与设计流程,采用风险管理框架评估与管理安全风险,基于安全风险进行安全需求分析,再基于安全需求和成本考量选择适当的安全控制措施,在此基础上,基于 CARTA 和滑动安全标尺等框架进行迭代改进,不断提升网络信息系统的安全防护能力。

从历史演进的角度看,网络安全框架的发展历经了三个主要阶段。

(1) 基于系统合规的安全框架。按照等级保护(分级保护)的要求,根据信息系统及网络的定级标准,部署物理安全、数据安全、网络安全、系统安全、应用安全、用户安全等方面的安全产品或系统,满足相应的安全配置策略和管理要求。典型的安全框架包括 IATF(Information Assurance Technology Framework)和我国公安部颁发的信息安全技术网络等级保护 2.0 系列标准等。

(2) 基于风险管理的安全框架。采用持续动态风险评估与控制的理念,依据风险评估的结果选择(更新)安全控制措施,持续监控安全控制的效果,确保信息系统及网络的安全风险可控。典型的安全框架包括风险管理框架、安全控制框架等。

(3) 基于能力对抗的安全框架。从攻防对抗的角度,站在攻击者的视角审视网络安全架构,建立攻防知识图谱,采用动态防御、欺骗防御技术主动对抗攻击链,减少网络攻击面。典型的安全框架包括零信任安全框架、ATT&CK、滑动安全标尺等。

因此,网络安全框架的演进经历了从静态防御到动态防御、从防御者视角到攻击者视角的转变。此外,由于网络信息系统越来越复杂,安全架构的设计必须逐步由经验设计转向采用科学的方法论指导进行设计,一方面可将组织业务/使命的保障与信息系统的安全保障结合起来,在减少安全漏洞、控制系统安全风险的同时,发挥最大化的业务效益;另一方面可有效降低安全投资与运维的成本,提高网络安全工程的能力成熟度。

在具体进行网络安全系统设计开发时,还应该参照当前网络信息体系建设提出的"四化五层"设计理念,即

- "四化":数字化、网络化、服务化、智能化;
- "五层":基础支撑层、资源要素层、网络互联层、服务供给层、能力生成层。

在基础支撑层方面考虑相应的安全标准规范、安全规划计划、安全服务要求、安全建设方案和配套的安全管理制度等,在资源要素层考虑需要采集的安全数据(审计日志、监测报告、流量数据等)和在终端即系统需要部署的安全产品,在网络互联层考虑如何实现传输安全、接入安全和信息交换共享的安全等,在服务供给层考虑如何提供集约化、一体化的安全服务(如身份认证、密钥管理、访问授权、入侵监测、态势感知等服务),在能力生成层考虑如何提供更加有效的信息保障能力(包括攻击检测、溯源、取证能力,网络抗毁生存、容侵容灾能力等)。

1.8　习　　题

1. 什么是架构?架构与框架的关系是什么?
2. 简述业务架构、技术架构与应用架构、数据架构之间的关系。
3. 典型的安全框架包括哪几种类型?试分别举例说明。

4. SABSA 安全框架包含哪 6 个层次？

5. 什么是设计模式？请尝试用 UML 类图绘制基于角色的访问控制模式。

6. 请尝试用 UML 时序图绘制 TLS 连接建立过程。

7. 什么是零信任？零信任具有哪些核心特性？

8. 请上网查询 IATF、P2DR 和 PDRR 相关的资料，并简述其组成及特点。

9. 选择安全控制的基本原则有哪些？

10. 请举例说明如何评价安全控制措施是否实施到位。如何监控安全控制的效果？

11. 什么是安全基线？试简述 CIS20 的特点。

第 2 章

网络安全工程

网络安全工程是系统工程理论及方法在网络安全领域的应用。信息安全问题是网络信息系统与生俱来的问题,随着网络信息系统规模的扩大、复杂性的不断增加,以及面临的网络攻击威胁不断迭代演进,必须在保障业务系统正常运行的情况下,以最优效费比提供并满足其安全需求,由此涉及成本与效益、安全与使命等方方面面的问题必须综合考虑与权衡,因此网络信息系统的安全建设成为了一项系统工程。

钱学森在 1978 年指出:"系统工程是组织管理系统规划、研究、制造、试验、使用的科学方法,是一种对所有系统都具有普遍意义的科学方法"。系统工程不是基本理论,也不属于技术实现,有其独特的工作方法和步骤。美国系统工程专家霍尔从时间、逻辑、知识三个坐标对系统工程进行程序化,提出霍尔三维结构(见图 2-1),集中体现了系统工程方法的总体化、综合化、最优化等特点。

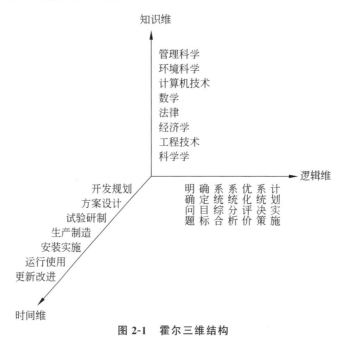

图 2-1 霍尔三维结构

(1) 从系统的角度看待问题:以整体的、综合的、关联的、科学的、实践的观点看待研究对象。

(2) 按既定的过程实施工程:在解决一个具体项目时,把项目或过程分成几大步骤,而每个步骤又按一定的程序展开。这就保证了系统思想在每个部分、每个环节上体现出来。

（3）始终以人为中心：任何系统都是人、设备和过程的有机组合，其中人是最主要的因素。因此在应用系统工程的方法处理系统问题时，要以人为中心。

网络安全工程是采用系统工程的概念、原理、技术和方法，研究、开发、实施与维护网络信息系统安全的过程与方法。网络安全涉及网络信息系统的整个生命周期，包括网络安全规划、网络安全设计、网络安全实施、网络安全运营和网络安全废弃等环节；其目标是保障网络信息及信息系统的机密性、完整性、可用性、可控性和不可否认性等；而以安全风险评估和控制为核心的网络安全风险管理贯穿在整个网络安全工程中，如图 2-2 所示。

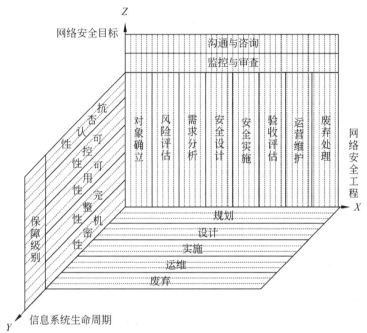

图 2-2　网络安全工程的生命周期

网络安全工程由以下环节组成。

- 安全策略制定（policy phase）：确定网络安全的策略和目标。
- 安全风险评估（assessment phase）：实现安全需求分析、安全风险分析，明确表述网络安全现状和安全需求目标之间的差距。
- 安全方案设计（design phase）：基于安全需求，采用安全框架设计系统的网络安全架构形成网络安全解决方案，为达到目标给出有效的方法和步骤。
- 安全工程实施（implementation phase）：根据安全框架设计的方案，建设、部署整个网络安全系统。
- 安全运维管理（management phase）：管理阶段包括两种情况，即正常情况下的安全管理（包括漏洞/补丁/配置/资产的管理，网络信息系统的安全测评和安全加固等）以及发生安全事件时的应急响应和处理。
- 安全培训教育（education phase）：该阶段贯穿整个网络安全生命周期，需要对决策层、管理层、普通用户层的各类相关人员进行安全教育培训以及考核、检查及监督。

制定网络安全策略应该考虑的主要因素列举如下。

- 阐述网络安全的总体和具体目标;
- 标引相关的法律、法规文件;
- 明确网络安全教育和培训的相关要求;
- 列出网络安全的技术和管理需求;
- 明确安全管理的责任、义务和权利;
- 说明违反规定或造成安全事件应该承担的后果;
- 制定应急响应计划;
- 考虑成本、效率、技术进步和可能带来的风险等因素。

对一个组织来说,确定网络安全需求十分关键。安全需求有以下三个主要来源。

- 第一个来源是网络安全风险的评估。通过风险评估,辨别出可能存在的各种脆弱性、对重要信息资产的威胁、威胁发生可能造成的损害和影响以及威胁发生的可能性,进而有针对性地提出安全需求。
- 第二个来源是法律的、规定的和标准的要求。这些要求必须被满足。
- 第三个来源是一个组织根据自身业务/使命目标制定的特殊原则、目标和安全需求。

安全需求包括管理需求、技术需求和组织需求三大部分。

2.1　网络安全工程过程

网络安全工程的主要实施流程如图 2-3 所示。

- 对象确立:根据要保护系统的业务目标和特性,确定安全工程的实施对象。其目的是明确安全防护的范围,以及被保护对象的特性和安全防护需求。
- 风险评估:按照安全风险评估的流程和方法,对系统可能面临的风险进行评估,确定需要控制的安全风险和风险的控制范围。
- 需求分析:根据系统的安全目标和风险分析的结果,制定系统的安全策略,给出保障系统安全的功能和非功能安全需求。
- 安全设计:根据系统的安全需求,进行安全防护体系结构设计和详细的安全防护实施方案的设计。
- 安全实施:根据安全策略和安全防护设计方案,通过开发、购买等方式实现安全防护系统。
- 验收评估:对已经实现的安全防护系统再次进行安全风险评估,测试系统是否满足安全需求,

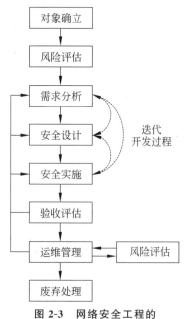

图 2-3　网络安全工程的
主要实施流程

是否达到安全风险的控制目标。

- 运维管理：制定并实施人员的安全培训计划，提供安全运行的日常管理、维护服务。
- 废弃处理：制定系统的废弃处理计划，做好涉密资源（数据或服务）的销毁或转移工作。

2.1.1　对象确立流程

安全对象确立的主要流程如图 2-4 所示。

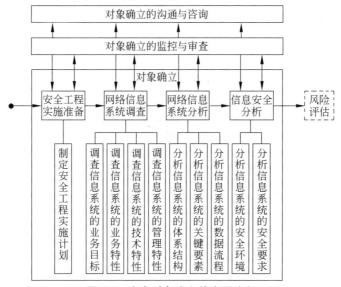

图 2-4　安全对象确立的主要流程

步骤一：制定网络安全工程的实施计划，这包括时间、人员和资金等方面的安排。

步骤二：根据组织开展业务的性质、组织的结构、管理制度和使用的技术平台，信息管理人员和用户的角色和责任，开展网络信息系统的业务目标、业务特性、技术特性和管理特性的调查，给出网络信息系统的描述报告。

步骤三：根据网络信息系统的描述报告，分析信息系统的体系结构，关键的人员、设备、软件和信息资产等要素，以及系统内外的数据流程和处理流程，制定信息及信息系统的资产（价值）分级标准，给出信息系统的分析报告，为下一步实施安全风险分析和安全需求分析打下基础。

步骤四：根据信息系统的描述报告、分析报告和相关的安全法律、法规、技术标准等，分析信息系统的安全环境要求和主观的业务及数据的安全要求，给出信息系统的安全要求报告。

本环节的里程碑列举如下。

- 网络安全工程的实施计划：实施网络安全工程的目的、意义、范围、目标、组织结构、经费预算和进度安排等。
- 信息系统的描述报告：信息系统的业务目标、业务特性、管理特性和技术特性等。

- 信息系统的分析报告：信息系统的体系结构、关键要素和业务、数据流程等。
- 信息系统的安全要求报告：信息系统的安全环境要求和主观业务及数据的安全要求等。

2.1.2　风险评估流程

网络安全风险评估的主要流程如图 2-5 所示。

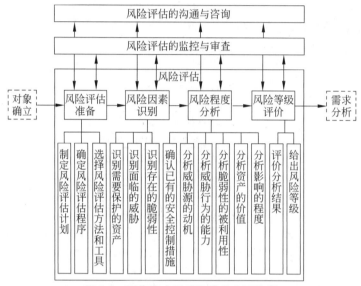

图 2-5　网络安全风险评估的主要流程

步骤一：根据网络信息系统的描述报告、分析报告、安全要求报告和现有的风险评估方法及工具库，制定系统的风险评估计划和评估程序，选择风险评估方法和评估工具。

步骤二：根据信息系统的描述报告、分析报告和安全要求报告，识别系统中需要保护的资产、系统面临的威胁和存在的脆弱性，给出需要保护的资产清单、面临的威胁列表和存在的脆弱性列表。

步骤三：根据信息系统的描述报告、分析报告和安全要求报告，确认已有的安全控制措施，给出已有安全控制措施的分析报告；根据系统面临的威胁和已有的安全控制措施，分析威胁源的动机和威胁行为的能力，给出威胁源分析报告和威胁行为分析报告；根据系统存在的脆弱性、已有的安全控制措施和面临的威胁，分析脆弱性被利用的可能性，给出脆弱性分析报告；根据信息系统的描述报告、分析报告、安全要求报告、信息及信息系统防护等级标准和需要保护的资产清单，分析资产的价值和资产在遭受损害时系统受影响的程度，给出资产价值分析报告和影响程度分析报告。

步骤四：根据威胁源分析报告，评价威胁源的动机等级，给出威胁源等级列表；根据威胁行为分析报告，评价威胁行为能力的等级，给出威胁行为等级列表；根据脆弱性分析报告，评价脆弱性被利用的等级，给出脆弱性等级列表；根据资产价值分析报告，评价资产价值的等级，给出资产价值等级列表；根据影响程度分析报告，评价影响程度的等级，给出影响程度等级列表；根据上述等级列表，运用风险评估算法，综合评价风险的等级，给出系统的风险评估报告。

本环节的里程碑列举如下。

- 风险评估计划书：风险评估的目的、意义、范围、目标、组织结构、经费预算和进度安排等。
- 风险评估程序：风险评估的工作流程、输入数据和输出结果等。
- 需要保护的资产清单：对系统使命具有关键和重要作用的需要保护的资产清单。
- 面临的威胁列表：系统的信息资产面临的威胁列表。
- 存在的脆弱性列表：系统的信息资产存在的脆弱性列表。
- 已有的安全控制措施分析报告：确认已有的安全控制措施,包括技术层面(即物理安全、电磁安全、系统安全、网络安全、应用安全、数据安全、用户安全等)的安全控制、组织层面(即结构、岗位和人员)的安全机构设置和管理层面(即安全策略、规章和制度)的安全对策。
- 威胁源分析报告：根据利益、复仇、好奇和自负等驱使因素,分析威胁源动机的强弱。
- 威胁行为分析报告：从网络攻击的强度、广度、速度和深度等方面,分析威胁行为能力的高低。
- 脆弱性分析报告：按威胁/脆弱性对,分析脆弱性被威胁利用的难易程度。
- 资产价值分析报告：从敏感性、关键性和昂贵性等方面,分析资产价值的大小。
- 影响程度分析报告：从资产损失、使命妨碍和人员伤亡等方面,分析影响程度的深浅。
- 风险评估报告：根据威胁源动机的等级列表、威胁行为能力的等级列表、脆弱性被利用的等级列表、资产价值的等级列表和影响程度的等级列表,综合评价安全风险的等级。

2.1.3　需求分析流程

网络安全需求分析的主要流程如图 2-6 所示。

步骤一：选择需求分析采用的工具,如 UML 建模工具;根据系统描述报告和分析报告,确定安全需求分析的范围和主要内容。

步骤二：根据风险分析报告和系统的安全要求报告,从静态的角度分析系统的机密性、完整性、可用性和可控性等安全需求,给出静态安全需求分析报告,这包括以下 6 点。

(1) 物理安全需求。着重从设备安全、环境安全和电磁安全的角度,分析系统的安全需求;

(2) 数据安全需求。着重从数据存储和数据传输的角度,分析系统的安全需求;

(3) 系统安全需求。着重从系统操作平台的角度,分析操作系统、数据库系统以及应用服务系统的安全需求;

(4) 网络安全需求。着重从网络安全基础设施、网络边界、外网安全和内网安全的角度,分析系统的安全需求;

(5) 管理安全需求。着重从场所安全管理、系统安全管理、网络安全管理和人员安全

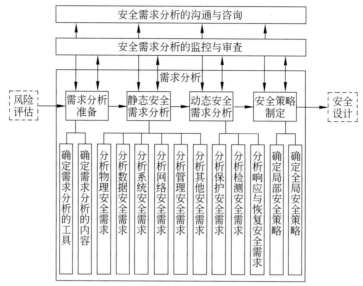

图 2-6　网络安全需求分析的主要流程

管理的角度,分析系统的安全需求;

(6) 其他安全需求。从诸如信息内容安全、程序代码安全、云计算安全、物联网设备的安全等其他角度,分析系统的安全需求。

步骤三:根据风险分析报告、系统的安全要求报告和静态安全需求分析报告,从保护、检测和响应的角度,动态分析系统的安全需求,给出动态安全需求分析报告。

步骤四:根据静态和动态安全需求分析报告以及系统的安全要求报告,制定全局安全策略和针对具体安全服务的局部安全策略,如防火墙配置策略、入侵检测系统配置策略、VPN配置策略、内网安全管理策略、访问控制策略、口令管理策略、病毒防护策略、身份鉴别策略、备份恢复策略等,给出系统的安全策略报告。

本环节的里程碑列举如下。

- 静态安全需求分析报告:从信息安全属性的角度给出系统在物理、数据、系统、网络、管理等方面的安全需求。

- 动态安全需求分析报告:从保护、检测、响应、恢复的角度,针对具体的安全风险给出系统的动态安全需求。

- 系统安全策略报告:从全局和局部的角度给出系统的安全策略。

2.1.4　安全设计流程

网络安全设计的主要流程如图 2-7 所示。

步骤一:根据静态、动态安全需求分析报告和安全策略报告,选择设计过程中应该遵循的安全控制框架和安全技术标准。

步骤二:根据静态、动态安全需求分析报告和安全策略报告,分别从以下 8 个方面给出系统的安全设计方案。

(1) 密钥管理设计方案:根据系统的安全需求,选择或设计基于密钥分配中心

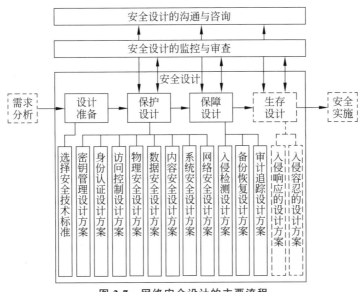

图 2-7　网络安全设计的主要流程

（KDC）或基于公钥基础设施（PKI）的密钥管理方案，构建 KDC 或 CA 的组织结构，选择或设计密钥分配/协商算法，设计密钥的分割、更新方案。

（2）身份认证设计方案：根据选择的密钥管理方案和系统的安全需求，选择或设计基于不同密码体制的身份认证协议和认证方案。

（3）访问控制设计方案：根据选择的密钥管理方案和系统的安全需求，选择或设计系统的访问控制策略，以及访问控制的授权和权限管理机制。

（4）物理安全设计方案：根据系统的安全需求，设计实体安全、设备安全、环境安全和电磁频谱管理方案。

（5）数据安全设计方案：根据系统的安全需求，设计存储数据（流）、传输数据（流）的机密性、完整性和可用性保护方案。

（6）内容安全设计方案：根据系统的安全需求，设计带防病毒、防恶意代码，具备保护程序完整性以及服务内容的真实性和合法性的保护方案。

（7）系统安全设计方案：根据系统的安全需求，设计操作系统、数据库系统和关键应用系统的安全保护方案，如操作系统漏洞扫描及补丁管理方案，数据库安全设计方案，Web 服务安全设计方案等。

（8）网络安全设计方案：根据系统的安全需求，设计内网安全、边界安全和外网安全的保护及实施方案。

步骤三：根据系统的安全需求分析报告、安全策略报告和安全设计方案，从信息安全保障的角度，设计系统的入侵检测、响应、恢复和审计追踪（取证）方案，给出安全保障设计报告。

步骤四：根据系统的安全需求分析报告和安全策略报告，分别从入侵响应和入侵容忍两个方面，可选地给出系统的安全生存设计报告。其中入侵响应设计方案以安全保障技术为主，而入侵容忍设计方案可综合运用冗余、容错、分布式安全计算、门限密码学和"拜占庭"等技术实现。

本环节的里程碑列举如下。

- 安全保护设计报告：从信息保护和隔离的角度，给出系统的安全保护设计方案。
- 安全保障设计报告：以检测技术为核心，以恢复技术为后盾，融合了保护、检测、响应、恢复四大技术，给出系统的安全保障设计方案。
- 安全生存设计报告（可选）：以网络生存技术为主，结合冗余、容错等技术，给出系统的安全生存设计方案。

2.1.5 其他流程

安全实施、验收评估、运维管理和废弃处理的主要流程如图 2-8 所示。

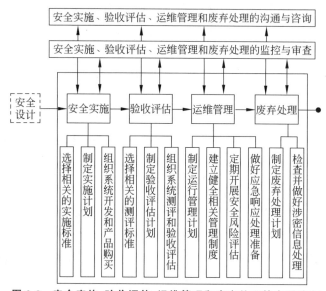

图 2-8 安全实施、验收评估、运维管理和废弃处理的主要流程

安全实施：根据相关的安全技术标准、系统安全需求和安全设计方案，制定安全实施（部署）的详细计划，组织系统开发和安全产品的选型购买。

验收评估：根据相关的验收测评标准（尤其是相关安全产品的测评标准）、系统安全需求和安全设计方案，对已经实现的信息安全系统进行安全测评，检验其是否达到设计要求并满足用户的安全需求，是否可投入使用。

运维管理：根据实际运行环境的要求和系统安全策略，建立、健全系统安全运行维护的相关管理制度，制定并演练安全事件的应急响应措施，定期开展系统的安全风险评估。

废弃处理：制定系统报废处理计划，根据安全保密规定，对需要报废的系统（或子系统）的涉密载体和涉密信息进行安全转移或销毁，并做好登记工作。

也可以将整个网络安全工程过程划分为两个大的阶段：网络安全设计阶段和网络安全运营阶段。网络安全设计阶段可进一步简化为如图 2-9 所示的过程。

在这一阶段中，需重点开展以下工作。

（1）安全威胁建模：提取系统特征（数据流图），进行资产识别、受攻击面识别（识别受攻击的逻辑/物理访问点及持续时间）和威胁识别（识别攻击的动机和能力）。

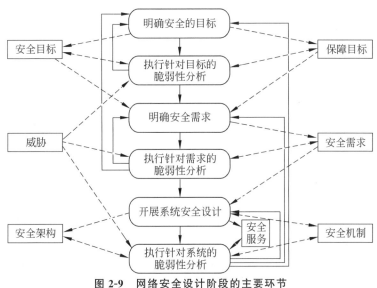

图 2-9　网络安全设计阶段的主要环节

（2）安全风险分析：开展威胁发生的可能性（基于已有安全措施、资产暴露的可能性、攻击成本等因素）分析、威胁影响分析和安全风险评价。

（3）系统安全设计：开展系统安全架构设计，基于安全需求选择安全控制措施，基于系统及网络部署方案制定安全部署方案。

2.2　安全威胁建模

威胁是一种不被希望发生的事件，它是潜在的尚未真实发生的事件，通常人们将它形容为一种可能损坏资产或目标，或者危及其安全的影响力。从本质上看，它可能是恶意的，也可能不是恶意的（Microsoft 的定义）。

威胁建模是一项工程技术，可以使用它来帮助确定会对网络信息系统造成影响的威胁、攻击、漏洞和对策。可以使用威胁建模来形成应用程序的设计、实现组织的安全目标以及降低风险（源自 GB/T20984-2022《信息安全技术——信息安全风险评估方法》）。

威胁建模可以分为以下几个阶段。

- 威胁识别：识别网络信息系统可能容易受到哪些威胁；
- 威胁评估：评估每个威胁，确定它们变成真正攻击的可能性，以及这种攻击的影响程度；
- 缓解计划：针对每种威胁，确定可以采取哪些步骤来防止其变成成功的攻击；
- 缓解实施：实施缓解策略以防御威胁成为安全事件；
- 反馈和改进：检讨是否未能预见到导致攻击的某些威胁类型，或是没有实施适当的威胁缓解措施，采取措施加以改进。

威胁建模是一个不断循环的动态模型，不但要随着时间的推移不断更改，以适应发现的新型威胁与攻击，还要能够适应应用程序为适应业务变更而不断完善与更改的自然发展过程。威胁建模的作用更偏向于确保系统架构、功能设计的安全,而非软件代码的安全。输出的威胁建模报告中包含了全面的安全需求,这些安全需求不仅包括大的方案设计(如认证、鉴权、审计),也可以包括安全细节的实现(如具体的认证方式、密码使用哪种安全算法存储,使用什么方法生成安全随机数等)。

威胁建模的目的是站在攻击者的角度通过识别威胁,尽可能多地发现系统架构和功能设计中的安全风险,并制定措施消减威胁,规避风险,确保系统的安全性。

目前常用的威胁建模分析方法包括 STRIDE 威胁建模分析、攻击树威胁建模分析和误用例图威胁建模分析。

2.2.1 STRIDE

STRIDE[①] 是微软开发的用于威胁建模的工具,它把威胁分成如表 2-1 所示的 6 个维度来考察。

表 2-1 STRIDE 威胁分类

安全属性	威　　胁	威胁的英文表示	威胁的含义
身份认证 (真实性)	身份假冒	Spoofing	非法使用认证信息,假冒某人或某物
完整性	篡改	Tampering	篡改数据或代码
不可否认性	抵赖	Repudiation	抵赖,否认做过的事情
机密性	信息泄露	Information Disclosure	信息泄露给未授权的人
可用性	拒绝服务	Denial of Service	拒绝服务或降级服务
授权(可控性)	权限提升	Elevation of Privilege	未经授权获得相应能力

STRIDE 代表 6 种安全威胁:身份假冒(Spoofing)、篡改(Tampering)、抵赖(Repudiation)、信息泄露(Information Disclosure)、拒绝服务(Denial of Service)、权限提升(Elevation of Privilege)。

- 身份假冒:伪装成某个对象或某人。例如,攻击者伪造别人的 ID 进行操作。
- 篡改:未经授权修改数据或者代码。例如,通过网络抓包或者某种途径修改某个请求包,而服务端没有进一步的防范措施,使得篡改的请求包提交成功。
- 抵赖:网络信息系统相关用户否认其活动行为的特性。例如,给某人发送了一封钓鱼邮件,接收者无法查证攻击的来源,发送者可以进行抵赖。
- 信息泄露:将信息泄露给未授权的人员。例如,通过某种途径获取未经加密的敏感信息,如用户密码。
- 拒绝服务:拒绝或降低有效用户的服务级别。例如,通过拒绝服务攻击,使得其他正常用户无法访问某网络服务功能。
- 权限提升:通过非授权方式获得更高权限。例如,利用漏洞获得系统管理员的权

---

① https://threat-modeling.com/stride-threat-modeling/。

限进行业务操作。

STRIDE 威胁建模的流程如下。

（1）标识资源：找出系统必须保护的有价值的资源。

（2）创建总体体系结构：利用简单的图表记录网络信息系统的体系结构，包括子系统、信任边界和数据流。

（3）分解网络信息系统：分解网络信息系统的体系结构，包括基本的网络和主机基础结构的设计，从而为网络信息系统创建安全配置文件。创建安全配置文件的目的是发现网络信息系统的设计、实现或部署配置中的缺陷。

（4）识别威胁：牢记攻击者的目标，利用对网络信息系统的体系结构和潜在缺陷的了解，找出可能影响网络信息系统的威胁。

（5）记录威胁：利用通用威胁模板记录各种威胁，该模板定义了一套要捕获的各种威胁的核心属性。

（6）评价威胁：对威胁进行评价以区分优先顺序，并首先处理最重要的威胁，因为这些威胁带来的危险最大。评价过程要权衡威胁的可能性，以及攻击发生时可能造成的危害。通过对比威胁带来的风险损失与为使威胁得到减少所花费的成本，可能会得出"对某些威胁采取行动不值得"的结果。

（7）提出消减措施：针对必须迁移或不可接受的威胁，制定相应的安全控制措施，对威胁进行消减。

采用 STRIDE 进行威胁建模分析，首先要绘制出系统的数据流图（Data Flow Diagram，DFD），DFD 的作用是描述系统中的数据流程，它标识了一个系统的逻辑输入和逻辑输出，以及把逻辑输入转换为逻辑输出所需的加工处理。数据流图不是传统的流程图或框图，数据流也不是控制流。数据流图是从数据的角度来描述系统，而框图是从对数据进行加工的工作人员的角度来描述系统。

数据流图的基本概念和符号如表 2-2 所示。

表 2-2　数据流图的基本概念和符号表示

元素	符号	描　　述
外部交互方		交互方指的是系统的端点，能驱动系统业务，但不受系统控制的人和物（如用户、管理员、第三方系统等）。通常，他们是数据提供方，或处于系统范围之外但与系统相关的用户，代表目标系统的输入/输出
处理过程/多处理过程		一个过程执行一个任务时的逻辑表示，例如 Web Server、FTP server、DNS server 等
数据存储		数据存储表示文件、数据库、注册表项、内存等
数据流		数据在系统中的移动方向，如网络通信、共享内存、函数调用等
信任边界		信任边界或许是所有元素中最主观的一个：它们表示可信元素与不可信元素之间的边界。当数据流穿越不同的信任级别（区域）时，就存在信任边界

数据流图是由外部实体、处理过程、数据存储、数据流这 4 类元素组成。STRIDE 威胁建模的核心就是使用这 4 类元素绘制数据流图,然后分析每个元素可能面临的上述 6 类威胁,针对这些威胁制定消减方法。

4 类元素的介绍如下。

(1) 外部实体:系统控制范围之外的用户、软件系统或者设备。作为一个系统或产品的输入或输出。在数据流图中用矩形表示外部实体。

(2) 处理过程:表示一个任务、一个执行过程,一定有数据流入和流出。在数据流图中用圆形表示。

(3) 数据存储:存储数据的内部实体,如数据库、消息队列、文件等。用中间带标签的两条平行线表示。

(4) 数据流:外部实体与处理过程、过程与过程或者过程与数据存储之间的交互,表示数据的流转。在数据流图中用箭头表示。

当数据流穿越不同的信任级别(区域)时,就存在信任边界,常见的有以下 3 种场景。

场景一:用户态与内核态之间的数据交互,例如在一个用户态的进程与内核态的进程之间需要划信任边界。

场景二:一个低信任级别的外部交互方与一个高信任级别的处理过程之间需要划信任边界,此规则通常用于跨网络(客户端与服务端之间)的输入/输出。

场景三:当数据流穿越不同平面时,因为不同平面的信任级别不一样,所以不同平面间需要划信任边界,如从用户面穿越到管理面。

绘制 DFD 时,需要遵循以下法则。

- 注意"魔术"数据源或数据接收器:数据不是凭空臆造出来的。确保对于每个数据存储,都有用户(过程)作为读取者或写入者。
- 注意防止"意念传输数据"。换句话说,应确保始终有一个过程读取和写入数据。数据不是从用户的大脑直接进入磁盘,也不是从磁盘直接进入用户的大脑。
- 将单个信任边界内的相似元素合并为单个元素,以便于建模。如果这些元素是采用相同的技术实施的,并且包含在同一条信任边界内,则可以对它们进行合并。
- 注意信任边界任一侧的建模细节。目标是在信任边界的两侧同时建立每个元素的模型。比较好的做法是绘制具有上下文环境的 DFD 和详细分解图,这样就可以显示更详细的信息。

在绘制完系统的数据流图并划分好系统的信任边界后,就可以进行系统的威胁识别。在进行威胁识别时,可遵循以下基本原则。

- 如果数据没有跨越信任边界,则不需要考虑其威胁。
- 如果攻击者已经在客户端上获得了你具有的权限级别并能执行程序,则不需要考虑其威胁。
- 如果攻击以任何提升的权限执行,则需要考虑可能的威胁。
- 如果攻击使其他实体的假设无效,则需要考虑可能的威胁。
- 如果攻击可在网络上侦听,则需要考虑可能的威胁。
- 如果攻击可从互联网上检索信息,则需要考虑可能的威胁。

- 如果攻击可处理来自文件的数据,则需要考虑可能的威胁。
- 如果攻击被标记为可安全运行的脚本或可安全地初始化,则需要考虑可能的威胁。

此外,计算机被病毒感染,硬盘被盗取或破坏,系统管理者攻击用户,用户攻击自己等情形也不需要进行威胁识别,因为这些威胁是系统自身无法应对的!

DFD 中每种元素(处理过程、数据存储、数据流和交互方)分别面临一组自己易受影响的威胁(见表 2-3),在进行威胁识别时,应该着重考虑之。从表中可见,并不是每个元素都会面临 6 种威胁,例如外部实体只有身份假冒和抵赖两类威胁,不用关心外部实体会不会被篡改、会不会发生信息泄露以及拒绝服务等,因为外部实体本来就是在我们的控制范围之外。其中进程(处理过程)会面临全部的 6 种威胁,数据存储中 Repudiation(抵赖)是带"*"的,表示只有存储的数据是审计类日志才会有抵赖的风险,存储其他数据的时候无抵赖威胁。

表 2-3　不同 DFD 元素容易面临的威胁

元素	图例	S	T	R	I	D	E
外部实体		√		√			
处理过程		√	√	√	√	√	√
数据存储			√	*√	√	√	
数据流			√		√	√	

图 2-10 所示的是通过浏览器访问 Web 服务的数据流图。对 Web 服务器来说,浏览器属于不可信任的外部系统,因此信任边界位于浏览器与 Web 服务器之间,而 Web 服务器与数据库在相同安全域内。浏览器通过 HTTP 协议登录并请求 Web 服务,Web 服务器根据浏览器提出的请求,从数据库中查询相应的数据,返回给 Web 服务器和浏览器。

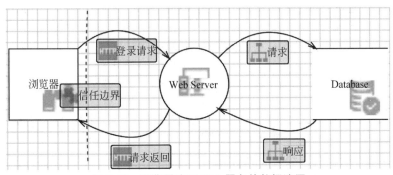

图 2-10　浏览器访问 Web 服务的数据流图

在上述过程中,Web 服务器在没有过滤浏览器请求的情况下可能会遭受跨站脚本攻击。攻击者可能采取身份假冒的方式欺骗 Web 服务器非法获取数据,也可能通过中间人攻击的方式窃取 Web 服务器返回给浏览器的数据;Web 服务器可以抵赖从浏览器获得的数据,Web 服务器本身的可用性也无法得到保证等。采用类似的方式,针对数据流图中跨越信任边界的每个实体、处理过程、数据存储或数据流,分别从 STRIDE 的 6 个可能的威胁角度进行威胁识别,评价威胁的优先级(priority)和威胁的状态(未发生的、需要调查的、不可应用的、已迁移的)。

威胁评价可以采用 DREAD 威胁评价模型,如表 2-4 所示。该评价模型从风险评价的角度主观衡量威胁的危害程度、可复现性、利用难度、影响面和发现难度,并按等级进行量化,风险(威胁优先级)量化的公式为

$$DREAD\_Risk = (C_{Damage} + C_R + C_E + C_A + C_{Discoverability})/5$$

最后的得分为 0～10 的取值,可以将 8～10 分的威胁划定为高优先级,将 4～7 分的威胁划定为中优先级,将 0～3 分的威胁划定为低优先级。

表 2-4　DREAD 威胁评价模型

维度	描　述	评　分
Damage 危害程度	风险会造成怎样的危害?包括系统受危害程度,泄露信息的数据敏感性,资金、资产损失,公关法律风险	0:无损失 5:一般损失 10:巨大损失
Reproducibility 可复现性	重现攻击是否容易,风险是否可以稳定复现	0:管理员也难以复现 5:授权用户需要通过复杂步骤复现 7:身份验证用户可通过简单步骤复现 10:仅需一个 Web 浏览器即可复现
Exploitability 利用难度	需要多少成本才能实现这个攻击,关注的重点是利用难度	0:无法利用 2:利用条件非常苛刻,难以利用 4:利用有一定难度,利用非常复杂 6:高级攻击者可利用 8:中级攻击者可利用 10:新手可在简单工具下轻松利用
Affected users 影响面	可理解为系统业务的重要程度,重要业务和边缘业务对用户的影响不同	0:无影响 2.5:影响个别个人/雇主 6:影响一些个人或雇主权限的用户,非全部 8:影响管理用户 10:影响所有用户
Discoverability 发现难度	存在的漏洞是否能被外界轻易发现,外界发现此风险是否需要较高成本	0:需要源代码或管理访问权限 5:可通过监听网络连接请求发现 8:已公开 POC[①],可轻松发现 10:在 Web 浏览器地址栏或表单中可见

①POC(Proof of Concept):概念验证,常指一段证明漏洞存在的代码。

例如在一个 Web 网站中,存在用户账号被盗威胁,根据 DREAD 进行评分的结果如表 2-5 所示。

表 2-5 Web 网站用户账号被盗威胁评价

威胁	D	R	E	A	D	总评分
网站登录页面存在暴力破解	10	10	10	10	10	10
密码找回存在逻辑漏洞	10	10	10	10	5	9
密码可能被嗅探	10	10	8	2.5	10	8.1
服务端脚本漏洞（如 SQL 等）	10	10	4	10	0	6.1
钓鱼网站	10	0	10	6	10	6.1
XSS 或其他客户端威胁	10	5	6	6	8	7
病毒或木马	10	0	4	2.5	0	3.3

针对"不可应用的、已迁移的"两种状态,必须填写威胁消减措施(justification)。威胁消减的目标是将风险等级降到可接受的范围,常用的威胁消减措施如表 2-6 所示。

表 2-6 常用的威胁消减措施

威 胁	消 减 措 施
Spoofing	认证(密码认证、单点登录、双因素、证书认证、SSL/TLS、IPSec、SSH 等)
Tampering	完整性(Hash、MAC、数字签名、ACL 等)
Repudiation	防抵赖(认证、审计日志、监控等)
Information Disclosure	机密性(敏感信息保护、加密、ACL 等)
Denial of Service	可用性(负载平衡、过滤、缓存等)
Elevation of Privilege	授权(权限最小化、沙箱等)

以图 2-10 所示的 Web 浏览器请求访问面临的威胁为例,用户通过浏览器登录 Web 网站,用户就是一个外部实体,面临的威胁包括身份假冒和抵赖。身份假冒面临的威胁及其消减措施列举如下。

威胁一:攻击者假冒用户登录网站。

消减措施:增加认证功能,通过用户名＋密码的方式认证,暂不使用双因素、短信、指纹等其他认证方式。

威胁二:攻击者绕过当前的认证方式,假冒用户登录。

消减措施:增加图形验证码防暴力破解;密码增加复杂度要求,防暴力破解;认证错误返回统一提示,防止猜测用户名或密码;确保密码重置、密码找回逻辑的安全,谨防绕过。

威胁三:攻击者通过中间人窃取用户密码。

消减措施:用户登录请求采用 HTTPS;确保 SSL 证书安全,算法套中使用的是安全的算法;密码传输前先做一次加密或哈希。

威胁四:攻击者窃取正常用户的会话,假冒用户登录 Web 网站。

消减措施:会话密码长度大于 24 位,通过安全随机数生成;登录前后强制改变会话;限制会话过期时间。

此外,可以采用身份认证技术认证浏览器和 Web 服务器的身份;采用 HTTPS 防止访问请求与响应的数据被窃取、伪造或篡改;通过验证/过滤输入的方式防范跨站脚本攻击/SQL 注入攻击;对浏览器登录和访问操作进行日志记录与审计,对 Web 服务器进行双机热备,对数据库中存储的数据定期进行备份与恢复等威胁消减措施。STRIDE 威胁建模分析的输出如表 2-7 所示。

表 2-7　STRIDE 威胁建模分析的输出

元素	威胁	风险及影响分析	消减措施	应用消减措施后的风险	产品响应

2.2.2　攻击树

攻击树(attack tree)[①]是一种用于安全风险(威胁)建模分析的树状表示方法,它的结构类似于故障树(fault tree)。故障树又称为失败树(failure tree),它主要用于确定工业领域可能出现的问题及其造成的后果,而攻击树采用图形方式描述了系统可能遭受的各种攻击,它由攻击源、攻击途径和影响攻击可能性的各种因素(如攻击成本、技术难度、被发现的概率等)组成。采用攻击树建模,有利于分析攻击源的攻击能力,从而大致估计出攻击威胁的大小和可能造成的影响,有利于从攻击的角度分析系统面临的安全风险。

攻击树中父子节点有两种关系:"或"关系代表只要达到子节点中任何一个节点代表的攻击目标,父节点的攻击目标就能达到;"与"关系表示为了达到父节点的目标,其所有子节点的目标都必须达到才行,如图 2-11 所示。

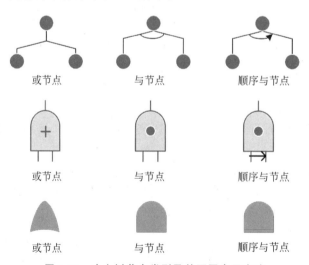

图 2-11　攻击树节点类型及其不同表示方法

---

①　1999 年 Schneier 提出的一种对特定系统的安全威胁进行建模的方法。

在攻击树中,叶子节点代表"原子"攻击,一般用圆圈表示,它是实施复杂攻击的最基本组成单元;中间节点是攻击的中间目标或中间过程,它的子节点代表了为成功实施该攻击目标所需的条件;根节点代表攻击的最终目标,该目标可根据需要进行调整。图 2-12 给出了一个简单的例子。其中,渗透攻击需要利用软件中存在的固有缺陷(即脆弱性)。

图 2-12　破坏星地链路可用性的攻击树

图 2-12 中的"损害软件"节点与它的子节点就是"与"的关系,采用弧线相连的方式表示;其他节点与它们的子节点是"或"的关系。

采用攻击树进行安全威胁建模分析遵循以下过程。

(1) 针对攻击目标创建攻击树,罗列出所有可能的攻击途径和必要的攻击条件;

(2) 识别出所有可能的攻击源;

(3) 确定影响攻击源攻击能力的各种因素(又称攻击影响因素),如攻击成本、攻击者技术水平、攻击者的攻击动机等;

(4) 确定各项攻击影响因素的综合计算函数,这些函数用于计算非叶子节点的攻击影响因素(分别针对"与""或"节点);

(5) 采用上述攻击影响因素描述不同攻击源的固有攻击能力;

(6) 确定攻击树中每个叶子节点的攻击影响因素的取值;

(7) 按综合计算函数计算各中间节点和根节点的攻击影响因素的取值;

(8) 根据不同攻击源的攻击能力裁剪攻击树;

(9) 综合评判裁剪后的所有攻击树,找出最有可能的攻击途径;

(10) 分析采用这些攻击途径对系统可能造成的影响大小;

(11) 按攻击成本和攻击对系统造成的影响进行攻击成本/效益分析;

(12) 从攻击的角度确定系统的安全风险(威胁)等级。

需要注意的是,攻击的成本、攻击成功的概率往往与系统中存在的脆弱性的严重等级及其可能造成的影响范围密切相关。为了有效确定这些影响因素的数值,不但可以借助以往的统计数据和专家的经验,还可以利用系统脆弱性建模分析的结果。

利用攻击树建模分析的关键在于确定各攻击影响因素的综合计算函数。表 2-8 列出了几种常用的攻击影响因素的综合计算函数,a_i 表示各子节点的攻击影响因素。需要注意的是,针对"与"节点和"或"节点,计算的方法是不同的。

表 2-8　常用攻击影响因素的综合计算函数

攻击影响因素	"与"(AND)节点	"或"(OR)节点
攻击成本	$\sum_i a_i$	$\min(a_i)$
攻击成功的概率	$\prod_i a_i$ 或 $\min(a_i)$	$1-\prod_i(1-a_i)$ 或 $\max(a_i)$
技术难度	$\max(a_i)$	$\min(a_i)$
被发现的概率	$1-\prod_i(1-a_i)$	$\max(a_i)$

对攻击树的裁剪按照不同攻击源的攻击能力进行,即针对每个攻击源都能裁剪出一棵表示最有可能威胁的攻击树。如果攻击源的攻击能力(如攻击成本)达不到节点的攻击影响因素所标示的值,那么该攻击源就无法实现该节点所代表的攻击目标,也就是说,该节点所代表的安全威胁针对该攻击源可以被忽略。而裁剪后剩余的节点代表了最有可能的攻击威胁。以图 2-13 的攻击树为例,假设考察的攻击影响因素只有攻击成本,并且攻击源能提供的攻击成本不可能大于 3,那么攻击树中所有攻击成本大于 3 的节点将被裁剪,而攻击路径 I→D→B 成为最有可能的攻击路径,它们对系统造成的威胁影响值得重视。

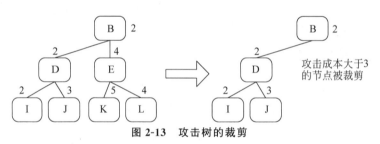

图 2-13　攻击树的裁剪

2.2.3　误用例图

在系统开发与设计过程中,经常会使用用例图(use case diagram)描述和分析系统的功能需求。用例图是用户(角色)与系统交互的最简表示形式,展现了用户(角色)和与他相关的用例之间的连接(交互)关系,说明是谁要使用系统,以及使用该系统可以做些什么,目的是在一个更高的层次概览整个系统,让项目参与者理解系统。用例图不但包含了多个模型元素(如系统、参与者和用例),显示了这些元素之间的各种关系(如泛化、关联和依赖),还展示了一个外部用户能够观察到的系统功能模型图。

用例图所包含的元素如图 2-14 所示。

(1) 参与者:与应用程序或系统进行交互的用户、组织或外部系统。

(2) 用例:外部可见的系统功能,对系统提供的服务进行描述。

(3) 子系统:用来展示系统的一部分功能,这部分功能联系紧密。

用例图中涉及的关系有:关联、泛化、包含、扩展和依赖,如表 2-9 所示。

- 关联(assocoation):用无向边表示参与者与用例之间的关系,可理解为双向传递

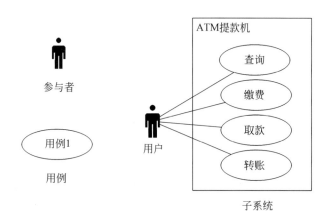

图 2-14　用例图中的元素

信息。

- 泛化(inheritance)：相当于继承关系，子用例与父用例相似，但表现出更特别的行为。泛化的箭头是子用例指向父用例。
- 包含(include)：把一个复杂的用例分解为功能较小的步骤。箭头指向分解出来的用例。
- 扩展(extend)：指用例功能的延伸，相当于为基础用例提供一个附加功能，把基础用例中可选的部分扩展出来加以封装。箭头指向基础用例。
- 依赖(dependency)：表示源用例依赖于目标用例。箭头指向被依赖项。

表 2-9　用例图涉及的关系

关 系 类 型	说　　明	表 示 符 号
关联	参与者与用例之间的关系	————————
泛化	参与者之间或用例之间的关系	————————▷
包含	用例之间的关系	— — ≪包含≫ - - →
扩展	用例之间的关系	— — ≪扩展≫ - - →
依赖	用例之间的关系	— — — — — →

关联关系表示参与者之间的通信，任何一方都可以发送和接收消息。该关系无箭头，连接参与者与用例，指向消息接收方，如图 2-15 所示。

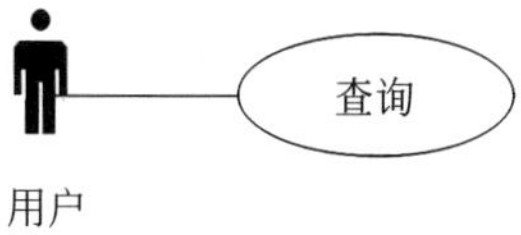

泛化关系就是通常理解的继承关系，子用例和父用例相似，但表现出更特别的行为；子用例将继承父用例的所有结构、行为和关系。子用例可以使用父用例的一段行为，也可以重载它。父用例通常是抽象的。在实际应用中很少使用泛化

用户　　　查询

图 2-15　关联关系示意图

关系，子用例中的特殊行为都可以作为父用例中的备选流存在。箭头指向父用例，如图 2-16 所示。

包含关系用于将一个较复杂用例表示的功能分解成较小的步骤。包含关系典型的应用就是复用，也就是定义中说的情景。但是当某用例的事件流过于复杂时，为了简化用例

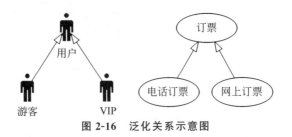

图 2-16　泛化关系示意图

的描述,也可以把某一段事件流抽象成为一个被包含的用例;相反,用例划分太细时,也可以抽象出一个基用例来包含这些细颗粒的用例。这种情况类似于在过程设计语言中,将程序的某一段算法封装成一个子过程,然后再从主程序中调用这一子过程。箭头指向被分解出来的功能用例,如图 2-17 所示。

　　扩展关系是指用例功能的延伸,相当于为基用例提供一个附加功能。将基用例中一段相对独立并且可选的动作,用扩展(extension)用例加以封装,再让它从基用例中声明的扩展点(extension point)上进行扩展,从而使基用例行为更简练和目标更集中。扩展用例为基用例添加新的行为。扩展用例可以访问基用例的属性,因此它能根据基用例中扩展点的当前状态来判断是否执行自己。但是扩展用例对基用例不可见。箭头指向基用例,如图 2-18 所示。

图 2-17　包含关系示意图　　　　　图 2-18　扩展关系示意图

　　依赖关系表示源用例依赖于目标用例。箭头指向被依赖项。

　　包含、扩展、泛化关系的区别如下。

* 泛化中的子用例及包含中的被包含的用例是无条件发生的,而扩展中的延伸用例的发生是有条件的;
* 泛化中的子用例和扩展中的延伸用例为参与者直接提供服务,而包含中的被包含用例只能为参与者提供间接服务;
* 对扩展用例而言,延伸出来的用例不包含基用例的功能。而泛化出来的用例则包含被泛化用例的功能;
* 泛化用例侧重表示子用例之间的互斥性,扩展用例则侧重表示用例触发的不确定性。

　　误用例图(misuse case diagram)是在用例图的基础上衍生出来的,用于描述用户为了完成对系统或业务过程的恶意行为而执行的步骤和场景。它们从本质上讲仍然是用例,只不过是在正常用户使用场景的基础上,增加了从攻击者的角度入侵与攻击系统的用例。

　　误用例图在用例图原有的 5 种关系基础上，增加了威胁（threat）和迁移（migrate）两种用例之间的关系。如图 2-19 所示，用户登录银行网站进行网上交易，需要与银行网站建立 SSL 连接，并基于用户 ID 和口令进行身份认证。

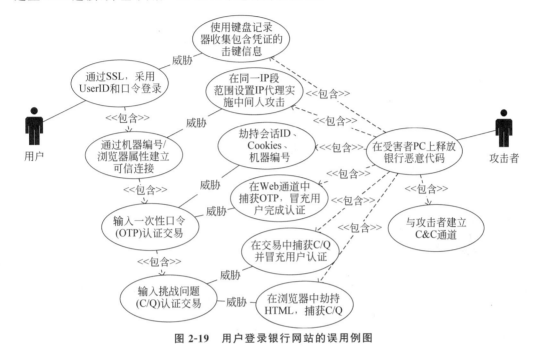

图 2-19　用户登录银行网站的误用例图

　　通过误用例图分析可能存在的安全威胁场景包含以下 3 个步骤：

　　（1）建立系统的用例图；

　　（2）找出系统可能的攻击者和误用例；

　　（3）分析用例图与误用例图各用例之间的关系（包含、扩展、威胁、迁移等）。

　　同样地，采用误用例图也可以分析系统可采用的安全控制措施和安全需求。如图 2-20 所示，针对攻击者所使用的账户猜测、字典攻击等强力登录尝试，可以在原有用例图的基础上补充登录认证保护用例，以迁移上述安全威胁。

　　与误用例图配套，应采用文档方式详细描述每一个误用例，包括误用例实施的前提条件（合法用户用例的假设条件，攻击误用例实施的假设条件）、最坏情况下误用例造成的危害（影响），检测到该攻击威胁的条件，威胁源画像、受影响的利益相关者、受影响的范围等，为后继进行安全需求分析、制定安全策略和安全设计方案提供输入，如表 2-10 所示。

表 2-10　误用例图对应的描述文档格式

误用例 ♯	误用例的编号，用于跟踪组织的误用例
误用例名称	简要描述误用例
误用例分类	按 STRIDE 对误用例分类
目标	描述误用例的威胁目标

续表

角色	列出执行该误用例的可能攻击者
前提条件	执行攻击必须具备的前提条件,例如必须获得系统的用户名与口令
主要流程	实现该误用例的攻击场景及系列攻击步骤
扩展点	由该误用例扩展出来的其他误用例
替代流程	能够替代主攻击流程的其他攻击流程
造成的后果	执行完误用例后系统的状态
威胁点	受该误用例影响的用例
迁移	能够迁移该误用例的用例
优先级	该误用例的威胁等级(高、中、低)

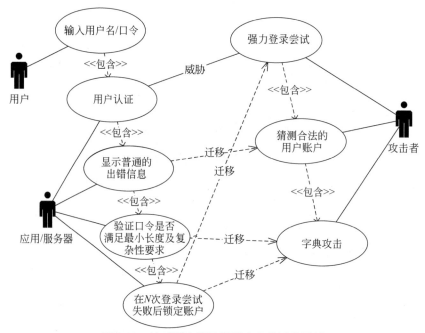

图 2-20　针对强力登录尝试攻击的迁移用例

2.3　网络安全设计

2.3.1　安全需求分析

在威胁建模的基础上,针对每个具体的安全威胁,综合安全风险评估的结果,组织关心的战略安全要求,以及国家、部门或行业制定的必须遵守的安全标准规范和安全技术要求等,以安全策略的方式提出网络信息系统的安全需求。

1. 信息安全策略

安全策略是指在一个特定的环境里，为保证提供一定级别的安全保护所必须遵守的规则。制定安全策略应从三个层面入手。

(1) 抽象安全策略：相当于安全需求定义，它对应于组织关心的战略安全要求，通常表现为一系列的自然语言描述的文档，是组织根据自己的任务、面临的威胁及风险分析以及上层的制度、法律等制定出来限制用户使用哪些资源、如何使用资源的一组规定。

(2) 全局自动安全策略：相当于安全需求分析，一般来源于安全风险分析的结果，它是组织抽象安全策略的子集和细化，指能够由计算机、路由器等设备自动实施的安全措施的规则和约束，不能由计算机实施的安全策略由安全管理制度等物理环境安全等其他手段实施。全局自动安全策略主要从安全功能的角度考虑，分为标识与认证策略、授权与访问控制策略、信息保密与完整性策略、数字签名与抗抵赖策略、安全审计策略、入侵检测策略、响应与恢复策略、病毒防范策略、容错与备份策略等。

(3) 局部执行策略：它是分布在终端系统、中继系统和应用系统中的全局自动安全策略的子集，网络中所有实体局部执行策略的总和是全局自动安全策略的具体实施，通常要遵循国家、部门或行业制定的安全标准规范和安全技术要求。局部可执行的安全策略是由物理组件与逻辑组件实施的形式化的规则，如口令管理策略、防火墙过滤规则、认证系统中的认证策略、访问控制系统中的主体的能力表、资源的访问控制链表、安全标签等组成。每一条具体的规则都是可以设置与实施的。

抽象与全局安全策略的描述语言应该是简洁的、非技术性的和具有指导性的，一般在安全策略中不规定使用什么具体的安全技术，也不描述技术的配置参数。例如全局安全策略："任何类别为机密的信息，无论存储在计算机中，还是通过公共网络传输时，必须使用信息安全部门指定的加密硬件或者加密软件予以保护。"这个叙述没有谈及加密算法和密钥长度，因此当旧的加密算法被替换，新的加密算法被公布时，无须对其进行修改。

制定局部执行安全策略时必须遵循相关的技术和管理标准如下。

- 技术标准着重从技术方面规定与规范实现安全策略的技术、机制与安全产品的功能指标要求，切忌明确到使用什么产品，只要从功能、技术标准上作出明确的规范即可；

- 管理规范是从政策、组织、人力与流程方面对安全策略的实施进行刻画，没有一定政策法规的保障，安全策略将等同一堆废纸。

例如针对前面的全局安全策略，可以对计算机数据加密规定如下的标准。

(1) 所有安装 Windows 操作系统的计算机应该利用内置的加密文件系统将所有文件夹和子文件夹配置成自动加密文档方式(技术标准)。

(2) 所有人员必须将敏感文件和信息存放在加密的硬盘分区上(管理标准)。

(3) 安全管理员负责保管加密恢复密钥(管理标准)。

这样才能保证上述全局安全策略得到执行。

2. 安全需求分析框架

如图 2-21 所示，网络信息系统的安全需求分析可从动态防护、纵深防御、等级保护和信息系统生命周期的角度进行分析，之所以要从不同角度进行需求分析，是为了将安全威胁建模、安全风险评估、等级保护要求和行业安全要求等不同渠道的安全要求体现在最终的安全需求分析结果中，为指导网络安全设计提供更加全面、系统的安全策略描述。

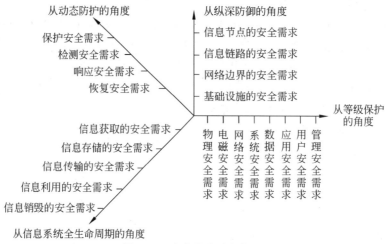

图 2-21　安全需求分析框架

物理安全是整个网络信息系统安全的前提，是保护计算机网络设备、设施，保护其他媒体免遭地震、水灾、火灾等环境事故，人为操作失误或各种计算机犯罪行为导致的破坏的过程。物理安全技术主要是指对计算机及网络系统的环境、场地、设备和人员等采取的安全技术措施。

电磁安全又称为电磁环境安全防护，是指为防止各种电磁信号泄露而采取的抑制、干扰和防护措施。

网络安全是指采取必要措施，防范对网络的攻击、侵入、干扰、破坏和非法使用，以及意外事故，使网络处于稳定可靠运行的状态，保障网络数据的完整性、保密性、可用性的能力。

系统安全主要是指保护操作系统、数据库系统及中间件等系统软件的安全、可靠、可用，防止其被非授权访问或其完整性被破坏，防止其存储处理的信息泄露。

数据安全有对立的两方面的含义：一是数据本身的安全，主要是指采用现代密码算法对数据进行主动保护，如数据保密、数据完整性、双向强身份认证等；二是数据防护的安全，主要采用现代信息存储手段对数据进行主动防护，如通过磁盘阵列、数据备份、异地容灾等手段保证数据的安全。

应用安全也称为应用程序的安全，是在应用程序设计、开发、运行过程中采取身份认证、访问控制、数据加密、完整性保护等各种安全措施，测试、发现与弥补安全漏洞，抵御未经授权的访问和修改等安全威胁。

用户安全包括用户自身的安全意识和用户使用的终端设备的安全两个方面，用户的安全意识通过安全教育培训与考核等方式提升，用户使用的终端设备通过安全策略配置和安装必要的安全防护系统加以保护。

管理安全是指对网络信息系统运行过程中的人、物、环境因素状态的管理，有效地控制人的不安全行为和物的不安全状态，消除或避免安全事件。

图 2-22 展示了从等保角度分析安全需求的主要内容。

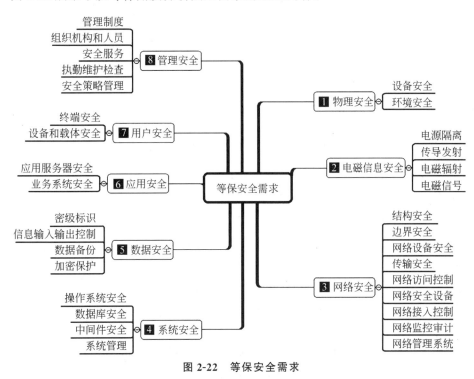

图 2-22 等保安全需求

表 2-11 列出了安全需求分析的指标，在阐述具体的安全策略时，可以从安全属性的角度，对照进行系统的安全功能与性能指标描述，以确保安全需求分析的无二义性和准确性。

表 2-11 安全需求分析参考指标

安全属性	分析指标	说　　明
机密性	密级	按公开、内部、秘密、机密和绝密划分
	传输数据保密	按链路层、网络层、传输层和应用层划分
	传输数据流保密	是否需要保护数据通信方向、频率和流量大小方面的信息
	机密性保护粒度	按字段级、消息级、链路级、文件级和网络级划分
完整性	完整性保护粒度	按字段级、消息级、文件级划分
	传输数据完整性	按链路层、网络层、传输层和应用层的完整性保护划分
	传输数据流完整性	是否需要防止传输数据被截断、乱序、重放
	实体完整性	按操作系统、系统程序、应用程序的完整性保护划分
	数据源完整性	按信源、信宿身份认证与完整性保护划分
可用性	通信可用性	按通信带宽、传输延迟、时延抖动、误码率、重传包数划分
	数据可用性	按数据完整性、完备性、一致性、实时性划分
	服务可用性	按服务是否在线、服务响应时间、服务质量划分

续表

安全属性	分析指标	说　　明
抗否性	操作抗否性	按信源、信宿抗否性划分
可控性	控制对象	按程序运行、数据访问和通信连接的控制划分
	控制范围	按时间、空间的控制范围划分
	控制策略	按强制的、自主的、多级安全的和基于角色的划分
可审计性	检测范围	按基于节点、基于网络的检测划分
	审计能力	按审计实时性、正确性划分

2.3.2　安全体系设计

在我国网络信息系统的安全防护体系建设中，涉密系统必须遵循国家保密局颁发的分级保护要求构建安全防护体系，其他系统则要按照公安部制定的等级保护要求构建安全防护体系。所谓网络安全等级保护，就是要对网络（含信息系统、数据）实施分等级保护、分等级监管；对网络中使用的网络安全产品实行按等级管理；对网络中发生的安全事件分等级响应与处置。

美国是最早实施等级保护的国家。1985年，美国国防部发布了可信计算机系统评估准则（Trusted Computer System Evaluation Criteria，TCSEC），即橘皮书。在 TCSEC 中，美国国防部按处理信息的等级和应采用的响应措施，将计算机安全从高到低分为：A（验证保护级）、B（强制保护级）、C（自主保护级）、D（无保护级）四类七个级别。随着安全等级的提高，系统的可信度随之增加，风险逐渐减少。

1993年，美国对 TCSEC 作了补充和修改，制定了组合的联邦标准（Federal Criteria，FC）。1993年6月，CTCPEC（Canadian Trusted Computer Product Evaluation Criteria）[①]、FC、TCSEC 和 ITSEC（Information Technology Security Evaluation Criteria）[②]的发起组织开始联合起来，将各自独立的准则组合成一个单一的、能被广泛使用的 IT 通用安全准则（简称 CC 标准）。

1999年我国制定了《GB17859—1999 计算机信息系统安全保护等级划分准则》，这是等级保护所有标准体系中唯一一个强制国家标准，也是其他等保标准体系来源。标准规定了计算机信息系统安全保护能力的五个等级。

- 第一级：用户自主保护级；
- 第二级：系统审计保护级；
- 第三级：安全标记保护级；
- 第四级：结构化保护级；
- 第五级：访问验证保护级。

---

① 加拿大的安全评价标准，专门针对政府需求而设计。
② 欧洲的安全评价标准，是英国、法国、德国和荷兰制定的 IT 安全评估准则。

标准适用于计算机信息系统安全保护技术能力等级的划分,计算机信息系统安全保护能力随着安全保护等级的增高,逐渐增强。

2019 年 5 月 13 日,国家市场监督管理总局召开新闻发布会,正式发布《信息安全技术网络安全等级保护基本要求》2.0 版本(简称等保 2.0),参考《信息保障技术框架(IATF)》设计思想,特别是四个保障领域(保护网络和基础设施、保护边界、保护计算环境、支撑基础设施),规范了信息系统等级保护安全设计技术要求,包括第一级至第五级系统安全保护环境的安全计算环境、安全区域边界、安全通信网络和安全管理中心(简称"一个中心、三重防护")等方面的设计技术要求,以及定级系统互联的设计技术要求,如图 2-23所示。

之所以把"安全管理中心"从管理层面提升到技术层面,独立出来进行要求,包括"系统管理、审计管理、安全管理、集中管控"等,是为了满足等保 2.0 的核心变化——从被动防御转变为主动防御、动态防御。完善的网络安全分析能力、未知威胁的检测能力将成为等保 2.0 的关键需求。

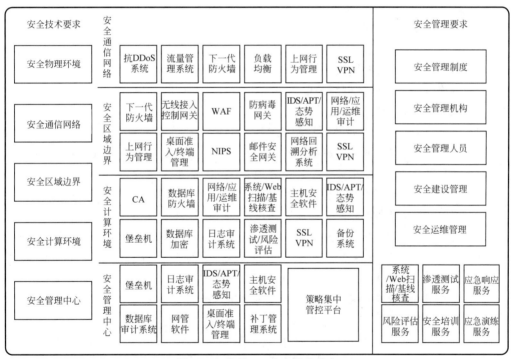

图 2-23　等保 2.0 安全解决方案

网络安全防护体系的设计,应该在系统安全需求分析的基础上,由业务系统的重要程度及遭到破坏后的危害程度决定系统的等级保护级别,依据等保 2.0 对应级别要求,分级分域实施安全防护。所谓分级分域,是指根据建设范围、风险威胁、信息密级等因素划分网络信息系统的安全域,对系统进行分域、定级,综合运维成本,针对性制定安全控制措施,构建多级多域的防御体系。

此外,在进行网络安全防护体系设计时,选择的所有安全防护系统与设备都应通过信息安全测评认证中心的测评认证,并要优先选用自主可控的信息产品,以降低因安全系统或设备自身存在的安全漏洞或后门给网络信息系统带来的风险。

1. 网络安全域的划分

所谓安全域(security domain),是指具有明确安全边界的统一实施边界防护和内部安全控制的逻辑区域。网络安全域是一组安全等级相同、业务类型/功能相似的计算机、服务器、数据库、业务系统等构成的系统,是可被防火墙、安全网关、交换机、网闸等隔离的区域。网络安全域是一个信任域,同一安全域内处理涉密信息的等级相同,采用的安全策略相同。

一般来说,等级越高的安全域,划分的粒度越细,控制的范围越小。网络安全域重视域边界的控制,通过划分网络安全域可降低安全运维成本和复杂度,提高网络安全管理的效率,增强网络边界防护、访问控制与安全审计的能力,有效增加攻击者横向移动的代价,降低网络安全风险。不同物理网络承载的信息系统通常归属于不同的安全域。根据需要,相同密级的信息系统之间,可按业务互通关系确定安全域。如某一信息系统的数据不允许被另一信息系统的用户访问,原则上不能划分为同一安全域。

安全域划分的原则列举如下。

(1)业务保障原则:应在保障网络信息系统正常运行和运行效率的基础上进行安全防护。业务紧密相关、需要紧密联系的网络资产原则上应划分在一个安全域中。例如财务部门的网络和研发部门的网络一般应隔离出不同的安全域,但研发团队和测试团队的网络则可以划分到一个安全域。

(2)结构简化原则:网络结构越简单,越容易理解,越有利于设计安全防护方案。安全域粒度越细,防护措施就可能越细,但是也会导致安全域数量过多,增加管理的复杂度,降低网络通信效率,导致安全策略不能很好地管理,反而会带来安全隐患。

(3)等级保护原则:价值相近、具有相同或相近的安全等级的资产最好划分到一个安全域,例如涉密网络和不涉密网络应隔离出不同的安全域。

(4)立体协防原则:安全域的主要对象包括网络及计算节点,随着技术的发展,现在的计算节点很容易突破网络边界,出现非法外联或非法内联的情况,针对安全域防护时,要充分扩展网络边界的概念。例如安全域的防护不仅要考虑传统的边界防火墙,也要考虑主机的非法外设(外接无线网卡等)、非法主机接入等。

(5)集中管控原则:相同类型的安全资产应该尽可能纳入一个安全域,实施集中安全策略管理,提高安全管理的效率。此外,各种类型的网络接入边界(远程办公接入、合作伙伴接入、互联网接入、移动通信接入等)应该尽可能整合为一个接入域,实施统一的安全接入策略(身份认证与访问控制),以尽可能地缩小网络攻击面,降低网络安全风险。

(6)生命周期原则:安全不是一劳永逸的事,要根据网络的变化随时更新安全域,修正隔离方案和策略,确保隔离有效、安全域足够安全。

合理地划分网络安全域是开展网络安全防护体系设计的第一步。安全域的划分与设计一般包括以下步骤。

(1)识别网络区域:根据应用系统类型或资产在网络中暴露的程度、位置等,形成基于应用类型和网络位置的网络区域。例如根据应用系统的类型(业务系统、办公系统、管

理系统等),推导出网络安全域为业务网、办公网、管理网,如图 2-24 所示;也可根据网络
的位置将安全域划分为接入域、DMZ 域、内网域等。

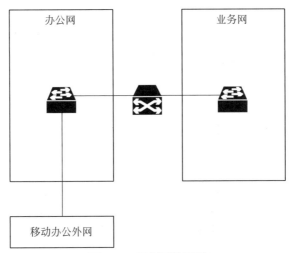

图 2-24　识别网络区域

(2) 拆分网络子区域:在同一个域内,根据应用系统的应用类型和应用架构,拆分出
网络子区域。例如将办公网进一步划分为办公内网、办公外网,将业务网划分为部门 A
业务网、部门 B 业务网,将业务应用系统划分为业务应用系统服务区和业务应用系统数
据区,如图 2-25 所示。

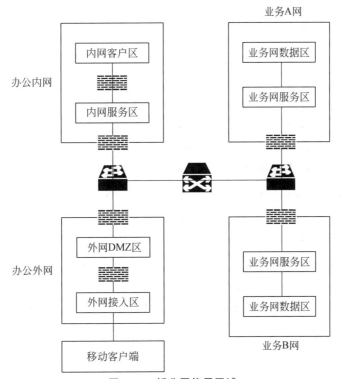

图 2-25　拆分网络子区域

（3）整合安全域：将具有相同安全防护需求的网络子区域整合为一个安全域，例如业务应用系统服务区和业务应用系统数据区防护要求相近，整合成业务应用系统域，办公外网接入区和办公外网 DMZ 服务器区防护要求相近，整合成办公外网接入域；也可按信任程度整合安全域，例如内部服务器和客户端都是可信程度，可整合为一个安全域；与外部网络相连的接入域为半可信程度，则不能与可信安全域整合，如图 2-26 所示。

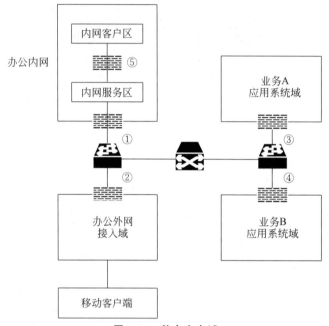

图 2-26　整合安全域

（4）识别安全域边界：通过对安全域之间的访问数据流进行分析，可将安全域的边界进行整合，将具有相同安全（信任）等级的安全域边界整合在一起。

（5）设计身份认证和访问控制策略：根据安全域划分的等级，在安全域边界设计相应的身份认证和访问控制策略，由低信任程度访问高信任程度的安全域需要采用相对严格的身份认证与访问控制策略。身份认证按安全等级可分别采用单因素认证、双因素认证或多因素认证，单向认证或对等认证，静态认证或动态认证，设备认证、应用认证或用户认证等。访问控制策略可进行分类设计，如表 2-12 所示。

表 2-12　访问控制策略的类别

类别	类　名	描　　　述
AC1	端到端控制	限定访问源主机 IP 地址，目的主机 IP 地址和目的端口号
AC2	集合控制	限定访问源主机 IP 地址段、目的主机 IP 地址段和目的端口集
AC3	目的控制	不限定源主机 IP 地址，限定目的主机 IP 地址和端口
AC4	源控制	不限定目的主机 IP 地址，限定源主机 IP 地址和端口
AC5	端口控制	不限定访问源、目的主机 IP 地址，仅限定访问目的主机端口
AC6	地址控制	不限定访问端口，仅限定访问源、目的主机 IP 地址

以图 2-26 为例,明确各安全域之间的互访关系及应部署的访问控制策略类别,在策略类别原则指导下,编制具体的访问控制策略(见表 2-13),并部署到访问控制设备上。

表 2-13　访问控制策略实施举例

安全域一 ＼ 安全域二	内网客户区	内网服务区	办公外网	业务 A 域	业务 B 域
内网客户区		AC3	AC2	AC4	AC4
内网服务区			AC1	AC4	AC4
办公外网	AC2	AC3		AC2	AC2
业务 A 域	AC2	AC3	AC2		AC3
业务 B 域	AC2	AC3	AC2	AC3	

安全域设计需要注意的是:安全域不是网络区域,安全域强调的是安全防护需求,网络区域强调区域隔离,因此不能简单地将 VLAN 划分当成安全域的划分;其次安全域设计不是一次性工作,需要根据应用架构的变化和安全事件的响应处置等因素,进行不断修正。在安全域设计过程中,应该以应用类型、用户类型和信任级别的划分为主线,先形成基本网络域,然后再将具有相同安全需求的网络区域部署到相同的安全域中,再根据应用之间的跨域访问需求,识别出网络边界,结合安全需求设计适当的身份认证与访问控制策略。

下面以一个常规的网络信息系统为例,说明如何对其划分安全域,如何基于安全域设计网络安全防护体系。一个常规的网络信息系统一般包括由网络边界区分开来的内部网络和外部网络。内部网络还可根据不同的业务类别和访问方式划分为终端用户区、应用服务区、数据存储区、安全管理区等。在内外网边界上,不同安全域之间的信息交换与共享需要通过跨网跨域交换区或安全接入区,如图 2-27 所示。图中的"飞地"本意是指隶属于某一行政区管辖但不与本区毗连的土地,在这里是指隶属于同一安全域但物理上不在一处的网络。

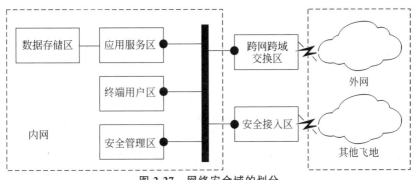

图 2-27　网络安全域的划分

2. 安全接入区设计

安全接入区主要用于隶属于同一安全域的飞地与内部网络之间的边界保护,采用可分段(segment)的思想,提供网络接入时的身份认证、访问控制、数据保密和完整性保护、病毒检测与防护、入侵检测、流量回溯、接入控制、安全审计等服务,其通用安全部署如图 2-28 所示。

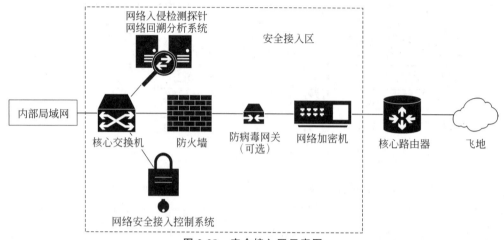

图 2-28　安全接入区示意图

网络加密机实现与飞地对应加密机之间的链路加密,确保远程信息传输的保密性;防火墙可对网络流量进行过滤和访问控制;防病毒网关(有时也可替换为 UTM^① 安全网关)基于数据流量进行病毒检测与查杀,可根据业务实时性、可靠性要求采用串联和旁路两种部署方式;网络入侵检测系统用于检测网络入侵事件,常见部署在核心交换机上,用于收集核心交换机的镜像流量,通过检测攻击特征形成告警事件;流量回溯分析系统通常也是连接到核心交换机,可以回溯流量,分析安全事件时可以通过回溯流量分析攻击过程;防火墙、防病毒网关、网络入侵检测系统和流量回溯系统可为集中安全管理系统和安全态势感知系统提供告警和攻击特征信息;网络安全接入控制系统为接入终端设备提供身份鉴权和访问控制服务,防止非法终端接入内网(部分提供非法外联检测)。

在安全接入区实施网络隔离,有以下几种方式。

(1) 路由隔离

路由器属于网络层隔离设备,路由表定义了数据交换的基本规则,控制了跨越网络边界的访问和数据流,是网络隔离的基础控制点。静态路由是管理员人工配置的固定路由,静态路由优先级最高。静态路由的优点是简单、高效、可靠。由于静态路由需要手动配置,因此只应用于网络规模不大、拓扑结构相对固定的网络中。动态路由是指路由器根据实时的网络拓扑变化,利用路由选择协议,动态计算更新的路由表内容。动态路由的优点是大大减少了管理任务。由于动态路由可以自动调整,因此广泛应用于互联网和其他大型网络中。另外,现在大部分路由器已经集成了很多的安全功能,如 ACL、VPN 等功能。因此路由器不仅是安全域的边界,也是安全域的第一道防守。

---

① UTM：Unified Threat Management。

（2）VLAN 隔离

VLAN(Virtual LAN)隔离通常由交换机实现,作用于数据链路层。VLAN 协议通过在以太网的链路层头部加入特殊的标记,来标识该报文所属的 VLAN。交换机根据这个标记决定报文允许传播的范围。VLAN 划分方式主要有以下几种。

- 基于接口划分:针对交换机的接口配置不同的 VLAN,交换机控制只有同一个 VLAN 的接口之间允许数据互通。
- 基于 MAC 地址划分:针对接入设备的 MAC 地址配置不同的 VLAN,只要这个设备在本网络内接入,不管物理位置在哪,都归属于原来设置的 VLAN。这种方法大大提高了终端用户的安全性和接入的灵活性。
- 基于子网 IP 地址划分:针对不同的 IP 地址配置不同的 VLAN,交换机收到 IP 报文后检查是否携带 VLAN 标签,交换设备会根据报文中的源 IP 地址,自动添加其所属的 VLAN 信息。根据指定网段或 IP 地址划分 VLAN 的方法大大提升了管理的便捷性。
- 基于匹配策略(MAC 地址、IP 地址、接口)划分:综合配置 MAC 地址、IP 地址和交换机的端口,关联不同的 VLAN。只有符合条件的终端才能加入指定 VLAN。符合策略的终端加入指定 VLAN 后,如果 IP 地址或 MAC 地址有任何变化,都不再属于该 VLAN,原来的设备将再根据条件查找对应的 VLAN,如果没有符合条件的 VLAN,就无法接入网络。

（3）VPN 隔离

VPN 功能一般由网络边界的防火墙或路由器提供,也可以由单独的 VPN 设备(图 2-28 中的网络加密机)提供。

（4）防火墙隔离

防火墙最基本的功能是通过包过滤功能控制不同网络之间的通信,只允许符合策略要求的报文通过,后续逐渐发展出了应用代理,动态包过滤(状态监测)等技术(图 2-28 中的路由器可配置为包过滤防火墙)。几种类型的防火墙的区别如表 2-14 所示。

表 2-14　几种类型的防火墙对比

类型 特征	包 过 滤	应 用 代 理	状 态 监 测
实现 原理	一般基于网络层的五元组进行判断,决定放行或阻止报文	基于应用层实现应用代理,作为内外网通信的中介,全权检查通信的所有内容,决定放行或阻止报文	将同一连接的所有报文看作一个数据流,构成连接状态表,通过检查规则表与状态表,对表中的各个连接状态要素进行识别判断,决定放行或阻止报文
优点	1. 容易实现,费用少 2. 对性能的影响不大,对流量的管理较出色	1. 通信双方完全隔离 2. 通信全权代理,能提供更高级别的安全检测和安全控制	1. 对应用透明 2. 基于连接状态判断,性能较好,比包过滤技术的安全性更好

特征\类型	包 过 滤	应 用 代 理	状 态 监 测
缺点	1. 过滤规则表难以维护,容易出现漏洞 2. 缺少身份验证机制 3. 不能进行应用层的深度检查,不能发现传输的恶意代码及攻击数据包 4. 包过滤技术容易遭受源地址欺骗	1. 作用于 OSI 模型最高层,性能较差 2. 很难支持所有的应用层协议 3. 作为应用层代理,经常需要用户修改应用配置,易用性较差	1. 过滤规则表难以维护,容易出现漏洞 2. 缺少身份验证机制 3. 不能进行应用层的深度检查,不能发现传输的恶意代码及攻击数据包

3. 跨网跨域交换区设计

不同安全域需基于密码机制、访问控制机制或物理隔离方式进行安全隔离。不同安全域之间要实施按需可控的数据交换或信息共享,制定相应的跨域解决方案(Cross Domain Solutions,CDS)。表 2-15 给出了等保 2.0 对网络隔离的通用安全技术要求。

表 2-15　等保 2.0 对网络隔离的通用安全技术要求

防护对象	防护分类	网络隔离相关要求摘要
安全通信网络	网络架构通用安全要求	1. 应划分不同的网络区域,并按照方便管理和控制的原则为各网络区域分配地址 2. 应避免将重要网络区域部署在边界处,重要网络区域与其他网络区域之间应采取可靠的技术隔离手段
安全区域边界	边界防护通用安全要求	1. 应保证跨越边界的访问和数据流通过边界设备提供的受控接口进行通信 2. 应能够对非授权设备私自联到内部网络的行为进行检查或限制 3. 应能够对内部用户非授权联到外部网络的行为进行检查或限制 4. 应限制无线网络的使用,保证无线网络通过受控的边界设备接入内部网络 5. 应能够在发现非授权设备私自联到内部网络的行为或内部用户非授权联到外部网络的行为时,对其进行有效阻断 6. 应采用可信验证机制对接入到网络中的设备进行可信验证,保证接入网络的设备真实可信
	访问控制通用安全要求	1. 应在网络边界或区域之间根据访问控制策略设置访问控制规则,默认情况下除允许通信外受控接口拒绝所有通信 2. 应删除多余或无效的访问控制规则,优化访问控制列表,并保证访问控制规则数量 3. 应能根据会话状态信息为进出数据流提供明确的允许/拒绝访问的能力 4. 应在网络边界通过通信协议转换或通信协议隔离等方式进行数据交换

跨网跨域交换区主要用于安全连接不同涉密等级的安全域,实现受控的信息交换与共享,是真正意义上的隔离(isolation)。为了保证安全,必须根据实际的信息交换与共享需求,制定具体的跨域解决方案(CDS)。CDS 是一种受控接口(controlled interface),提供在不同安全域之间手动和/或自动访问和/或传输信息的能力。这里的受控接口是指具有一组机制的边界,这组机制强制执行安全策略并控制相互连接的信息系统之间的信

息流。

从大类上划分,CDS 可分为访问型 CDS 和交换型 CDS 两大类。访问型 CDS 不在不同等级的安全域之间实际交换数据,但允许一个安全域中的用户或设备受控访问另一个安全域中的数据或服务。交换型 CDS 能够实现不同等级安全域之间单向或双向受控的信息交换。

实现交换型 CDS 的安全产品统称为"安全隔离与信息交换产品"。与防火墙、VPN 等实现的逻辑安全隔离不同,这里的"安全隔离"是指在物理上进行隔离。所谓物理隔离(air gap),是指网络之间不能通过有线或无线方式直接或间接连接,但又要能够实现受控的信息交换。因此,交换型 CDS 采用的信息交换属于应用层的信息交换,通过应用代理完成,如图 2-29 所示。

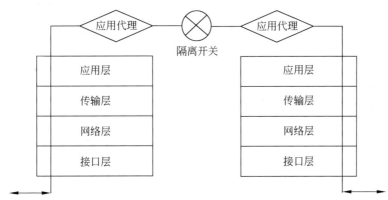

图 2-29 CDS 实现的隔离与信息交换原理

以防火墙为例,表 2-16 对比了它与交换型 CDS 产品之间的区别。

表 2-16 交换型 CDS 产品与防火墙等逻辑隔离产品的区别

区别要素	CDS	防 火 墙
可信平台	一般在可信平台上实现	一般不在可信平台上实现
安全等级	连接不同密级的安全域	连接同一级别的安全域
开关状态	打开正常关闭的门(物理上是断开的)	关闭正常开着的门(物理上是连接的)
防护目的	防止数据泄露	控制网络服务
过滤层级	在应用程序级别过滤数据	在协议级别过滤数据包,也可以在应用程序级别代理数据包
允许服务	允许通过的服务很少	允许通过更多服务
IP 转发	通常没有 IP 转发,需要协议剥离和格式验证	有些类型提供 IP 转发,不用协议剥离和格式验证
执行降级	执行降级	不执行降级

按照我国制定的隔离产品标准(GBT20279-2015),安全隔离与信息交换产品主要分为 3 类。

- 终端隔离产品：同时连接两个不同的安全域，采用物理断开技术在终端上实现安全域物理隔离的安全隔离卡或安全隔离计算机。
- 网络隔离产品：位于两个不同的安全域之间，采用协议隔离技术在网络上实现安全域安全隔离与信息交换的产品。
- 网络单向导入产品：位于两个不同的安全域之间，通过物理方式构造信息单向传输的唯一通道，实现信息单向导入，并且保证只有安全策略允许传输的信息可以通过，同时反方向无任何信息传输或反馈。

网闸是单向导入隔离产品的典型代表，如图 2-30 所示。网闸内部一般采用专用隔离硬件，在双向传输的基础上修改电路，实现数据单方向的写入和读出，从而实现数据的单向传输。早期的网闸一般利用单刀双掷开关，即存储数据的中介在同一时间只能和内网或者外网相连，以此保证分时存取数据，完成数据交换。这好比快递员先把快递放入快递柜，然后收件人再到快递柜拿快递，收件人和快递员之间没有直接接触。随着技术的发展，专用交换通道（Private Exchange Tunnel，PET）技术逐渐成熟，PET 技术综合利用高速硬件通信卡、私有通信协议和加密签名机制实现数据交换，保证数据的机密性、完整性，数据处理性能大大提升，让网闸在复杂网络环境中的应用越来越广泛。

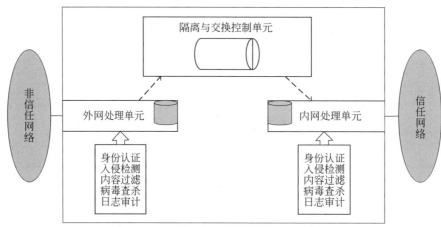

图 2-30   网闸原理

单向网闸的典型代表是单向光闸。光闸主要由内网处理单元、外网处理单元和分光器三部分组成，其中分光器负责完成数据的单向传输。光闸内网接口和外网接口都采用标准的以太网接口，外网接口收到数据后，经外网处理单元处理（主要包括身份认证、入侵检测、协议剥离、内容过滤和日志记录与审计等），将数据通过光纤发送到分光器；分光器对接收数据进行反馈，外网处理单元收到后进行校验，确保数据发送无误；分光器把数据通过单向光纤发送给内网处理单元，内网处理单元把光信号转换为标准的以太网信息转发出去（同样要进行相应的安全检测与处理），从而实现数据的单向传输。

典型的跨网跨域交换区部署如图 2-31 所示。单向网闸为跨网跨域数据交换提供单向安全传输通道；数据安全交换代理设备实现数据格式检查、内容过滤、接入认证、数据完整性检查、病毒查杀、日志审计等安全功能；UTM 安全网关过滤、分析、控制网络流量，发现、查杀网络病毒，对网络攻击进行检测与报警等；数据防泄露系统防止敏感信息夹带、泄露。一些高安全等级的网络在进行跨网跨域数据交换前,还需要对敏感数据进行分级和安全标记,对交换的敏感数据进行完整性保护和加密。

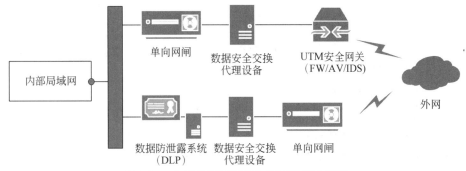

图 2-31　典型的跨网跨域交换区部署示意图

此外,按照等保 2.0 对网络隔离的通用技术要求,跨网跨域交换区还应该根据需要部署安全接入区所要求的相关安全防护与检测系统,如网络安全接入控制系统、非法外联监控系统、入侵检测(流量回溯)系统、防病毒网关等。

访问型 CDS 的典型代表是基于多级安全技术(Multi-Level Security,MLS)的多级安全终端或基于虚拟机技术的远程桌面系统(瘦客户机系统)。采用 MLS 技术的终端能够在操作系统内核中通过可信软件基实现强制访问控制策略,将不同安全等级(密级)的进程进行隔离,采用分离内核(Separate Kernel,SK)技术将进程及其资源分离到称为分区的独立执行空间中。除非 SK 明确允许,否则在不同分区中运行的进程既不能通信,也不能推断彼此的存在。MLS 体系结构通过内置于操作系统内核中的机制以及中间件组件,来实施系统范围内的信息控制策略,这些组件创建应用程序之间的授权通信路径。

采用虚拟机技术的访问型 CDS 则是基于可信计算技术,在终端上虚拟出不同的虚拟机,不同安全等级的虚拟机访问对应安全等级的网络,各虚拟机之间采用严格的隔离管控措施,防止信息的非法泄露,可信根可保证每个虚拟机的可信。表 2-17 给出了交换型 CDS 与访问型 CDS 的区别。

表 2-17　交换型 CDS 与访问型 CDS 的区别

类型	特　点	图　示
交换型 CDS	1. 属于数据传输解决方案 2. 部分数据隔离、应用完全物理隔离 3. 禁止 IP 转发,需要协议剥离、入侵检测、内容过滤、病毒查杀、同步与复制等操作 4. 传输性能受一定影响	机密B → 绝密 ← 机密A
基于 MLS 的访问型 CDS	1. 属于数据访问解决方案 2. 数据与应用逻辑隔离 3. 采用分离内核技术和可信软件基实现进程及其资源的隔离 4. 可在本地终端上缓存处理涉密信息	机密B 秘密 ←→ ←→ 机密A 绝密

续表

类型	特点	图示
基于虚拟机的访问型CDS	1. 属于数据访问解决方案 2. 数据完全隔离、应用完全隔离 3. 采用虚拟机技术和可信计算技术实现虚拟机隔离 4. 通过远程桌面与远程系统/数据交互,本地不处理涉密信息	机密B ← → 绝密

与交换型 CDS 相比,访问型 CDS 可以大大简化访问和操作数据所需的过程,从而带来显著的性能优势。因为它消除了内容检查、过滤、净化操作、同步与复制的需要,降低了敏感信息的扩散风险。

随着云计算技术和物联网技术的发展,网络隔离已经不再局限于传统的网络边界隔离,正逐步发展为终端上、云上的应用隔离和数据隔离,这样做的目的在于进一步加强网络、应用和数据的访问控制,降低身份假冒、数据泄露等的风险。终端上的应用级数据隔离一般采用虚拟化隔离技术或沙箱隔离技术,如基于安全操作系统内核和强制访问控制策略,通过虚拟机、微虚拟机和可信计算技术的结合实现终端上不同安全等级的应用与数据的隔离;云上的应用及数据隔离一般采用浏览器隔离技术、云端虚拟化技术和微分段技术,如图 2-32 所示。

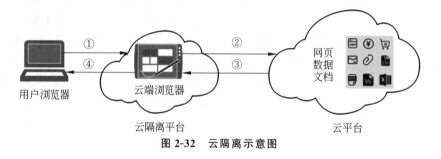

图 2-32　云隔离示意图

4. 应用服务区和数据存储区设计

应用服务器用于应用服务资源的集中统一管理和调度,主要由业务服务器集群和存储单元组成,如 Web 应用服务、FTP 服务、邮件服务等,是组织的核心资产,需要重点保护。通常要在业务服务器上安装部署防病毒系统客户端、主机安全管理系统等,提供病毒查杀、补丁修复、安全加固、端口外设管控、违规非法外联监控、网络访问控制等;在接入交换机和受保护的业务服务器集群之间部署 Web 防火墙或可信安全网关,对访问应用服务的流量进行过滤、控制与分析。相比较传统防火墙设备,Web 应用防火墙提供了应用层的防护能力。

数据存储区的安全防护需要部署网络存储加密机、数据库安全审计系统等,其中网络存储加密机可提供整个数据库的存储加密,也可以根据需要提供基于记录或字段级的加解密。数据库安全审计系统用于对不同应用访问数据的行为进行分析和审计,对异常访问给出告警。应用服务区和数据存储区的安全部署如图 2-33 所示。

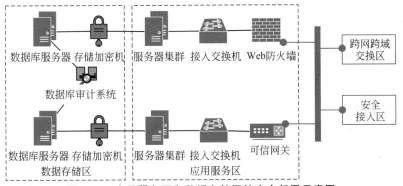

图 2-33　应用服务区和数据存储区的安全部署示意图

5. 安全管理区设计

安全管理区用于为网络信息系统提供集中统一的安全管理服务,主要部署身份认证服务器、漏洞扫描系统、恶意代码检测系统的服务器端、网络入侵检测分析系统、安全信息与事件管理(Security Information and Event Management,SIEM)系统、网络安全审计系统等。SIEM 对组织中所有 IT 资源(包括网络、系统和应用)产生的安全信息(包括日志、告警等)进行统一的实时监控、历史分析,对来自外部的攻击和内部的违规、误操作行为进行监控、审计分析、调查取证,出具各种报表报告,实现系统合规性管理的目标,同时提升组织的安全运营、威胁管理和应急响应能力。SIEM 是软件和服务的组合,是 SIM(安全信息管理)和 SEM(安全事件管理)的融合体,SEM 侧重于实时监控和事件处理方面,SIM 侧重历史日志分析和取证方面。网络安全审计系统(见图 2-34)是一种基于网络信息流的数据采集、分析、识别和资源审计系统。网络安全审计系统、身份认证服务器和漏洞扫描系统通常连在核心交换机上,其他系统则部署在服务器上,如图 2-35 所示。

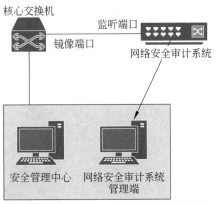

图 2-34　网络安全审计系统的部署示意

统一安全配置核查系统可对服务器和终端设备实现统一的补丁管理和安全配置,规范日常的安全配置操作,快速有效地对网络中种类、数量繁多的设备和软件进行安全配置检测,集中收集核查结果。

安全管理区是安全的大脑,其所属的安全管理网络是网络攻击的重点目标,应尽可能与业务网络在逻辑上区分开来,包括采用专用的交换机连接网络设备、安全设备、物理主

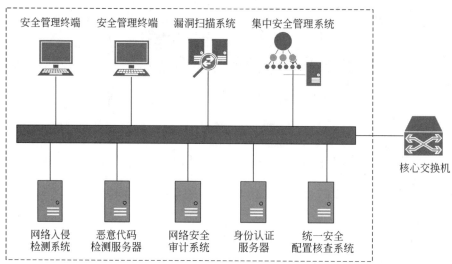

图 2-35　安全管理区部署示意图

机、虚拟主机等资产的管理接口；在管理终端与被管设备之间采用安全连接（如 TLS VPN）；整合管理访问接口，集中部署身份与访问管理、运维安全代理，限制管理接口等。

6. 终端用户区设计

终端用户区主要包括各种业务应用终端设备，可按所属的业务部门不同划分不同的安全域，在安全域边界采用划分 VLAN 或部署防火墙、安全网关等方式进行逻辑隔离。用户终端上一般需要安装主机安全管理系统，以及身份认证密码设备（UKey）、可信计算密码模块、恶意代码检测系统客户端等。远程用户终端往往还需要在安全域的边界部署终端加密设备，如图 2-36 所示。

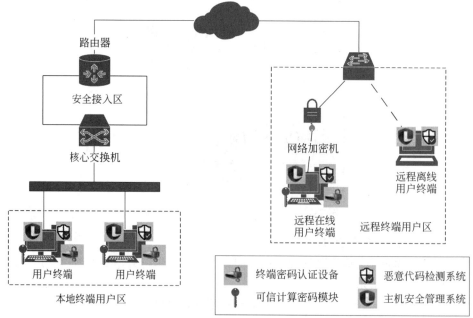

图 2-36　终端用户区安全部署示意图

7. 远程安全通信设计

远程安全通信需要提供数据保密性、完整性服务以及通信双方的身份认证、访问控制和不可否认等服务。常用的远程安全通信解决方案包括 IPSec VPN、TLS VPN、TLS 隧道和 SDP（软件定义边界）。

IPSec VPN 属于网络层的 VPN，通常用于建立站点到站点的安全连接，例如将办公室分支连接到本地基础设施或创建到云服务提供商（CSP）的本地连接。但是，它们也支持客户端到站点的连接。IPSec VPN 通常需要在用户端点上安装代理，以便创建返回防火墙或 VPN 集中器的通信通道。

TLS VPN 属于传输层的 VPN，通常用于建立端到端的安全连接（如建立从浏览器到服务器的 VPN），并且一般只验证服务器的身份。

TLS 隧道通过 HTTPS 协议的 443 端口创建连接，而该端口一般可通过防火墙，这使得 TLS 协议能够在网络层而非应用层运行，从而允许基于网络的流量在远程实体和受防火墙保护的内网数据中心之间流动。

SDP 要求在用户终端上安装一个代理，以方便其与安全控制器和授权网关的通信。通信通过 mTLS（基于证书的双向身份认证 TLS 协议）处理，这意味着客户端要验证控制器和网关，反之亦然。客户端将向控制器发送单包授权（Single Packet Authority，SPA），SPA 使用加密技术，有密钥的设备可以与 SDP 组件建立网络连接，没有密钥的设备则无法建立连接。控制器先是对用户和设备进行身份验证和授权，然后用一个经批准的应用程序和服务的列表响应客户端。同时向网关发送一个授权，标识客户端可以访问哪些应用程序和服务。网关有一个内置的默认拒绝规则，它会丢弃所有没有以 SPA 发起连接的流量。SDP 产品使用持续认证，可有效阻断连接劫持等中间人攻击，如图 2-37 所示。

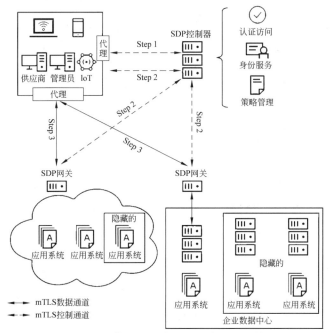

图 2-37　基于 SDP 的远程安全通信架构

步骤一：代理与 SDP 控制器实现对等身份认证；

步骤二：SDP 控制器确定代理可访问的服务列表，并通知代理及其 SDP 网关，针对代理的授权服务有哪些；

步骤三：在代理和 SDP 网关之间启动双向 TLS 连接。

上述 4 种远程安全通信解决方案的优缺点如表 2-18 所示。具体采用哪一种方案需根据网络信息系统的通信安全需求选择。

表 2-18　4 种远程安全通信方案对比

特点 种类	优　点	不　足
IPSec VPN	1. 在网络层运行，可以保护所有基于 IP 的网络流量 2. 设备的所有流量，通过组织的安全栈进行过滤 3. 数据从端点到终点都受到保护	1. 用户一旦登录，就可以访问整个网络 2. 一旦客户端和设备通过身份验证并被授予访问网络资源的权限，就没有持续的验证 3. 如果不允许隧道分离，IPsec VPN 会增加网络通信延迟 4. 需要在防火墙上打洞以允许流量通过 5. 不太适合物联网(IoT)、供应商或 BYOD 端点
TLS VPN	1. 在应用层运行，因此其只保护应用流量 2. 从浏览器直接连接到防火墙/VPN 集中器 3. 数据从端点到终点受到保护，除非存在检查	1. 一旦浏览器关闭，安全连接就终止，用户将不得不重新启动浏览器以再次进行安全连接 2. 除非解决方案被特别配置为使用 mTLS(双向 TLS)，否则只有服务器身份被验证
TLS 隧道	1. 在网络层运行，从而保护基于 IP 的网络流量 2. 设备的所有流量通过组织的安全栈进行过滤 3. 数据从端点到终点都受到保护 4. 不需要特殊的防火墙规则，因为传统上允许 TLS 流量	1. 以网络为中心，这意味着用户一旦登录，就可以访问整个网络 2. 一旦客户端和设备通过身份验证并被授予访问网络资源的权限，就不再认证 3. 如果不允许隧道分离，则 TLS 隧道会增加网络通信延迟
SDP	1. 控制平面和数据平面是分离的 2. 除非授权用户和设备获得明确访问权限，否则应用程序和服务是隐藏的 3. 数据从端点到终点都受到保护 4. 支持用户和设备的持续认证	1. 不能处理所有网络传输，如会议 IP 语音架构中的多播 2. 实现各不相同，并非所有产品都遵循 SDP 框架 3. 不太适合处理遗留应用程序和服务 4. 网关后面的流量可能不会被加密

8. 非法外联检测设计

处理和存储敏感信息的安全域必须加强对网络非法外联的检测，及时阻断违规联网和信息及服务的非授权访问，降低信息泄露的风险。非法外联是指在不断开与内部网络连接的情况下，终端主机在未经过授权的情况下建立一条可以访问互联网或外部网络的通路。广义上，在相互隔离的安全域之间实现未经授权的连接也称为非法外联。非法外联破坏了网络隔离的效果。

网络非法外联的方式有很多,例如终端计算机通过 Wi-Fi 热点非法外联,或通过
USB(Type-C)线连接手机非法外联,也可以通过安装双网卡实现跨域互联。对非法外联
的检测可通过以下 4 种方式实现。

1)客户端代理被动检测方式。在安全域中部署统一安全管理子系统,负责维护受信
网络的主机配置信息,给终端计算机上的检测代理下发受信网络配置信息,接收并汇总非
法外联日志。在终端计算机上安装客户端检测代理子系统,负责检测和监控主机的流量
并根据受信网络信息检测主机非法外联行为,代理程序实时检测主机收发报文、检测并阻
断非法外联连接,并向统一安全管理子系统上报非法外联日志。

2)客户端代理主动检测方式。在安全域中部署统一安全管理子系统,负责维护特定
非授信网络配置信息和互联网特定主机配置信息,向客户端检测代理下发特定非授信网
络配置信息和互联网特定主机配置信息,接收并汇总客户端检测代理的非法外联日志。
在终端计算机上安装客户端检测代理子系统,客户端代理定期向特定非授信网络的主机
发起连接,根据连通性识别主机是否存在非法外联,然后向统一安全管理子系统上报非法
外联日志,如图 2-38 所示。

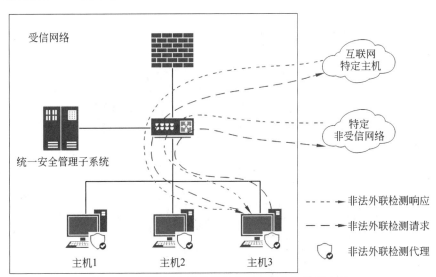

图 2-38 基于客户端代理的非法外联主动检测方式

3)基于网络的被动检测方式。客户端被动检测只是检测单台主机的非法外联行为,
部分无法安装客户端代理的计算机则无法检测非法外联行为。采用基于网络的被动检测
的实现原理类似于客户端被动检测,非法外联检测子系统监控所有经过交换机的镜像流
量,根据流量中连接的 IP 地址信息识别非法外联连接。

4)基于内外网双机的主动检测方式。通过非法外联检测子系统向所有被检测主机
发送源地址为"外网检测服务器"的伪造报文,如果存在非法外联,则主机在无意识状态下
会向"外网检测服务器"发送响应报文,检测服务器将记录该信息并上报,如图 2-39 所示。
在这个方案中主要涉及三个子系统。

(1)统一安全管理子系统,负责维护受信网络主机信息及其开放的端口信息。

(2)非法外联检测子系统,同步统一安全管理子系统的配置信息,定期向被检主机发

送非法外联检测报文,支持 TCP、UDP、ICMP、HTTP 协议。

- 基于 TCP 协议的检测,伪造一个 TCP-SYN 报文,报文的源 IP 地址为"外网检测服务器",目的地址为待检测主机,目的端口为待检主机某个开放端口,待检测主机收到 SYN 报文后向"外网检测服务器"发送 SYN/ACK 报文。
- 基于 UDP 协议的检测,伪造一个 UDP 报文,报文的源 IP 地址为"外网检测服务器",目的地址为待检测主机,目的端口为待检主机的一个未开放端口,待检测主机收到 UDP 报文后,向"外网检测服务器"发送 ICMP 不可到达报文。
- 基于 ICMP 协议的检测,伪造一个 PING 请求报文,报文的源 IP 地址为"外网检测服务器",目的地址为待检测主机,待检测主机收到 PING 请求报文后,向"外网检测服务器"发送 PING 响应报文。
- 基于 HTTP 协议的检测,检测待检测主机的 HTTP 流量并定期向待检测主机发送 HTTP 重定向报文到"外网检测服务器"。

(3) 外网检测服务器,接收被检主机向外网检测服务器发送的非法外联报文,解析报文内容并记录非法外联日志。

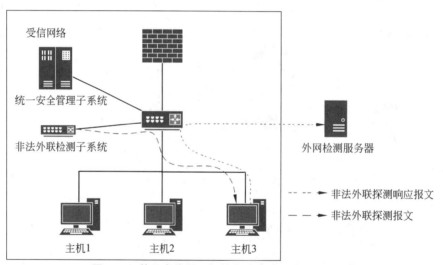

图 2-39　基于内外网双机的非法外联主动检测方式

在具体部署非法外联检测系统时,可根据实际情况采取以下不同的部署策略。

(1) 对于可以安装客户端检测代理的主机,基于"客户端代理被动检测"实时检测非法外联的物理连接行为和非法外联通信行为,完美解决主机通过"上网卡""Wi-Fi 移动设备""一机两用""跨网直连"非法外联的检测和控制问题。

(2) 对于无法安装客户端检测代理的主机,通过基于网络的被动检测技术监测主机的网络通信流量,检测"一机两用"和"跨网直连"的非法外联。

(3) 基于内外网双机的主动检测,可解决主机上无法安装客户端代理且无法监控到主机到所有非受信区域流量的非法外联场景。

上述 4 种非法外联检测方式的优缺点对比如表 2-19 所示。

表 2-19 4 种非法外联检测方式比较

特点 方案	优　点	缺　点
客户端代理被动检测	实时检测和阻断非法外联行为	1. 没有非法外联报文时无法检测到非法网络物理连接 2. 部署实施比较复杂 3. 可能被恶意卸载
客户端代理主动检测	没有非法外联报文时也能实时监控非法网络物理连接	1. 部署实施比较复杂 2. 可能被恶意卸载
基于网络的被动检测	1. 实时检测非法外联并部分阻断非法外联 2. 部署实施比较简单 3. 支持任意操作系统	1. 没有非法外联报文时无法检测到非法网络物理连接 2. 无法阻断 UDP 外联 3. 无法检测 Wi-Fi、上网卡等外设方式的非法外联
基于内外网双机的主动检测	1. 实时监控非法外联 2. 部署实施比较简单 3. 支持任意操作系统	1. 探测报文可能被防火墙阻断 2. 无法阻断外联行为 3. 无法在统一安全管理子系统上查看到外联行为 4. 需要定期向主机发送干扰报文,对带宽和安全性有一定影响

2.3.3 容灾备份设计

广义上,任何提高系统的生存能力和可用性的努力都可称之为容灾。通常所说的容灾是指异地远程容灾。远程容灾是指为了防止自然灾害、战争或人为破坏等原因带来的区域性灾难而导致的系统瘫痪、数据丢失和业务中断,而在原生产系统之外的另一地点建立备份系统,备份系统具有与原生产系统相同或相似的主机及网络和存储设备。

按照对系统的保护程度,可将容灾系统分为以下级别。

(1) 数据级容灾:是指通过建立异地容灾中心,做数据的远程备份,以便在灾难发生之后确保原有的数据不会丢失或者遭到破坏。在数据级容灾这个级别,发生灾难时应用是会中断的。数据级容灾所建立的异地容灾中心可以简单地理解为一个远程的数据备份中心。数据级容灾的恢复时间比较长,但是相较于其他容灾级别,其费用比较低,而且构建实施也相对简单。

(2) 应用级容灾:是在数据级容灾的基础之上,在备份站点同样构建一套相同的应用系统,通过同步或异步复制技术,保证关键应用在允许的时间范围内恢复运行,尽可能减少灾难带来的损失,让用户基本感受不到灾难的发生,使系统提供的服务完整、可靠和安全。

(3) 业务级容灾:是全业务的灾备,除了必要的 IT 相关技术,还要求具备全部的基础设施。其大部分内容是非 IT 系统(如电话、办公地点等),当大灾难发生后,原有的办公场所都会受到破坏,除了数据和应用的恢复,更需要一个备份的工作场所保障正常的业务开展。

1. 容灾级别

目前,国际通用的容灾系统评审标准为 Share78,它把容灾的级别定义为七级,不同的级别对应不同的恢复时间和投资花费。恢复等级越高,技术的复杂度越大,投资花费也越多,如图 2-40 所示。

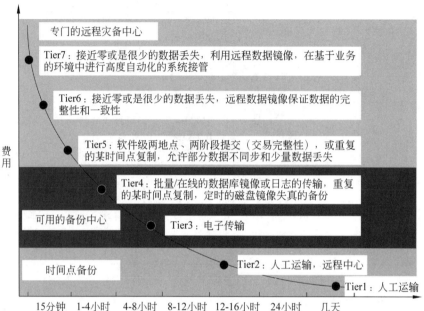

图 2-40　Share78 关于容灾级别的定义

Share78 具体包括以下设计指标。

- 备份/恢复的范围;
- 灾难恢复计划的状态;
- 业务中心与容灾中心之间的距离;
- 业务中心与容灾中心之间如何相互连接;
- 数据是怎样在两个中心之间传送的;
- 允许丢失的数据量;
- 怎样保证更新的数据在容灾中心被更新;
- 容灾中心可以开始容灾进程的能力等。

国内越来越多的部门和组织已意识到存储信息的重要性,正处于从数据分散存储向集中存储转变的过程中,开始投资搭建存储系统,但许多组织还没有意识到容灾备份是信息存储的一个重要环节。9·11 事件和印度洋海啸之后,我国充分认识到重要信息系统容灾的必要性,要求一些重要行业的信息系统必须实现容灾。为此,国务院信息化办公室在 2007 年发布了《信息系统灾难恢复规范》(GB/T 20988—2007),用于指导信息系统的使用和管理单位的灾难恢复规划工作,以及审批和监督管理信息系统灾难恢复规划项目。

参照国际相关标准,并结合国内实际情况,《信息系统灾难恢复规范》还将灾难恢复应具有的技术和管理支持分为 6 个等级(分别如表 2-20～表 2-25 所示),每个级别都包括数据备份系统、备用数据处理系统、备用网络系统、备用基础设施、专业技术支持能力、运行维护管理能力和灾难恢复预案共 7 个要素。在这 7 个要素中，前 3 个属于 IT 技术的范畴，而后 4 个属于管理和服务的范畴。其中，数据备份系统面向的对象是数据，目的是实现数据的冗余备份，以便一份数据被破坏以后，还有另外一份数据可用，常用的技术有数据备份（backup）和数据复制（replication）等。备用数据处理系统面向的对象是应用服务器，目的是在主用数据处理系统发生故障以后，可以利用数据备份系统产生的冗余数据来恢复应用，常用的技术有服务器双机热备、服务器集群等。备用网络系统面向的是网络连接，目的是保证备用数据处理系统与其客户端、不同备用数据处理系统之间的网络，以便整体实现业务系统的恢复。

表 2-20　容灾标准第 1 级：基本支持

容灾系统要素	要　　求
数据备份系统	a）完全数据备份至少每周一次 b）备份介质场外存放
备用数据处理系统	—
备用网络系统	—
备用基础设施	a）有符合介质存放条件的场地
专业技术支持能力	—
运行维护管理能力	a）有介质存取、验证和转储管理制度 b）按介质特性对备份数据进行定期的有效性验证
灾难恢复预案	有相应的经过完整测试和演练的灾难恢复预案

表 2-21　容灾标准第 2 级：备用场地支持

容灾系统要素	要　　求
数据备份系统	a）完全数据备份至少每周一次 b）备份介质场外存放
备用数据处理系统	配备灾难所需的部分数据处理设备，或灾难发生后能在预定时间内调配所需的数据处理设备到备用场地
备用网络系统	配备部分通信线路和相应的网络设备，或灾难发生后能在预定时间内调配所需的通信线路和网络设备到备用场地
备用基础设施	a）有符合介质存放条件的场地 b）有满足信息系统和关键业务功能恢复运作要求的场地
专业技术支持能力	—
运行维护管理能力	a）有介质存取、验证和转储管理制度 b）按介质特性对备份数据进行定期的有效性验证 c）有备用站点管理制度 d）与相关厂商有符合灾难恢复时间要求的紧急供货协议 e）与相关运营商有符合灾难恢复时间要求的备用通信线路协议
灾难恢复预案	有相应的经过完整测试和演练的灾难恢复预案

表 2-22　容灾标准第 3 级：电子传输和设备支持

容灾系统要素	要　求
数据备份系统	a) 完全数据备份至少每天一次 b) 备份介质场外存放 c) 每天多次利用通信网络将关键数据定时批量传送至备用场地
备用数据处理系统	配备灾难恢复所需的部分数据处理设备
备用网络系统	配备部分通信线路和相应的网络设备
备用基础设施	a) 有符合介质存放条件的场地 b) 有满足信息系统和关键业务功能恢复运作要求的场地
专业技术支持能力	在灾难备份中心有专职的计算机机房运行管理人员
运行维护管理能力	a) 按介质特性对备份数据进行定期的有效性验证 b) 有介质存取、验证和转储管理制度 c) 有备用计算机机房管理制度 d) 有备用数据处理设备硬件维护管理制度 e) 有电子传输数据备份系统运行管理制度
灾难恢复预案	有相应的经过完整测试和演练的灾难恢复预案

表 2-23　容灾标准第 4 级：电子传输和完整设备支持

容灾系统要素	要　求
数据备份系统	a) 完全数据备份至少每天一次 b) 备份介质场外存放 c) 每天多次利用通信网络将关键数据定时批量传送至备用场地
备用数据处理系统	配备灾难恢复所需的全部数据处理设备，并处于就绪或运行状态
备用网络系统	a) 配备灾难恢复所需的通信线路 b) 配备灾难恢复所需的网络设备，并处于就绪状态
备用基础设施	a) 有符合介质存放条件的场地 b) 有符合备用数据处理系统和备用网络设备运行要求的场地 c) 有满足关键业务功能恢复运作要求的场地 d) 以上场地应保持 $7\times24h$ 运作
专业技术支持能力	在灾难备份中心有 a) $7\times24h$ 专职计算机机房管理人员 b) 专职数据备份技术支持人员 c) 专职硬件、网络技术支持人员
运行维护管理能力	a) 有介质存取、验证和转储管理制度 b) 按介质特性对备份数据进行定期的有效性验证 c) 有备用计算机机房管理制度 d) 有硬件和网络运行管理制度 e) 有电子传输数据备份系统运行管理制度
灾难恢复预案	有相应的经过完整测试和演练的灾难恢复预案

表 2-24　容灾标准第 5 级：实时数据传输和完整设备支持

容灾系统要素	要　　求
数据备份系统	a) 完全数据备份至少每天一次 b) 备份介质场外存放 c) 采用远程数据复制技术，并利用通信网络将关键数据实时复制到备用场地
备用数据处理系统	配备灾难恢复所需的全部数据处理设备，并处于就绪或运行状态
备用网络系统	a) 配备灾难恢复所需的通信线路 b) 配备灾难恢复所需的网络设备，并处于就绪状态 c) 具备通信网络自动或集中切换能力
备用基础设施	a) 有符合介质存放条件的场地 b) 有符合备用数据处理系统和备用网络设备运行要求的场地 c) 有满足关键业务功能恢复运作要求的场地 d) 以上场地应保持 7×24h 运作
专业技术支持能力	在灾备中心 7×24h 有专职的 a) 计算机机房管理人员 b) 数据备份技术支持人员 c) 硬件、网络技术支持人员
运行维护管理能力	a) 有介质存取、验证和转储管理制度 b) 按介质特性对备份数据进行定期的有效性验证 c) 有备用计算机机房管理制度 d) 有硬件和网络运行管理制度 e) 有实时数据备份系统运行管理制度
灾难恢复预案	有相应的经过完整测试和演练的灾难恢复预案

表 2-25　容灾标准第 6 级：数据零丢失和远程集群支持

容灾系统要素	要　　求
数据备份系统	a) 完全数据备份至少每天一次 b) 备份介质场外存放 c) 远程实时备份，实现数据零丢失
备用数据处理系统	a) 备用数据处理系统具备与生产数据处理系统一致的处理能力并完全兼容 b) 应用软件是"集群的"，可实时无缝切换 c) 具备远程集群系统的实时监控和自动切换能力
备用网络系统	a) 配备与生产系统相同等级的通信线路和网络设备 b) 备用网络处于运行状态 c) 最终用户可通过网络同时接入主、备中心
备用基础设施	a) 有符合介质存放条件的场地 b) 有符合备用数据处理系统和备用网络设备运行要求的场地 c) 有满足关键业务功能恢复运作要求的场地 d) 以上场地应保持 7×24h 运作
专业技术支持能力	在灾备中心 7×24 有专职的： a) 计算机机房管理人员 b) 数据备份技术支持人员 c) 硬件、网络技术支持人员 d) 操作系统、数据库和应用软件技术支持人员

续表

容灾系统要素	要　求
运行维护管理能力	a) 有介质存取、验证和转储管理制度 b) 按介质特性对备份数据进行定期的有效性验证 c) 有备用计算机机房运行管理制度 d) 有硬件和网络运行管理制度 e) 有实时数据备份系统运行管理制度 f) 有操作系统、数据库和应用软件运行管理制度
灾难恢复预案	有相应的经过完整测试和演练的灾难恢复预案

2. 容灾评价指标

评价容灾的主要技术指标有恢复点目标（Recovery Point Object，RPO）和恢复时间目标（Recovery Time Object，RTO）。

RPO 是指灾难发生时刻与最近一次数据备份时刻的时间间隔，即尚来不及对数据进行备份（导致数据丢失）的时间，代表丢失的数据量；RTO 是指系统从灾难发生到恢复后启动的时间，代表系统恢复的能力。RPO 与 RTO 二者没有必然的关联性。RPO 与 RTO 的确定必须在进行风险分析和业务影响分析后根据不同的业务需求确定。对于不同企业的同一种业务，RTO 和 RPO 的要求也会有所不同。表 2-26 给出了某行业不同灾难恢复等级对应的 RTO 和 RPO 指标。

表 2-26　灾难恢复等级对应指标

灾难恢复能力等级	RTO	RPO
1	2 天以上	1 天至 7 天
2	24 小时以后	1 天至 7 天
3	12 小时以上	数小时至 1 天
4	数小时至 2 天	数小时至 1 天
5	数分钟至 2 天	0 到 30 分钟
6	数分钟	0

此外，网络恢复目标（Network Recovery Object，NRO）和降级运作目标（Degrade Operation Object，DOO）对灾难恢复来说也是至关重要的。NRO 代表灾难发生后，网络切换需要的时间。DOO 是指恢复完成后到防止第二次故障或灾难的所有保护恢复以前的时间间隔，反映了系统发生故障后降级运行的能力。DOO 期间系统运行的能力对系统来说非常重要，因为如果在降级运行期间发生第二次故障，那么再从第二次故障或灾难中恢复将几乎不可能，这会导致更长的服务停止时间。

灾难恢复方案的恢复时间通常是指恢复业务服务所需的时间。然而在现实灾难中，需要对其他更多的事项进行考虑。例如，有些业务可以容忍较长时间的停机时间，但要求一旦业务开始就需要使用最多的实时数据；有些业务必须在尽可能短的时间内恢复服务，而不考虑数据的实时性；还有一些既需要在最短的时间内恢复服务，也需要最多的实时数据。通过评估具体的灾难恢复需求,确定要达到的恢复指标,可为选用灾难备份与恢复技术和制定灾难恢复计划与措施打好基础。

3. 容灾关键技术

数据级容灾需要建立一个备用的数据系统,该备用系统对生产系统的关键数据进行备份,采用的主要技术是数据备份、数据复制和数据存储技术。应用级容灾则是在数据容灾之上,建立一套与生产系统相当的备份应用系统,在灾难发生后,将应用迅速切换到备用系统,备份系统承担生产系统的业务运行任务,主要的技术包括负载均衡、集群技术。数据级容灾是应用级容灾的基础,没有数据的一致性,就没有应用的连续性,应用容灾也无法保证。

构建一个容灾系统主要使用的技术包括数据备份、数据复制、数据存储、灾难检测和系统迁移等。

1)数据备份

数据备份就是把数据从生产系统备份到备份系统的介质中的过程,其目的在于保障系统的高可用性,即操作失误或系统故障发生后,仍能够保障系统的正常运行。常用的备份技术方法主要有以下几种。

(1)DAS 备份

DAS(Direct-Attached Storage),即直连式存储,也称为直接附加存储。DAS 备份是将备份设备直接连到服务器上,如图 2-41 所示。服务器通过和备份设备相连的总线将需要备份的数据传送到备份设备上。该方式在管理复杂度、成本、备份负载以及备份距离上都存在着较大局限性。

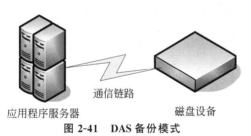

通信链路

应用程序服务器   磁盘设备

图 2-41　DAS 备份模式

(2)基于 LAN 的集中备份模式

基于 LAN 的集中备份模式是一种 Client-Server 模型,由多台服务器、客户端通过局域网共享一组或多组磁带、磁盘备份设备,如图 2-42 所示。与 DAS 备份模式相比,该模型的主要优点是用户可以通过局域网和中心备份服务器共享备份设备,并且可以对备份工作进行集中管理。但该模式的缺点是备份数据流和业务数据流共同在局域网中传输,因此备份工作会大幅度增加局域网负载,影响正常业务的运行效率。

(3)LAN-FREE 备份模式

LAN-FREE 备份模式是在存储区域网络(Storage Area Network,SAN)环境中,将备份数据流和业务数据流通过不同的网络进行传输的一种技术手段,如图 2-43 所示。业务数据流仍然通过 LAN 进行传输,而备份数据流通过 SAN 进行传输,因此备份工作不会对正常业务运行造成影响。但 LAN-FREE 备份模式中的备份工作仍然需要在应用服

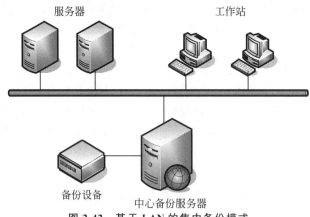

图 2-42 基于 LAN 的集中备份模式

务器的管理下进行,因此服务器有可能成为系统瓶颈。

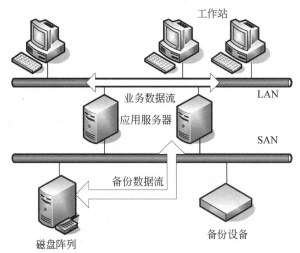

图 2-43 LAN-FREE 备份模式

(4)SERVER-FREE 备份模式

SERVER-FREE 备份模式也是基于 SAN 的应用,如图 2-44 所示。SERVER-FREE 备份模式不依赖应用服务器进行备份,而是通过某种智能设备直接将存储设备中的数据传输到备份设备,从而将应用服务器排除出备份数据传输路径。这种智能设备可以是专用的服务器也可以是某种智能的 SAN 组件,如 SAN 交换机等,SERVER-FREE 备份模式是目前备份技术领域的研究热点。

2)数据复制

数据复制技术是容灾系统的核心。数据复制技术是通过不断将生产系统的数据复制到另外一个不同的备份系统中,以保证在灾难发生时,生产系统的数据丢失量最少。

按照备份系统中数据是否与生产系统同步,数据复制可以分成同步数据复制和异步数据复制,如图 2-45 所示。

同步数据复制就是将本地生产系统的数据以完全同步的方式复制到备份系统中。由

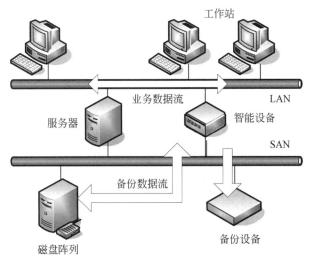

图 2-44　SERVER-FREE 备份模式

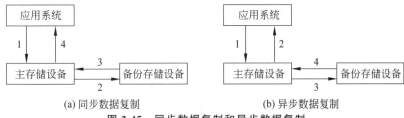

图 2-45　同步数据复制和异步数据复制

于发生在生产系统的每一次 I/O 操作都需要等待远程复制完成才能返回,这种复制方式虽然可能做得数据的零丢失,但是对系统的性能有很大的影响。同步复制的工作流程如下:(1)应用系统向主存储设备写;(2)主存储设备向备份存储设备写;(3)备份存储设备向主存储设备确认写完成;(4)主存储设备向应用系统确认写完成。

异步数据复制则是将本地生产系统中的数据在后台异步地复制到备份系统中。这种复制方式会有少量的数据丢失,但是对生产系统的性能影响较小。异步复制的工作流程如下:(1)应用系统向主存储设备写;(2)主存储设备向应用系统确认写完成;(3)达到一定条件时激发,主存储设备向备份存储设备写;(4)备份存储设备向主存储设备确认写完成。

同步复制实时性强,灾难发生时远端数据与本地数据完全同步。但这种方式受带宽影响较大,数据传输距离较短。异步复制不影响本地交易,传输距离长,但其数据比本地数据略有延迟。在异步复制环境中,对于所有应用最关键的就是要确保数据的一致性。

3) 数据存储

目前,比较重要的存储技术有直接附加存储(DAS)、网络附加存储(Network Attached Storage,NAS)和存储区域网络(SAN)。

DAS,即存储设备通过光纤或铜线之类的连接介质直接与服务器相连,I/O 请求直接访问设备。直接附加的服务器提供快速数据存取,如图 2-46 所示。其优点是成本低、管理简单、安全性和性能较高,缺点是可伸缩性差、备份性能差和复杂性高。

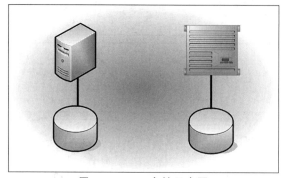

图 2-46 DAS 存储示意图

NAS 是一种能够提供灵活的、可伸缩的解决方案的存储类型,能够满足文件共享需求,如图 2-47 所示。NAS 设备是一种运行专门设计用于处理文件服务的操作系统的服务器。网络附加存储的主要特点是可以通过 TCP/IP 等 LAN 协议从局域网上直接访问存储设备。使用网络协议的存储访问的不利之处是数据存取速度以及相应的终端用户性能取决于网络基础结构的响应速度。

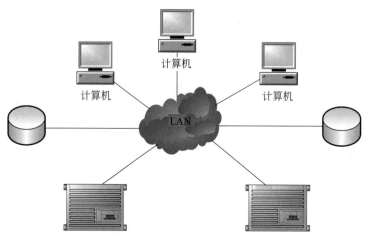

图 2-47 NAS 存储示意图

SAN 是一种专用网络,能够提供高性能与高度可用的存储子系统。SAN 由专门的设备组成,例如主机服务器中的主机总线适配器(Host Bus Adapter,HBA)、帮助路由存储流量的交换机、磁盘存储子系统与磁带库。上述设备通过光纤或铜线相互连接,如图 2-48 所示。SAN 的一个主要特点是存储系统通常可供多台主机同时使用,从而能够提供可扩展性与灵活性。

4)灾难检测

对于可能遇到的各种灾难,容灾系统需要能够自动地检测灾难的发生。目前,容灾系统一般采用心跳技术来实现灾难检测。

心跳技术的其中一个实现是生产系统在空闲时每隔一段时间向外广播一下自身的状

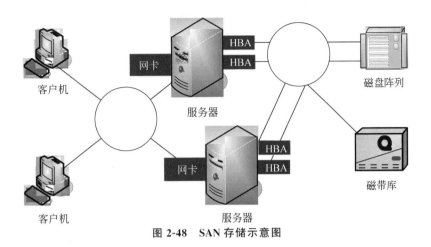

图 2-48 SAN 存储示意图

态。检测系统在收到这些"心跳信号"之后,便认为生产系统是正常的,否则,在给定的一段时间内没有收到"心跳信号",检测系统便认为生产系统出现了非正常的灾难。心跳技术的另外一个实现是检测系统每隔一段时间就对生产系统进行一次检测。如果在给定的时间内,被检测的系统没有响应,则认为被检测的系统出现了非正常的灾难。心跳技术中的关键点是心跳检测的时间和时间间隔周期。如果间隔周期短,就会对系统带来很大的开销。如果间隔周期长,则无法及时地发现故障。

5) 系统迁移

在发生灾难时,为了能够保证业务的连续性,必须能够实现系统的透明迁移,即能够利用备用系统透明地代替生产系统。对于实时性要求不高的容灾系统,通过 DNS 或者 IP 地址的改变实现系统迁移便可以了,但是对于可靠性和实时性要求较高的系统,就需要使用进程迁移算法,进程迁移算法的好坏对于系统迁移的速度有很大影响。

2.4 SSE-CMM

现代统计过程控制理论表明,通过强调生产过程的高质量和在过程中组织实施的成熟性可以低成本地生产出高质量产品。所有成功企业的共同特点是都具有一组严格定义、管理完善、可测可控从而高度有效的业务过程,能力成熟模型(Capability Maturity Model,CMM)抽取了这样一组好的工程实践并定义了过程的"能力"。

系统安全工程能力成熟模型(Systems Security Engineering Capability Maturity Model,SSE-CMM)起源于美国国家安全局(NSA)于 1993 年 4 月提出的一个专门应用于系统安全工程的能力成熟模型(CMM)的构思。1996 年 10 月出版了 SSE-CMM 模型的第一个版本,1997 年 4 月出版了评定方法的第一个版本。SSE-CMM 的目的是建立和完善一套成熟的、可度量的安全工程过程。该模型描述了一个组织的系统安全工程过程必须包含的基本特征,这些特征是完善的安全工程保证。这个安全工程对于任何工程活动均是清晰定义的、可管理的、可测量的、可控制的。

SSE-CMM 是系统安全工程实施的度量标准,同时还是一个易于理解的评估系统安全工程实施的框架。SSE-CMM 涉及可信产品或者系统整个生命周期的安全工程活动，其中包括概念定义、需求分析、设计、开发、集成、安装、运行、维护和终止。

2.4.1 SSE-CMM 的过程

在 SSE-CMM 中，过程(process)就是可以做的事情，是为了达到某一给定目标而执行的一系列活动，这些活动可以重复、递归和并发地执行。

过程可以分为三种。

- 充分定义的过程(待选择的)：包括对每个活动输入、输出、执行机制和所需资源的条件的定义；
- 已定义过程(已选择的)：就是被组织进行了充分定义，在该组织的安全工程中要使用的过程；
- 执行过程(已执行的)：系统安全工程实施人员实际执行的过程。

SSE-CMM 包含三类过程区域(Process Area，PA)：安全工程类、项目管理类和组织管理类，其中安全工程类的过程控制可以描述为 11 个过程区，如表 2-27 所示。这些 PA 是一组相关安全工程过程的特征，当这些特征全部得到实施后，就能够达到过程定义的目的。一个 PA 又是由一系列基本实施(Base Practices，BP)组成的，这些基本实施是安全工程过程中必须存在的特征，只有当所有这些特征全部实现后，才能满足过程区的要求。

表 2-27 SSE-CMM 的安全工程类过程区

所属类别	过程区编号	过程区名称
工程过程	PA01	管理安全控制
风险过程	PA02	评估影响
	PA03	评估安全风险
	PA04	评估威胁
	PA05	评估脆弱性
保证过程	PA06	建立保证论据
工程过程	PA07	协调安全
	PA08	监控安全态势
	PA09	提供安全输入
	PA10	确定安全需求
保证过程	PA11	验证和证实安全

SSE-CMM 安全工程过程的 11 个 PA 包含三类过程区域：风险、工程和保证(见图 2-49)，它们描述了系统安全工程中实施的与安全直接相关的活动。组织管理类和项目管理类过程区域(共 11 个)并不直接同系统安全相关，但常与 11 个安全工程过程区域一起用来度量系统安全队伍的过程能力成熟度，如表 2-28 所示。

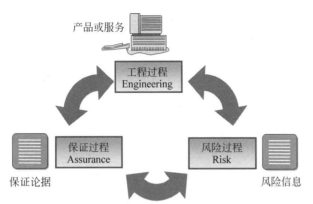

图 2-49　信息安全工程过程区的关系

表 2-28　SSE-CMM 的组织和项目类过程区

所 属 类 别	过程区编号	过程区名称
项目管理过程	PA12	保证质量
	PA13	管理配置
	PA14	管理项目风险
	PA15	监视和控制技术活动
	PA16	计划技术活动
组织管理过程	PA17	定义组织的系统工程过程
	PA18	改进组织的系统工程过程
	PA19	管理产品系列进化
	PA20	管理系统工程支持环境
	PA21	提供持续发展的知识和技能
	PA22	与供应商协调

风险过程包括评估威胁、评估脆弱性、评估影响和评估安全风险 4 个 PA，如图 2-50 所示。

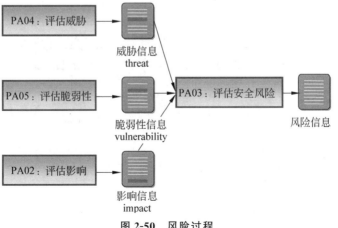

图 2-50　风险过程

评估威胁(PA04)：用于识别和描述系统面临的安全威胁及其特征，包括

- 识别自然因素引起的有关威胁；
- 识别人为因素引起的有关威胁；
- 制定评判威胁的测度单位，即用什么指标衡量威胁的高低；
- 评估威胁源的动机和能力，即攻击者对系统有多大兴趣，攻击者拥有的知识、技能、工具和其他资源；
- 评估威胁事件出现的可能性；
- 监控威胁的变化。

评估脆弱性(PA05)：用于识别和描述系统存在的脆弱性及其特征，包括

- 选择识别和描述系统脆弱性的方法、技术和标准；
- 识别系统中存在的脆弱性；
- 收集与脆弱性特征有关的数据；
- 对脆弱性进行综合分析，评判脆弱性或脆弱性组合可能带来的危害；
- 监控脆弱性的变化。

评估影响(PA02)：用于识别和描述安全事件造成的影响，包括

- 识别系统中的资产；
- 选择用于评估影响的度量标准；
- 识别潜在的影响，列出描述影响的清单；
- 对影响进行分析和优先级排序；
- 监控影响中发生的变化。

评估安全风险(PA03)：用于识别和描述系统面临的安全风险，包括

- 选择风险分析的方法、技术和标准；
- 识别威胁/脆弱性/影响的三组合(暴露)；
- 评估与每个暴露有关的风险；
- 对风险进行优先级排序，并列出安全措施需求清单；
- 监控风险的变化。

工程过程包括确定安全需求、提供安全输入、管理安全控制、监控安全态势和协调安全5个PA，如图2-51所示。

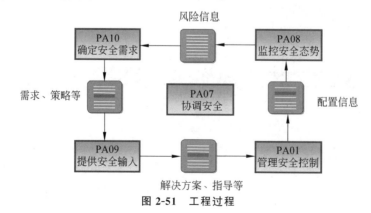

图 2-51　工程过程

确定安全需求(PA10)：根据系统的安全风险以及政策法规的约束确定系统与安全相关的需求,包括

- 理解系统的用途,判断其安全需求的特点；
- 理解系统用户的安全需求；
- 识别政策法规和其他约束(如合同)提出的安全需求；
- 确定安全需求,包括信息安全的总体目标、系统开发和维护中应当实现的安全目标；
- 相关方对安全需求达成一致,并获得系统用户的认可。

提供安全输入(PA09)：系统的安全性不是一组安全专业人员可以全部解决的,"提供安全输入"的意思是为系统的规划者、设计者、实施者和用户提供他们所需的安全信息(包括安全架构、安全设计、实施方法和安全指南等),即告诉"其他人"怎么做才能保证系统的安全,包括

- 分析论证系统建设方案的安全性；
- 制定安全解决方案；
- 为参与系统建设的非安全专业人员提供安全实施指南；
- 为系统用户和管理员提供安全运行指南。

管理安全控制(PA01)：确定集成到系统中的安全控制措施确实在系统运行过程中发挥预计的安全功能,包括

- 建立安全控制措施的责任,落实有关责任人；
- 对系统安全控制的配置进行管理；
- 对系统用户和管理员进行安全意识教育和技能培训；
- 对安全服务和控制机制进行定期维护,避免损伤和故障。

监控安全态势(PA08)：及时发现安全措施状态变化及安全事件,并进行适当的处置,包括

- 监控威胁、脆弱性、影响等方面的变化；
- 分析安全态势,及时发现需要加强或调整的安全措施；
- 监控安全防护措施的功能、性能的有效性；
- 及时发现安全突发事件,并作出及时有效的响应；
- 分析事件记录,确定事件原因,总结避免再次发生的方法；
- 保护安全监控得到的记录数据。

协调安全(PA07)：安全工程不能独立地取得成功,要保证所有部门都有一种参与安全工程的意识,包括

- 确定各部门的职责和关系；
- 确定安全工程中的协调机制；
- 制定解决冲突的方法,促进协调机制的落实；
- 使各部门、各工程实施组了解和接受有关安全的决定和建议。

保证过程包括验证和证实安全、建立保证论据等 PA,如图 2-52 所示。

验证和证实安全(PA11)：通过观察、论证、分析和测试来验证和证实解决方案满足

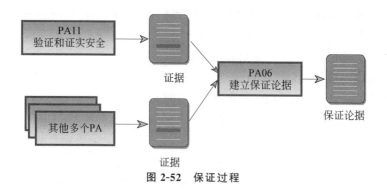

图 2-52　保证过程

安全需求,验证证明正确性,证实证明有效性,包括

- 制定验证和证实目标和计划;
- 制定验证和证实具体方法;
- 实施验证和证实发现有关问题;
- 提供验证和证实结果。

建立保证论据(PA06):清楚地说明用户的安全需求已经得到满足,通过一系列证据建立对系统安全的信心,包括

- 确定用户的安全保证目标,明确系统的安全需求等级(如等保定级);
- 收集分析安全保证证据(如等保测试记录);
- 提供安全保证证据(如等保测评报告)。

2.4.2　SSE-CMM 的体系结构

SSE-CMM 的体系结构是为了评价安全工程组织的成熟度,它采用了"域维"和"能力维"两维模型。"域维"由所有定义的安全工程过程区域构成。"能力维"代表组织实施这一过程的能力,它由过程管理和制度化能力构成。这些实施活动被称为"公共特征"(Common Features),可在广泛的域中应用。能否执行某个特定的公共特征是一个组织能力的标志。通过设置这两个相互依赖的维,SSE-CMM 在各个能力级别上覆盖了整个安全活动范围。如图 2-53 所示,"评估脆弱性"过程区显示在横坐标中,这个过程区代表了所有涉及安全脆弱性评估的实践活动,这些实践活动是安全风险过程的一部分。"跟踪执行"公共特征显示在纵坐标上,它代表了一组涉及测量的实施活动。依此类推,给每个PA 赋予一个能力级别评分,所得到的两维图形便可形象地反映一个工程组织整体上的系统安全工程能力成熟度,也间接地反映其工作结果的质量及其安全上的可信度。通过这种方式收集安全组织的信息,可建立执行安全过程能力的能力轮廓,如图 2-54 所示。

公共特征分为 5 个级别,依次表示增加的组织能力。与维域基本实施不同的是,能力维的通用实施按成熟度排序,因此表示高级别的通用实施位于能力维的高端。

公共特征设计的目的在于描述组织机构执行工作过程的主要特点,每一个公共特征都包括一个或多个通用实施,通用实施可应用到每一个过程区,但第一个公共特征"执行基本实施"是个例外。其余的公共特征中的通用实施可帮助确定项目管理的好坏程度,并可将每一个过程区作为一个整体加以改进。

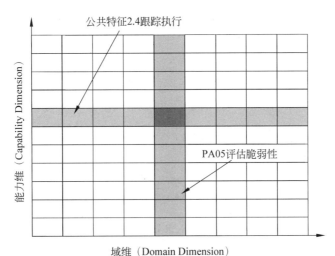

图 2-53　SSE-CMM 体系结构

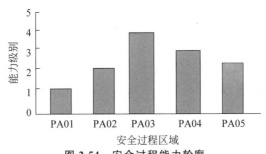

图 2-54　安全过程能力轮廓

公共特征包括以下几点。

* 执行基本实施；
* 计划执行：分配资源、指定责任、提供工具并将计划形成文档；
* 规范化执行：使用标准和规程、进行配置管理；
* 跟踪执行：跟踪过程实施、采取修正措施；
* 验证执行：验证工作过程、验证工作产品；
* 定义标准过程：制定标准化过程，从组织标准化过程中裁剪出针对特定需求的过程；
* 协调安全实施：执行组内协调、执行组间协调、执行外部协调；
* 执行已定义的过程：PA 的实施使用充分定义的过程，对执行结果进行缺陷评审，使用充分定义的数据；
* 建立可测量的质量目标：为工作产品建立可测度的目标；
* 客观地管理过程的执行：为工作过程能力建立量化测量和改进的标准；
* 改进组织能力：建立过程效能目标，持续改进标准化的过程；
* 改进过程的有效性：进行因果分析，消除缺陷根源，持续改进已定义过程。

每一个过程区的能力级别的确定均需执行一次评估过程，这意味着不同的过程区能够或可能存在于不同的能力级别上。组织可利用这个面向过程的评估结果作为辅助这些过程改进的手段。

SSE-CMM 包含了 6 个能力级别，如图 2-55 所示。

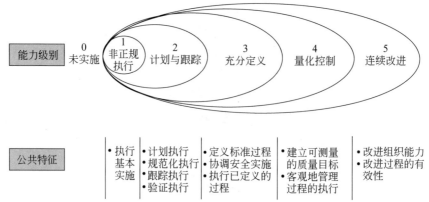

图 2-55　SSE-CMM 的能力级别及公共特征

0 级（未实施）：并不是真正的级别，因为它不包含任何通用实施，也完全不需要被测量；

1 级（非正规执行）：该级别包括一个公共特征——执行基本实施，仅要求一个过程区的所有基本实施都被执行，但对执行的结果无明确要求，在这一级别，过程区的基本实施通常被执行，但未经过严格的计划和跟踪，而是基于个人的知识和努力；

2 级（计划与跟踪）：该级别着重于项目层面的定义、规划和执行问题，PA 中 BP 的执行是经过规划并跟踪的强调过程执行前的计划和执行中的检查，这使得工程组织可以基于最终结果的质量来管理其实施活动；

3 级（充分定义）：该级别着重于规范化地制定和裁剪组织范围内的标准过程，要求过程区包括的所有基本实施都按照一组完善定义的操作规范来进行（标准过程）；

4 级（量化控制）：该级别注重于通过度量来促进组织目标的实现，要求能够对工程组织的表现进行定量的度量和预测，过程管理成为客观的和准确的实施活动；

5 级（持续改进）：该级别强调根据已定义的过程执行情况的反馈和先进创意与技术的追踪，改进执行过程，提升工作绩效，以更好地满足业务目标，要求为过程执行的高效和实用建有定量目标，可以准确地度量过程的持续改善所得到的效益。

2.4.3　SSE-CMM 的应用

以威胁评估为例，在一个网络信息系统的建设过程中，需要对信息系统面临的各种威胁、威胁的能力、可能性和变化进行评估（目前刚开始做，是 1 级）。如何达到 2 级水平呢？

- 制定威胁评估的规划，规定资源的分配、责任人、使用的工具、实施的过程、必要的培训；
- 制定威胁评估规范和威胁评估文档的版本控制规范（配置管理），并按照规范实施威胁评估；
- 验证威胁评估的执行是否按照规划和规范进行，威胁评估的结果质量如何；

- 如果执行过程或执行结果有不合格处可以及时采取纠正措施。

采取上述实施后,威胁评估就达到了 2 级成熟度的水平。假如组织的所有信息化项目在做威胁评估时已达成以下标准:

- 参考该组织定义的一套威胁评估标准规范;
- 根据该信息化项目的特点对标准规范进行裁剪,形成这一项目的已定义过程,严格执行并及时发现问题和偏差;
- 实施威胁评估时,项目组内部、项目组与其他有关部门可进行良好的协调沟通。

那么威胁评估就达到了 3 级成熟度的水平。

如果组织在进行威胁评估时采用了可度量的质量目标作为衡量标准,例如,威胁评估工作可以为组织减少多少潜在损失?威胁评估工作可以将用户满意度提高到什么水平?

如果评估规范正确,需要对项目中的实际实施情况进行客观的管理,为实施过程提出量化的指标要求。例如,完成威胁评估的时间要求,发现威胁的全面性,对威胁描述的准确性等。

执行上述实施后,威胁评估就达到了 4 级成熟度。

如果组织实施威胁评估的标准规范不是僵化不变的,找到了目前威胁评估工作与组织绩效目标的差距,并能持续性地改进标准化的威胁评估过程。如果标准化过程有问题,需要有能力发现并消除产生问题的根本原因(例如人员对威胁评估重视不够,流于形式,威胁分析工具不够先进,某一评估流程是多余的等),避免问题重复发生,以提高威胁评估的效能,则组织的威胁评估能力就达到了 5 级成熟度水平。

2.5　ISMS

国际标准化组织发布的"信息安全管理系统要求(ISO/IEC 27001)"规定了在组织环境中建立、实施、维护和持续改进信息安全管理体系(Information Security Management System,ISMS)的要求。信息安全管理体系是组织在整体或特定范围内建立信息安全方针和目标,以及完成这些目标所用方法的体系,它是 1998 年前后从英国发展起来的信息安全领域中的一个新概念,是管理体系(Management System,MS)思想和方法在信息安全领域的应用。

ISMS 体系包括 14 个控制域、35 个控制目标、114 项控制措施。体系控制域内容如表 2-29 所示。

ISMS 中提出了 PDCA 过程模式,该模式基于风险评估的风险管理理念,全面系统地持续改进组织的信息安全管理,如图 2-56 所示。

- 策划(Plan):根据风险评估结果、法律法规要求、组织业务运作自身需要确定安全控制目标与控制措施;
- 实施(Do):实施所选的安全控制措施;
- 检查(Check):依据策略、程序、标准和法律法规,对安全措施的实施情况进行符合性检查;
- 改进(Action):根据 ISMS 审核、管理评审的结果及其他相关信息,采取纠正和预防措施,实现 ISMS 的持续改进。

表 2-29　ISMS 体系控制域

安全策略（方针）			
信息安全的组织			
人力资源安全	资产管理		
	访问控制		
	密码学		
	物理与环境安全　操作安全　通信安全		信息系统获取、开发和维护
	供应关系		
信息安全事件管理			
信息安全方面的业务连续性管理			
符合性			

图 2-56　PDCA 过程模式

1. P——策划阶段

要启动 PDCA 循环,必须有"启动器"提供必须的资源、选择风险管理方法、确定评审方法并文件化实施过程。计划阶段就是为了确保正确建立信息安全管理体系的范围和详略程度,识别并评估所有的信息安全风险,为这些风险制定适当的处理计划。计划阶段的所有重要活动都要被文件化,以备将来追溯和控制更改情况。

1) 确定范围和方针

信息安全管理体系可以覆盖组织的全部或者部分。无论是全部还是部分,组织都必须明确界定体系的范围,如果体系仅涵盖组织的一部分,这就变得更重要了。组织需要文件化信息安全管理体系的范围,信息安全管理体系范围文件应该涵盖

- 确立信息安全管理体系范围和体系环境所需的过程;
- 战略性和组织化的信息安全管理环境;
- 组织的信息安全风险管理方法;
- 信息安全风险评价标准以及所要求的保证程度;
- 信息资产识别的范围。

信息安全管理体系也可能在其他信息安全管理体系的控制范围内。在这种情况下,上下级控制的关系有下列两种可能。

- 下级信息安全管理体系不使用上级信息安全管理体系的控制：在这种情况下，上级信息安全管理体系的控制不影响下级信息安全管理体系的 PDCA 活动；
- 下级信息安全管理体系使用上级信息安全管理体系的控制：在这种情况下，上级信息安全管理体系的控制可以被认为是下级信息安全管理体系策划活动的"外部控制"。

尽管此类外部控制并不影响下级信息安全管理体系的实施、检查、措施活动，但是下级信息安全管理体系仍然有责任确认这些外部控制提供了充分的保护。

安全方针是关于在一个组织内，指导如何对信息资产进行管理、保护和分配的规则、指示，是组织信息安全管理体系的基础。组织的信息安全方针，描述了信息安全在组织内的重要性，表明了管理层的承诺，提出了组织管理信息安全的方法，为组织的信息安全管理提供了方向和支持。

2）定义风险评估的系统性方法

确定信息安全风险评估方法，并确定风险等级准则。评估方法应该和组织既定的信息安全管理体系范围、信息安全需求、法律法规要求相适应，兼顾效果和效率。组织需要建立风险评估文件，解释所选择的风险评估方法，说明为什么该方法适合组织的安全要求和业务环境，介绍所采用的技术和工具，以及使用这些技术和工具的原因。评估文件还应该规范下列评估细节：

- 信息安全管理体系内资产的估价，包括所用的价值尺度信息；
- 威胁及脆弱性的识别；
- 威胁利用脆弱性的可能性评估，以及此类事件可能造成的影响；
- 以风险评估结果为基础的风险计算，以及剩余风险的识别。

3）识别风险

识别信息安全管理体系控制范围内的信息资产；识别对这些资产的威胁；识别可能被威胁利用的薄弱点；识别保密性、完整性和可用性损害对这些资产造成的潜在影响。

4）评估风险

根据资产保密性、完整性或可用性损害的潜在影响，评估由于安全失效（failure）可能引起的商业影响；根据与资产相关的主要威胁、脆弱性及其影响，以及实施的控制，评估此类失效发生的现实可能性；根据既定的风险等级准则，确定风险等级。

5）识别并评价风险处理的方法

对于所识别的信息安全风险，组织需要加以分析，区别对待。如果风险满足组织的风险接受方针和准则，那么就有意地、客观地接受风险；对于不可接受的风险组织可以考虑避免风险或者将风险转移；对于不可避免也不可转移的风险应该采取适当的安全控制措施，将其降低到可接受的水平。

6）为风险的处理选择控制目标与控制方式

选择并文件化控制目标和控制方式，以将风险降低到可接受的等级。ISO27002 提供了可供选择的控制目标与控制方式。当无法以可接受的费用将风险降低到可接受的等级时，就需要确定是增加额外的控制，还是接受高风险。在设定可接受的风险等级时，应比较控制的强度和费用与事件的潜在费用。这个阶段还应该策划安全控制被破坏或者违背的检测机制,提供预防、制止、限制和恢复等控制措施。在形式上,组织可以通过设计风险处理计划来完成步骤5)和6)。风险处理计划是组织针对所识别的每一项不可接受风险建立的详细处理方案和实施时间表,是组织安全风险和控制措施的接口性文档。风险处理计划不仅可以指导后续的信息安全管理活动,还可以作为与高层管理者、上级领导机构、合作伙伴或者人员进行信息安全事宜沟通的桥梁。这个计划至少应该为每一个信息安全风险阐明以下内容:组织所选择的处理方法;已经到位的控制措施;建议采取的额外措施;建议的控制措施的实施时间框架等。

7) 获得最高管理者的授权批准

剩余风险(residual risks)的建议应该获得批准,开始实施和运行信息安全管理体系需要获得最高管理者的授权。

2. D——实施阶段

PDCA循环中实施阶段的任务是以适当的优先权进行管理运作,执行所选择的控制,以管理策划阶段所识别的信息安全风险。那些被评估为可接受的风险不需要采取进一步的措施。不可接受风险则需要实施所选择的控制,且应该与策划活动中准备的风险处理计划同步进行。计划的成功实施需要有一个有效的管理系统,其中要规定所选择方法、分配职责和职责分离,并且要依据规定的方式方法监控这些活动。

在不可接受的风险被降低或转移之后,还会有一部分剩余风险。应对这部分风险进行控制,确保不期望的影响和破坏被快速识别并得到适当管理。本阶段还需要分配适当的资源(人员、时间和资金)运行信息安全管理体系以及所有的安全控制。这包括将所有已实施的控制文件化,以及对信息安全管理体系文件的维护。

为了保证意识和控制活动的同步,还必须安排针对信息安全意识的培训,并检查意识培训的效果,以确保其持续有效和实时性。如有必要应对相关方实施有针对性的安全培训,保证所有相关方能按照要求完成安全任务。本阶段还应该实施并保持策划好的检测和响应机制。

3. C——检查阶段

检查阶段又称学习阶段,是PDCA循环的关键阶段,也是信息安全管理体系分析运行效果,寻求改进机会的阶段。如果发现某个控制措施不合理、不充分,就要采取纠正措施,以防止信息系统处于不可接受风险状态。组织应该通过多种方式检查信息安全管理体系是否运行良好,并对其业绩进行监视,可能包括下列管理过程。

(1) 执行程序和其他控制措施以快速检测处理结果中的错误。快速识别安全体系中失败的和成功的破坏;让管理者确认人工或自动执行的安全活动达到了预期的结果;按照商业优先权确定解决安全破坏所要采取的措施;接受其他组织和组织自身的安全经验。

(2) 常规评审信息安全管理体系的有效性。收集安全审核的结果、事件以及来自所有利益相关方的建议和反馈,定期对信息安全管理体系的有效性进行评审。

(3) 评审剩余风险和可接受风险的等级。注意组织、技术、业务目标和过程的内部变化,以及已识别的威胁的外部变化,定期评审剩余风险和可接受风险等级的合理性。

(4) 审核并执行管理程序,以确定规定的安全程序是否适当、是否符合标准以及是否按照预期的目的进行工作。审核就是按照规定的周期(最多不超过一年)检查信息安全管理体系的所有方面是否行之有效。

4. A——改进阶段

经过了策划、实施、检查之后,组织在改进阶段必须对所策划的方案给予结论,是应该继续执行,还是应该放弃重新进行新的策划? 当该循环给管理体系带来明显的业绩提升时,组织可以考虑将成果扩大到其他的部门或领域,这就开始了新一轮的 PDCA 循环。

不符合、纠正措施和预防措施是本阶段的重要概念。

- 不符合:是指实施、维持并改进所要求的一个或多个管理体系要素缺乏或者失效,或者是在客观证据基础上,信息安全管理体系符合安全方针以及达到组织安全目标的能力存在很大不确定性的情况。

- 纠正措施:组织应确定措施,以消除信息安全管理体系实施、运作和使用过程中不符合的原因,防止再发生。组织的纠正措施应该规定以下方面的要求:识别信息安全管理体系实施、运作过程中的不符合;确定不符合的原因;评价确保不符合不再发生的措施要求;确定并实施所需的纠正措施;记录所采取措施的结果;评审所采取措施的有效性。

- 预防措施:组织应确定措施,以消除潜在不符合的原因,防止其发生。预防措施应与潜在问题的影响程度相适应。预防措施应该规定以下方面的要求:识别潜在不符合及其原因;确定并实施所需的预防措施;记录所采取措施的结果;评审所采取的预防措施;识别已变化的风险,并确保对发生重大变化的风险予以关注。

2.6 小 结

主要的网络安全防护对象及其对应的安全控制措施和安全产品实现如表 2-30 所示。

表 2-30 防护对象、安全控制措施和安全产品对应表

类别	防护对象	安全控制措施	安全产品实现
网络边界	外网第三方边界	网络访问控制,流量及连接数控制,内容过滤,对外服务安全,入侵检测	防火墙(FW),统一威胁管理(UTM),入侵检测/防护系统(IDS/IPS),虚拟专用网(VPN)
	内网第三方边界	网络访问控制,流量及连接数控制,入侵检测	FW, IDS/IPS
	内外网边界	逻辑强控制	安全隔离域数据交换系统
	纵向边界	网络访问控制,入侵检测	FW, IDS/IPS
	横向域间边界	域间访问控制,边界入侵检测	FW, IDS/IPS, VLAN, ACL
网络	网络设备	接入控制,设备安全配置,设备安全加固,漏洞扫描,配置文件备份,设备安全审计,网络带宽及处理能力保证,设备链路冗余	网络接入控制系统(MAC),漏洞扫描系统,日志管理分析系统,网管系统
	网络业务信息流	流量监管,数据传输加密	IDS/IPS, VPN

续表

类别	防护对象	安全控制措施	安全产品实现
主机	服务器	操作系统：操作系统安全加固，病毒防护，恶意代码防护，入侵检测，访问控制，主机漏洞扫描，安全补丁更新，系统备份，防止非法外联，安全审计 数据库：访问控制，安全审计，管理存储过程，数据安全，数据备份	操作系统：FW，IDS/IPS，漏洞扫描系统，补丁管理系统，日志分析管理系统，防病毒/恶意代码系统（AV），数字证书系统，备份系统 数据库：日志分析管理系统，数字证书系统，备份系统
	桌面终端	桌面终端病毒防护，恶意代码防护，补丁管理，桌面主机资产管理，桌面终端安全管理	AV，终端安全管理系统，补丁管理系统
应用	应用系统	接入控制，设备安全配置，设备安全加固，漏洞扫描，配置文件备份，设备安全审计，网络带宽及处理能力保证，设备链路冗余	日志管理分析系统，备份管理系统，数字证书及认证系统
	用户接口	用户认证，数据完整性保护，数据安全保密	通过应用系统实现
	数据接口	接口认证，数据传输加密，数据完整性保护	通过应用系统实现

在设计网络安全防护体系时，应该把握好以下基本原则。

(1) 按需划分安全域，加强域间身份认证、访问控制和安全审计。

在网络层，通过在安全域边界部署防火墙、安全网关、隔离交换设备等，加强内外网和域间的网络隔离；在系统层，通过开启个人防火墙、安装主机安全管理系统等，限制开放的端口与服务，按角色授予系统访问权限，启用多因素身份认证。

(2) 统一出入口访问控制。

尽可能缩小网络攻击面，将内外网的访问控制集中起来，在网络边界部署防火墙、入侵检测系统、流量审计系统等，加强接入认证和访问授权，对外屏蔽内部敏感端口，对内限制出口流量。

(3) 加强攻击检测和安全审计。

在网络层部署 IDS 探针，在终端系统层部署安全代理（agent），采集流量信息和终端状态信息，加强异常流量分析、用户及实体异常行为分析、系统基线核查与审计等，及时发现潜在安全威胁。

(4) 部署网络漏洞扫描系统。

(5) 加强代码及系统镜像的安全审计，防范供应链攻击。

(6) 制定关键数据及服务的备份恢复措施，如网络核心交换设备的双机互备、重要服务及数据的异地灾备等，对存储与传输的敏感数据进行加密保护。

网络安全工程是运用网络安全技术建设实际网络信息系统安全防护体系的系统工程，必须遵循对象确立、风险评估、需求分析、安全设计的流程和规范，结合网络信息系统的业务流程进行威胁建模分析，从资产、威胁和脆弱性三方面科学评估系统安全风险，再结合国家和行业的相关安全标准和技术要求分析得出安全需求，在此基础上选择安全控制措施,设计安全部署实施方案,将风险管理纳入网络信息系统的全生命周期安全管控中,提高网络安全防护的效益,如图 2-57 所示。本章给出了实施网络安全工程的一般流程,

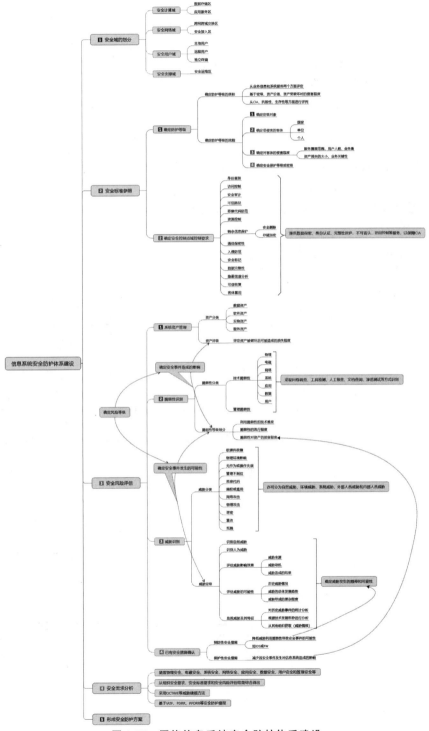

图 2-57 网络信息系统安全防护体系建设

常用的安全威胁建模分析方法和通用的网络安全设计方案,可根据需要灵活运用到安全工程实践中。第3章将详细介绍网络安全风险评估的模型和方法。

2.7　习　　题

1. 网络安全工程包括哪些主要环节?网络安全工程的主要实施流程是什么?

2. STRIDE 威胁建模的威胁种类有哪些?每类威胁对应的安全属性是什么?

3. 请使用微软的威胁建模分析工具对下列教学管理系统的数据流图进行威胁建模分析。要求:

(1) 在图 2-58 中添加信任边界;

(2) 针对信任边界两边的每个实体及连接,识别可能的威胁;

(3) 采用 DREAD 方法评价威胁大小;

(4) 给出每个威胁的消减措施,形成威胁分析报告。

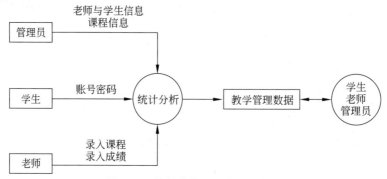

图 2-58　某教学管理系统数据流图

4. 图 2-59 所示的是一个智能扬声器的简化数据流图,请采用微软 STRIDE 威胁建模

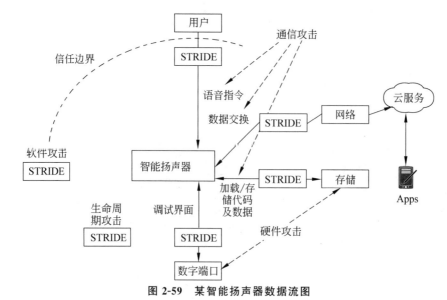

图 2-59　某智能扬声器数据流图

分析工具①对智能扬声器进行威胁建模分析,识别出可能的威胁,并给出针对性的威胁消减措施。

5. 请采用本章介绍的攻击树建模分析方法对图 2-60 所示的攻击树进行建模分析,分别计算根节点的攻击成本、攻击成功的概率、攻击的技术难度和攻击被发现的概率。如果按攻击成本不大于 50 元进行裁剪,请给出裁剪后的攻击树。

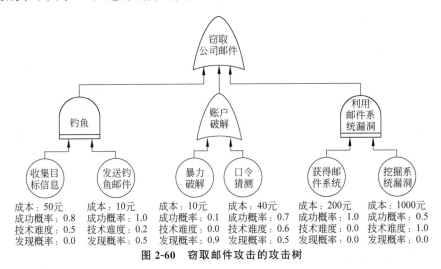

图 2-60　窃取邮件攻击的攻击树

6. 请针对图 2-61 所示的 ATM 用例图,绘制其可能的威胁用例和误用例图,并简要

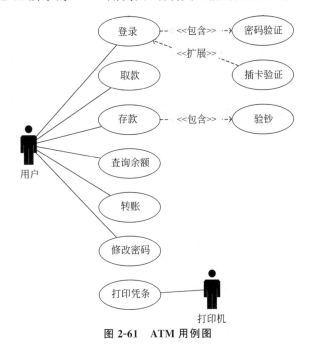

图 2-61　ATM 用例图

---

① 　Microsoft 威胁建模工具可帮助在软件项目的设计阶段查找威胁,https://aka.ms/threatmodelingtool。

描述每种可能的威胁场景（前提条件、可能造成的后果等）；在此基础上，补充系统的威胁迁移用例，并说明理由。

7. 请针对图 2-62 所示的商品订购网站用例图，绘制其可能的威胁用例和误用例图，并简要描述每种可能的威胁场景（前提条件、可能造成的后果等）；在此基础上，补充系统的威胁迁移用例，并说明理由。

8. 请针对图 2-63 所示的企业网络架构完成以下任务：

（1）合理划分其安全域，部署相应的安全防护设备或系统，绘制网络安全部署图，并简要描述各安全设备或系统的作用；

（2）假设要确保其中的 FTP 和 Web 服务 7×24 小时不可中断，请合理设计其容灾备份方案，并说明理由；

（3）利用华为 eNSP 仿真软件模拟该网络架构及其连接关系，为财务部、业务部、网络开发中心划分 VLAN，禁止各 VLAN 之间相互访问；禁止来自 Intranet 的外网设备访问内部各终端，且只能允许该网络访问 Web 服务；测试所配置的访问控制规则是否正确有效；

图 2-62　某商品订购网站用例图

（4）假设要防止财务部门的计算机非法外联其他子网，请问应该采取哪种检测方式，并请给出部署方案。

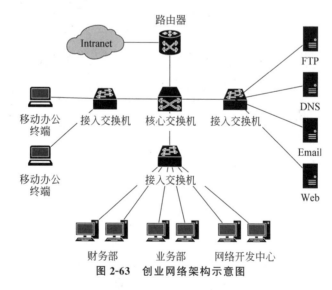

图 2-63　创业网络架构示意图

9. 某单位的办公网架构如图 2-64 所示，为了保障其信息安全，需要解决以下问题：

（1）技术部与财务部不能相互访问，从而保障财务部的安全；

（2）技术部、财务部不能访问办公室，但办公室可以访问技术部和财务部；

（3）仅允许办公室可以访问网站服务器的 3389 端口，便于远程管理，其他部门不允许访问；

（4）内网所有 IP 仅能访问网站服务器的 80 端口，其他端口关闭。

请划分安全域，采用华为 eNSP 仿真软件进行网络仿真，并配置核心交换机的访问控制列表，实现上述安全需求。如果将路由器替换为防火墙，并允许内网访问互联网和网站服务器，允许互联网访问网站服务器，但拒绝其他所有连接，应如何设置防火墙访问控制规则，并进行仿真验证。

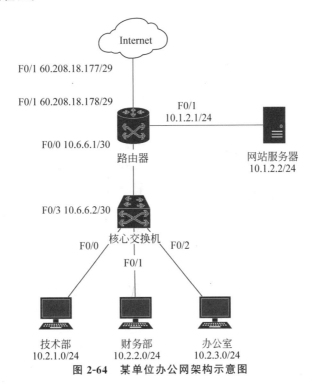

图 2-64　某单位办公网架构示意图

10. 容灾分为哪几个等级？评价容灾的指标有哪些？

11. 试简述 DAS、NAS 和 SAN 各自的技术特点。

12. 请对图 2-65 所示的某业务信息系统网络划分安全域，并按要求部署相应的网络安全防护系统。

13. 什么是 SSE-CMM？其过程区有哪些？能力成熟度分为几级？

14. 试简述什么是 ISMS？PDCA 包括哪几个阶段，主要内容是什么？

15. 检测非法外联的方式有哪几种，各有什么优缺点？

16. 请基于任意一种协议利用网络工具或编程实现的方式完成"基于内外网双机的主动非法外联检测"实验。

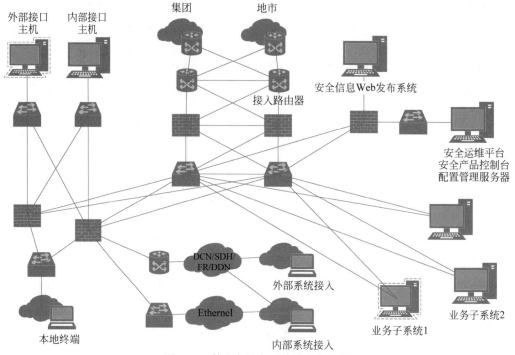

图 2-65　某业务信息系统网络拓扑图

第 3 章

网络安全风险

风险(risk)是在 17 世纪 60 年代由意大利语中的 riscare 一词演化而成。它的意大利语本意是在充满危险的礁石之间航行。风险的定义并不统一,部分定义列举如下。

- 风险是某一危险事件发生的频率或者概率与事件后果的组合。在这个定义中,风险与某一特定的危险事件有关。例如某种气体泄漏或者与塔吊坠物有关的风险。但在多种危险事件并存的情况下并不适用。
- 风险是人类活动或者事件造成的后果对现有价值造成伤害的概率。
- 风险是造成资产(包括人员本身)处于危险的情况或者事件,而结果是不确定的。
- 风险是指与资产相关行为的不确定性以及后果(结果)的严重程度。
- 风险是在特定的时间段内,或者由于某种困难情况导致某一负面事件发生的概率。
- 风险是指未来事件和结果的不确定性。它描述了该事件对于完成组织目标产生影响的可能性。
- 风险是给定的威胁源攻击一个特定潜在弱点的可能性,以及此敌对事件对机构产生的影响(NIST SP800-30 给出的定义)。

综上所述,风险定义主要涉及三个方面的问题。

(1) 会发生什么问题? 必须识别出可能会对希望保护的资产造成损害的潜在"威胁事件"。

(2) 发生问题的可能性有多大? 需要逐个考虑问题(1)中的安全事件发生的可能性,进行因果分析,识别出可能导致威胁事件的根本原因(即威胁源)。

(3) 造成的后果是什么? 对于每一个威胁事件,必须识别出潜在的损害及对问题(1)所提出的资产的负面影响。

从以上定义可以看出,网络安全事件发生的可能性是网络安全风险的重要特征。一般认为网络信息系统的安全风险就是一种潜在的、尚未发生但可能发生的安全事件。存在的风险一旦转化为真实的安全事件就会危害网络信息系统的安全性。任何信息系统都会有安全风险,所以,所谓安全的信息系统,实际是指在实施了风险评估并做出风险处置后,仍然存在的残余风险可被接受的信息系统。因此,要追求信息系统的安全,就不能脱离全面、完整的信息系统的安全评估,就必须运用风险评估的思想和规范,对信息系统开展风险评估。所有网络安全建设都应该基于网络安全风险评估。

3.1 网络安全风险构成要素

网络信息系统的安全风险要关注如下基本要素。

- 使命(mission):一个组织机构通过信息化形成的能力所进行的工作任务。

- 依赖度（dependency）：一个组织机构的使命对信息系统和信息的依靠程度。
- 资产（asset）：通过信息化建设积累起来的信息系统、信息以及业务流程改造实现的应用服务的成果、人员能力和赢得的信誉。资产一般可分为逻辑和物理两大类，前者指组织的非物化的智力财富，后者指实物资产。这些资产通常包括系统、硬件、软件、信息、人员等。
- 价值（value）：资产的重要程度。
- 威胁（threat）：指一个威胁源攻击（偶然触发或故意破坏）一个具体弱点的潜在可能性。威胁源指任何可能危害组织资产的环境或事件；威胁是一种可能导致信息安全事件和系统信息资产损失的活动。它利用系统脆弱性来造成后果。威胁的属性包括发起者、动机、目标、可能性和后果等。威胁源是威胁的发起者。按照威胁源性质，威胁一般可分为两类：人为威胁和自然威胁。其中，人为威胁包括人为的故意行为造成的威胁和人为的非故意行为造成的威胁。自然威胁包括系统故障威胁和自然灾害威胁（如雷击、洪水、火灾等）。
- 脆弱性（vulnerability）：指信息系统及其防护措施在安全流程、设计、实现、配置或内部控制中的不足或缺陷，又称为（薄）弱点或漏洞。它是与信息资产有关的弱点、漏洞或安全隐患。脆弱性本身并不对资产构成危害，但是在一定条件得到满足时，脆弱性会被威胁加以利用来对信息资产造成危害。脆弱性包括技术脆弱性、结构脆弱性和组织脆弱性。技术脆弱性主要指由技术方面的因素造成的弱点，如操作系统的漏洞、应用不安全代码编写的应用程序等。它又分为设计弱点、实现弱点和配置弱点。结构脆弱性是指信息系统网络在拓扑结构的设计、布局方面存在的缺陷。组织脆弱性是指系统运行的物理环境、组织制度、业务策略、人事安全、文档管理、安全意识及组织成员培训等组织本身的安全因素存在的缺陷和隐患。
- 可能性（probability）：分威胁利用脆弱性产生安全事件的可能性以及造成影响的可能性，由攻击者的动机、能力、目标资产的价值、脆弱性的诱发条件和已有的安全控制措施等综合因素确定。
- 影响（impact）：对系统的 CIA 等属性和组织的形象、声誉等产生的有形或无形损害；资产价值是影响分析的要素。
- 风险（risk）：本质上就是威胁源利用信息系统脆弱性的可能性与可能产生影响的综合。风险由意外事件发生的概率及发生后可能产生的影响两个指标来衡量。
- 残余风险（residual risk）：采取了安全保障措施，提高了防护能力后，仍然可能存在的风险。
- 安全需求：为保证组织机构的使命正常行使，在信息安全保障措施方面提出的要求。
- 安全保障措施：对付威胁，减少脆弱性，采取预防措施来保护资产和限制意外事件的影响，检测、响应意外事件，促进灾难恢复和打击信息犯罪而实施的各种实践、规程和机制的总称。

这些要素的相互关系如图 3-1 所示。使命由资产支持。资产都有价值，信息化的程度越高,组织机构的任务越重要,对资产的依赖度越高,资产的价值就越大。资产的价值越大风险越大。风险是威胁发起的,威胁越大风险越大。威胁都要利用脆弱性,脆弱性越大风险越大。脆弱性使资产暴露,威胁利用脆弱性,危害资产,形成风险。人们对风险的意识会引出防护需求,防护需求被防护措施满足。防护措施抗击威胁,降低风险。

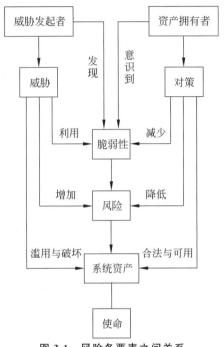

图 3-1　风险各要素之间关系

3.2　网络安全风险管理过程

自从将现代风险理论引入信息安全领域后,国内外许多专家认为,网络安全风险管理是信息安全的基础工作和核心任务之一,是解决网络安全问题的一种最有效措施,是保证网络安全投资回报率优化的科学方法。它是风险评估理论和方法在网络信息系统中的运用,是科学分析理解信息和网络信息系统在机密性、完整性、可用性等方面所面临的风险,并在风险的预防、风险的控制、风险的转移、风险的补偿、风险的分散等之间作出抉择的过程。ISO 31000:2009(风险管理原则与实施指南)标准提供了一个风险管理过程模型,如图 3-2 所示。其中的风险评估可重点参考 NIST SP800-30《风险评估实施指南》,监控与复审可重点参考 NIST SP800-137《信息安全持续监控》和 NIST SP800-55《信息安全性能测量指标》。

风险管理主要包括风险评估和风险处置。风险评估是网络安全的出发点,风险处置是网络安全的落脚点。任何网络信息系统都有安全风险,人们追求的所谓安全的网络信息系统,实际是指网络信息系统在实施风险评估并进行风险处置后,仍然存在的残余风险可被接受的网络信息系统。因此,要追求网络信息系统的安全,就不能脱离全面、完整的

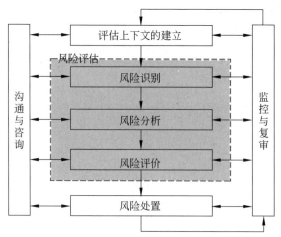

图 3-2　风险管理的过程模型

网络信息系统的安全评估,就必须运用风险评估的思想和规范,对网络信息系统开展风险评估。所有网络安全建设都应该基于安全风险评估。

所谓网络安全风险评估是指依据国家有关技术标准,对网络信息系统的完整性、保密性、可靠性等安全保障性能进行科学、公正的综合评估活动。风险评估可识别系统安全风险并决定风险出现的概率和造成后果的影响,它是风险管理的核心部分。风险评估是对信息及信息处理设施的威胁、影响、脆弱性及三者发生可能性的评估。它是确认安全风险及其大小的过程,即利用适当的风险评估工具,包括定性和定量的方法,确定信息资产的风险等级和风险控制顺序。

一旦威胁源成功地利用信息系统存在的弱点,构成安全事件,就会威胁信息系统的安全。这种威胁将会影响信息资产的机密性、完整性和可用性,并造成资产价值的损失。只有威胁源可能利用脆弱性产生安全事件威胁资产安全时,才能构成风险。因此,网络安全风险可以直观地表示为

$$Risk = f(Assets, Vulnerabilities, Threats)$$

上式中,Risk 表示风险,Assest 表示资产,Vulnerabilities 表示脆弱性,Threats 表示威胁。

网络安全风险评估就是分析网络信息系统潜在的安全事件及其发生的可能性。考虑风险发生的可能性与风险可能产生的影响,风险还可以表示为事件发生的概率及其后果的函数:

$$Risk = f(probability, result)$$

上式中,Risk 表示风险;probability 表示风险发生的可能性,它由存在脆弱性的可能性及威胁被利用的可能性决定;result 表示可能的影响。

函数 f 的计算方法主要有以下两种。

1) 矩阵计算法

矩阵内各要素的值根据具体情况采用数学方法确定,然后将两两元素的值放在一个二维矩阵中进行比对,行列交叉处即为所确定的计算结果。后面要介绍的 OWASP、

HEAVENS等安全风险评估模型就是采用这种计算方法。

2）相乘计算法

当 f 为增量函数时，可以直接相乘，也可以相乘后取模。例如：

$$probability = \sqrt{Threats \times Vulnerabilities}$$
$$result = \sqrt{Assets \times Vulnerabilities}$$
$$Risk = probability \times result$$

需要注意的是，风险评估是预报风险而非预测风险。预测往往带有更强的确定性，而预报不是，存在一定的变数。因此风险评估采用 probability（是否可能发生）而非 possible（是否会发生）来预报风险。风险评估的结果是主观的还是客观的，不在于数据本身是否客观，而在于评估的方法是否科学，以及在相同条件下评估的结果是否可重现？风险评估需要的是准确性（accuracy）而不是精确性（precision），准确性代表一定的范围，精确性代表的是具体的数值。

风险评估又可细分为风险识别、风险分析和风险评价三个环节。

风险识别回答前面提出的第一个问题，目的是找出潜在的可能导致网络信息系统损害的事件。主要包括以下几类识别。

- 资产的识别：攻击点的识别、资产所属信息容器的识别等；
- 威胁的识别：系统遭受攻击的历史、历史安全事件和攻击事件的数据、威胁情报等，包括威胁团体、威胁类型、威胁效果等的识别；
- 脆弱性的识别：以前的风险评估报告、安全检查中发现的问题、系统安全测试的结果等；
- 已有控制措施（及其有效性）的识别：当前及规划中的安全控制措施。

风险分析的目标是结合识别出的资产、威胁、脆弱性和安全控制措施，定性或半定量地综合分析信息网络面临的安全风险，并对风险进行分级。风险分析最常见的定义为：系统地使用既有信息，识别出危险，并预测其对于人员、财产和环境的风险。

从某种意义上说，风险分析是一种主动的方法，目的是避免可能发生的事故。事故调查则与之相反，是一种被动的方法，目的是寻找已经发生的事故原因和情况。

风险分析主要按照如下两个步骤执行，这两个步骤分别对应前面后两个问题的答案。

（1）可能性分析。在这一步中需要进行演绎分析，识别每个威胁事件的成因。同时根据威胁数据和专家判断预测威胁事件的频率。

（2）后果（影响）分析。这个环节需要进行归纳分析，识别所有由威胁事件引起的潜在后果（影响）。归纳分析的目的通常是找出所有可能的最终结果，以及它们发生的概率。

风险分析的方法包括定性分析及定量分析，具体采用哪种方法取决于分析的目标。

- 定性风险分析：以完全定性的方法确定概率和后果。
- 定量风险分析：对概率及后果进行数学估算，有时还需考虑相关的不确定因素。

定量分析适合对那些发生概率较低、影响较大的事件的风险进行量化，也可进行专门的概率评估和大规模分析。

风险评价是在风险分析的基础上，考虑社会、经济、环境等方面的因素，对风险的等级、组织对风险的容忍度等作出判断的过程。

图 3-3 给出了风险评估的一般流程。

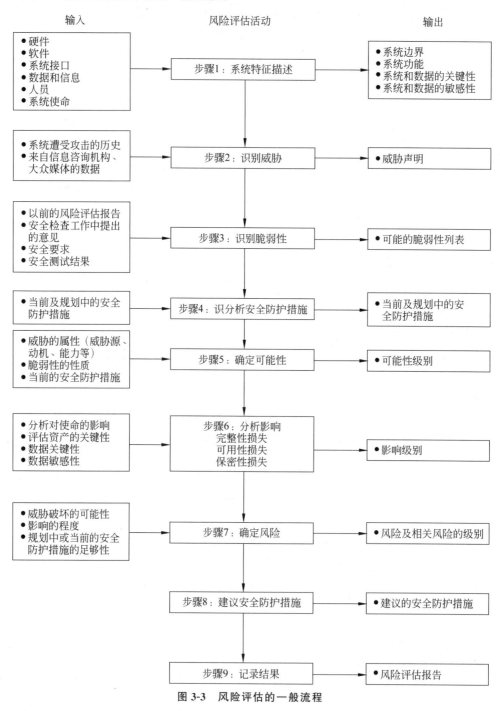

图 3-3　风险评估的一般流程

风险处置就是在风险评估的基础上，采取一系列措施阻止潜在的安全事件发生，如图 3-4 所示。风险处置的目标是针对信息网络面临的风险，按照风险级别的高低提出相应的风险控制措施和建议,以降低或减缓网络的风险。

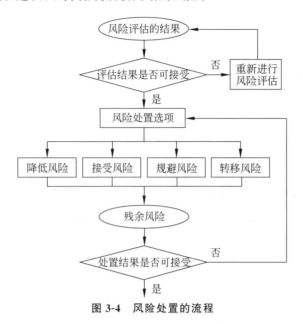

图 3-4　风险处置的流程

风险处置一直采用的方法包括接受风险、转移风险、规避风险和降低风险。因风险存在不确定性,所以无法完全消除。

1）接受风险

接受风险是指如果对于某个风险处置没有很合适的控制措施,或者要采取的控制措施花费太多,得付出难以承担的巨大代价,甚至是得不偿失,那么就可以考虑接受风险的处理方案。由于风险具有不确定性,有风险不意味着就一定发生事故,造成损失。

2）转移风险

转移风险是指将不可接受的风险,全部或部分转给其他方(如保险公司和供应厂商等),由其他方承担全部风险或分担部分风险,是一种把威胁造成的影响连同应对责任一起转移给第三方的风险应对策略。如果选择这个方案,则可采取以下转移风险途径:

- 利用合同;
- 利用保险协议;
- 利用合伙机构或联合其他组织;
- 其他。

3）规避风险

规避风险是指通过计划的变更消除风险或风险发生的条件,保护目标免受风险的影响,是在考虑到某项活动存在风险损失的可能性较大时,采取主动放弃或加以改变的策略,以避免与该项活动相关的风险。

4）降低风险

降低风险是指选择和执行适当的控制措施,将风险减少到可以接受的程度。这是常用的风险处理方案。

"风险"概念揭示了信息系统安全的本质,它不但指明了信息安全问题的根源,也指出了信息安全解决方案的实质,即把残余风险控制在可接受的水平上。残余风险指采取了安全保障措施,提高了防护能力后,仍然可能存在的风险。

风险是不可完全消除的,对系统采取一定风险处置措施,通过防护措施对资产加以保护,对脆弱性加以弥补,降低风险,那么威胁便会转换为残余风险;而残余风险是可接受的。与此同时,可能有多个防护措施共同起作用,也可能有多个脆弱性被同时利用;有些脆弱性可能客观存在,但是没有对应的威胁,这可能是由于这个威胁不在机构考虑的范围内,或者这个威胁的影响极小被忽略不计。因而,风险是外部威胁和系统脆弱性可能造成损失的潜在危险。风险处置的目标不是消除风险,而是将系统的残余风险控制在组织的风险承受范围之内。

总之,风险评估的结果有利于组织评估与系统信息安全相关的组织治理和管理活动、业务流程、企业架构以及信息安全计划是否合理有效,有利于确定系统安全需求、选择恰当的安全控制措施、监控安全控制措施的执行是否有效。风险处置有利于降低组织的安全风险,将安全风险控制在可接受的范围内。沟通与咨询、监控与复审这两个环节可以将组织层面的风险与系统层面的风险统一起来,使安全风险控制计划融入组织的战略规划中,持续监控安全风险控制的效果,帮助树立对网络信息系统安全的信心。

3.3　网络安全风险评估模型

风险评估是安全需求分析和安全风险管理的核心,为了便于信息安全风险评估工作的展开,国外信息安全专家提出了多种著名的风险评估模型,常见的网络安全风险评估模型包括 PASTA(攻击模拟和威胁分析过程)、OWASP 风险评级模型、HEAVENS(风险分析模型)、OCTAVE(可操作的关键威胁、资产和薄弱点评估模型)、TVRA(威胁、脆弱性与风险评估模型)和 FAIR(信息风险因素分析模型)等。

3.3.1　PASTA

PASTA(Process for Attack Simulation & Threat Analysis)采用以攻击者为中心的视角,从战略到技术层面分析网络信息系统面临的安全威胁和风险,并提出针对性的防范措施。该流程采用了多种分析方法,如攻击树分析、原因结果分析、业务影响分析、CVSS打分等(详见 3.5 节)。PASTA 的分析流程如图 3-5 所示。

阶段 1:确定目标
- 输入:业务需求文档、功能需求文档、信息安全策略、行业要求的安全标准和指南、数据分类文档;
- 任务:确定业务目标、确定安全需求、确定合规需求、完成初步的业务影响分析;
- 输出:应用功能描述、业务目标列表、应用安全及合规需求说明、业务影响分析报告。

阶段 2:确定技术范围

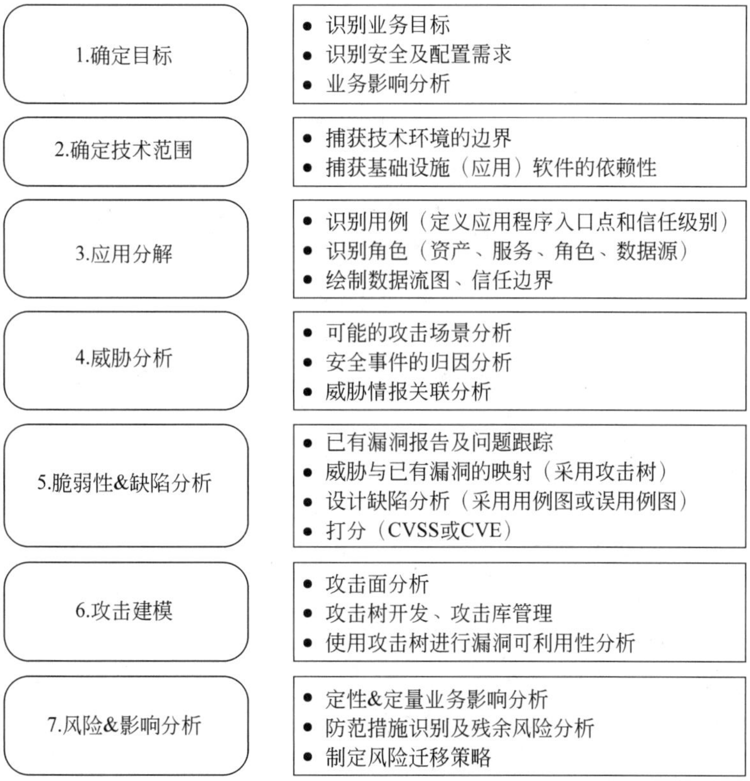

1.确定目标	• 识别业务目标 • 识别安全及配置需求 • 业务影响分析
2.确定技术范围	• 捕获技术环境的边界 • 捕获基础设施（应用）软件的依赖性
3.应用分解	• 识别用例（定义应用程序入口点和信任级别） • 识别角色（资产、服务、角色、数据源） • 绘制数据流图、信任边界
4.威胁分析	• 可能的攻击场景分析 • 安全事件的归因分析 • 威胁情报关联分析
5.脆弱性&缺陷分析	• 已有漏洞报告及问题跟踪 • 威胁与已有漏洞的映射（采用攻击树） • 设计缺陷分析（采用用例图或误用例图） • 打分（CVSS或CVE）
6.攻击建模	• 攻击面分析 • 攻击树开发、攻击库管理 • 使用攻击树进行漏洞可利用性分析
7.风险&影响分析	• 定性&定量业务影响分析 • 防范措施识别及残余风险分析 • 制定风险迁移策略

图 3-5 PASTA 流程

- 输入：顶层设计文档、网络拓扑图、逻辑及物理结构图、软件及技术说明书；
- 任务：确定应用边界、识别应用对网络环境的依赖关系、识别应用对服务器和基础设施的依赖关系、识别应用对软件的依赖关系；
- 输出：顶层的、端到端的视图，所有协议及数据的列表，所有应用服务器的列表，所有主机及服务器的列表，软件/技术依赖类型，所有网络设备/配件的列表。

阶段 3：应用分解

- 输入：体系架构图设计文档、时序图、用例，用户、角色及权限，逻辑图，物理网络图；
- 任务：绘制数据流图和信任边界，识别用户/角色及角色的权限，识别资产、数据、服务、硬件及软件，识别数据入口点及信任等级；
- 输出：数据流图，访问控制矩阵，包含数据及数据源的资产列表，接口及信任等级列表，包含角色及资产的用例图。

阶段 4：威胁分析

- 输入：威胁源及其动机，安全事件报告，安全事件监控报告（SIEM），应用及服务器日志，威胁情报报告；
- 任务：分析攻击场景的可能性，分析事件管理报告，分析应用日志及安全事件，将威胁情报与事件关联起来；

- 输出：攻击场景报告，威胁源及攻击列表，安全事件与威胁场景的可能性分析，攻击场景与威胁情报的关联分析。

阶段 5：脆弱性及缺陷分析

- 输入：攻击树，攻击场景，漏洞评估报告，漏洞分级标准，漏洞打分标准；
- 任务：将漏洞与应用资产关联起来，使用攻击树将威胁与漏洞关联起来，使用用例图或误用例图将威胁与安全缺陷关联起来，对脆弱性打分；
- 输出：漏洞与攻击树中节点的映射图，漏洞的打分结果，威胁、攻击、漏洞、资产映射表。

阶段 6：攻击建模

- 输入：应用技术范围，应用分解，攻击库模式，针对应用资产的威胁、攻击和脆弱性列表；
- 任务：识别应用攻击面，根据威胁和资产派生出攻击树，将攻击途径映射到攻击树中的节点，使用攻击树识别出攻击的途径；
- 输出：应用攻击面，针对目标资产的攻击树，包含受影响资产和脆弱性映射关系的攻击树，可能的攻击途径（路径）。

阶段 7：风险及影响分析

- 输入：初步的业务影响分析，技术范围，应用分解，威胁分析，漏洞分析，攻击分析，攻击与控制的映射，控制的技术标准；
- 任务：定性及定量的业务影响分析，识别安全控制的差距，计算残余风险，识别风险迁移策略；
- 输出：应用风险概要文件，定量及定性的风险报告，包含威胁、攻击、脆弱性、业务影响、业务残余风险的威胁矩阵，风险迁移策略选项。

PASTA 计算风险的方法是：

$$R = \left(\frac{T_P \times V_P}{C} \right) \times I$$

其中，T_P：威胁发生的概率；V_P：漏洞利用的概率；C：安全控制措施；I：影响大小。

3.3.2　OWASP

OWASP（Open Web Application Security Project）风险评级模型[①]认为"风险（Risk）＝可能性（Likelihood）×影响（Impact）"。风险评级的流程如下。

步骤一：确定风险。收集涉及的攻击者、攻击方法、利用漏洞和业务影响方面的信息。

步骤二：评估可能性。确定潜在风险后，需要评估风险有多严重，第一步是评估它发生的可能性。"发生的可能性"可按"低、中、高"分等级粗略估量。有很多因素可以帮助分析"发生的可能性"。第一类相关因素就是攻击者。这一步的目标是估计一个可能发起

---

① OWASP Threat Dragon 是一种建模工具，用于在安全开发生命周期中创建威胁模型图，https://owasp.org/www-project-threat-dragon/。

攻击的团体成功攻击的可能性。举例来说,内部人员可能比外部人员更可能成为攻击者——这取决于多种因素。每个因素都有一系列选项,每个选项都有"发生的可能性"。可以使用 0~9 的数字评估最后的可能性。评估"发生的可能性"涉及的主要因素列举如下。

1) 攻击者因素:评估攻击者成功攻击的可能性。

- 攻击者的技术水平(技术水平):(1)不具备能力(1 分);(2)具备初级能力(3 分);(3)高级计算机使用者(4 分);(4)具备网络和编程能力(6 分);(5)具备渗透能力(9 分)。

- 攻击者发现和利用漏洞的动机(动机):(1)低或者零回报(1 分);(2)可能带来回报(4 分);(3)很高的回报(9 分)。

- 攻击者寻找和利用某个漏洞的成本有哪些(机会):(1)完全访问权限或高昂的成本(0 分);(2)特定访问权限或较高的成本(4 分);(3)部分访问权限或一般的成本(7 分);(4)无须访问权限或者没有成本(9 分)。

- 攻击者的人员构成有哪些(规模):(1)开发者(2 分);(2)系统管理员(2 分);(3)内部用户(4 分);(4)合伙人(5 分);(5)认证用户(6 分);(6)匿名互联网用户(9 分)。

2) 漏洞因素:评估特定的漏洞被发现和利用的可能性。

- 攻击者发现这个漏洞难易程度如何(发现难易程度):(1)几乎不可能(1 分);(2)困难(3 分);(3)容易(7 分);(4)可以使用自动化工具(9 分)。

- 攻击者实际利用这个漏洞的难易程度如何(利用难易程度):(1)几乎不可能(1 分);(2)困难(3 分);(3)容易(5 分);(4)可以使用自动化工具(9 分)。

- 漏洞在攻击者中存在的知晓率(知晓度):(1)未知的(1 分);(2)有隐蔽性的(4 分);(3)比较显著的(6 分);(4)众所周知的(9 分)。

- 漏洞被利用后如何检测(入侵检测):(1)应用程序主动发现(1 分);(2)日志记录和审核(3 分);(3)日志记录(8 分);(4)没有日志(9 分)。

步骤三:评估影响。当考虑成功攻击的影响时,关键要意识到有两类影响。第一类对应用程序所使用的数据以及它所提供的功能的"技术影响"。第二类是对该组织开展相关业务应用的"业务影响"。评估影响涉及的主要因素列举如下。

1) 技术影响因素。技术影响由多个因素组成并和传统的安全考虑相一致,即保密性,完整性,可用性以及可追溯性。目标是评估漏洞被利用后对系统影响的大小。

- 有多少信息被泄露,敏感程度如何(损失保密性):(1)少量不敏感信息被泄露(2 分);(2)少量关键数据被泄露(6 分);(3)大量不敏感信息被泄露(6 分);(4)大量敏感信息被泄露(7 分);(5)所有数据丢失(9 分)。

- 有多少数据被破坏,破坏的程度如何(损失完整性):(1)少量轻微的数据被破坏(1 分);(2)少量严重的数据被破坏(3 分);(3)大量轻微的数据被破坏(5 分);(4)大量严重的数据被破坏(7 分);(5)所有数据完全彻底被破坏(9 分)。

- 有多少服务会被中断,重要程度如何(损失可用性):(1)少量二线服务被中断(1 分);(2)少量主要服务被中断(5 分);(3)大量二线服务被中断(5 分);(4)大量主要服务被中断(7分);(5)全部服务被中断(9分)。

- 攻击者的行动是否能追溯到个人(损失问责性):(1)完全可追溯(1分);(2)可能可追溯(7分);(3)完全匿名(9分)。

2) 业务影响因素。业务影响源于技术影响,但是需要进一步理解对于组织应用来说什么重要。

- 在一次漏洞被利用的事件里,财务损失情况如何(财务损失):(1)损失少于修复漏洞的成本(1分);(2)对于年收益影响很小(3分);(3)对年收益影响显著(7分);(4)破产(9分)。
- 漏洞被利用是否会对业务造成声誉损失(声誉损失):(1)很小的损失(1分);(2)损失主要客户(4分);(3)损失发展前景(5分);(4)失去品牌(9分)。
- 不合规的程度(不合规):(1)很小的违反(2分);(2)明显的违反(5分);(3)严重的违反(7分)。
- 多少个人身份信息被泄露(侵犯隐私权):(1)一个人(3分);(2)百余人(5分);(3)千余人(7分);(4)百万人(9分)。

步骤四:确定风险的严重程度。把可能性评估和影响评估放在一起,计算风险的总体严重程度。明确可能性和影响的低、中或者高影响度。

首先是选择与每个因素相关的选项,并在表中输入关联的编号。然后,计算各因素得分的平均数作为总体的可能性。示例如表 3-1 所示。

表 3-1　确定风险发生的可能性举例

攻击者因素				漏洞因素			
技术水平	动机	机会	规模	发现难易程度	利用难易程度	知晓度	入侵检测
5	2	7	1	3	6	9	2
总体的可能性=4.375(中)							

接下来,需要搞清风险的整体影响,这与上述流程相似。在许多情况下,答案是显而易见的,但也可以根据具体的因素估计,计算每个因素的平均得分,小于 3 为低影响,3 至 6(不含 6)为中等影响,6 至 9 为高影响。示例如表 3-2 所示。

表 3-2　确定风险造成的影响举例

技术影响				业务影响			
损失保密性	损失完整性	损失可用性	损失问责性	财务损失	声誉损失	不合规	侵犯隐私
9	7	5	8	1	2	1	5
整体技术影响=7.25(高)				整体业务影响=2.25(低)			

然后采用风险严重程度评估矩阵,确定风险的严重等级,如表 3-3 所示。

表 3-3　风险严重程度评估矩阵

整体风险的严重程度			
影响	高	中	高	关键
	中	低	中	高
	低	注意	低	中
		低	中	高
	可能性			

上述示例的风险发生的可能性为中等,其风险造成的技术影响为高等,因此从纯技术的角度来看,似乎整体风险严重程度为高。但是,因为该漏洞对实际业务的影响是低的,所以整体的风险严重程度应该为低。这说明在评估漏洞时,了解其对实际业务环境的真实影响非常重要。

步骤五:决定修复内容。在完成风险分类后,应该首先修复最严重的风险。

步骤六:定制风险评级模型。拥有一个定制的风险评级框架对于业务至关重要。量身打造的模型可能更加符合组织对严重风险的看法。可以根据需要增加新的评价因素,或者调整现有评价选项的得分。此外,上述模型并没有考虑各选项的计算权重,而是直接采用算术平均的方法。还可以根据需要采取加权平均的计算方法计算风险发生的可能性和影响的大小。

3.3.3　HEAVENS

HEAVENS 风险分析模型是瑞典专家针对汽车电子电气系统威胁分析和风险分析提出的模型,它提供了一套完整的风险评估流程,以威胁为中心,同时采用了微软的STRIDE 方法对系统进行威胁评估。评估流程主要分为三个阶段:威胁分析、风险评估和安全需求确定。威胁分析主要通过评估对象或功能的典型应用场景,将威胁与评估对象、安全属性进行映射,形成对应关系;风险评估主要对威胁与评估对象进行等级划分,具体是通过综合考虑威胁等级和影响等级两个维度实现安全等级的划分;最后再将威胁、评估对象、安全属性和安全等级这四个维度进行整合形成安全需求。开发人员根据安全需求与安全等级最终确定开发的优先级,如图 3-6 所示。

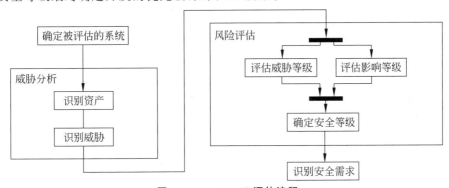

图 3-6　HEAVENS 评估流程

威胁分析是指识别与评估与资产相关的威胁以及威胁与安全属性的映射。威胁分析的输入为评估对象描述与功能应用场景,产生两个输出:①威胁和资产之间的映射关系;②威胁和安全属性之间的映射关系,以确定资产上下文中的特定威胁会影响哪些安全属性。

HEAVENS 采用微软的 STRIDE 方法对威胁进行分析。STRIDE 通过将威胁与安全属性关联起来,提供扩展 CIA(保密性,完整性,可用性)原始模型的机会(真实性、完整性、不可抵赖性、机密性、可用性、新鲜度和授权)。

每一类的 STRIDE 威胁被静态地映射到一组安全属性,用于表示在风险评估期间,一旦确定了特定(威胁-资产)对的安全等级,就可用于确定网络安全需求。

确定评估对象的安全威胁后,就进入到了风险评估环节,进而需要确定威胁的等级和威胁对评估对象造成的影响等级。不论是威胁等级的评定还是影响等级的评定,都是针对具体的安全防护目标(资产)而言的。表 3-4 给出了评定威胁等级需要考虑的参数,其中威胁的机会窗口反映的是系统(网络)脆弱性和相应已经采取的安全控制措施的综合分析得到的结果。

表 3-4   评定威胁等级的参数

参数	值	参数	值	参数	值	参数	值
专业技能(x)		对系统的了解(k)		机会窗口(w)		装备(e)	
门外汉	0	公开的	0	很大	0	标准的	0
熟练工	1	受限的	1	大	1	特殊的	1
专家	2	敏感的	2	中	2	需定制开发	2
多面手专家	3	关键的	3	小	3	需多领域定制开发	3

各参数的具体含义如下。

(1)专业技能。

- 门外汉:不需要特别的专业知识;
- 熟练工:需要通用的安全和领域知识,是具有简单知识的专业人员,掌握流行的攻击,能够使用可用的工具,并且在必要时即兴发挥;
- 专家:需要专家级的安全和领域知识,熟悉底层算法、协议、硬件、软件和概念,掌握攻击技术和现有的工具,并能够创建新的攻击;
- 多面手专家:掌握安全和多领域的知识,在某种情况下能够运用不同的专业领域知识实施攻击并取得成功。

(2)对系统的了解。

- 公开的:必要的信息都是公开的;
- 受限的:与合作伙伴共享的信息受保密协议限制;
- 敏感的:信息在特定团队之间共享,但访问仅限于其成员;
- 关键的:信息仅限于很少的人共享,访问按照需要原则受到严格的控制。

（3）机会窗口。

- 很大：无限制的物理访问，或无限的网络访问时间；
- 大：具有很高的物理和/或远程访问可用性，但有一些时间限制；
- 中：可用性低，存在严重的时间限制。对目标的物理和/或远程访问有限。无须使用任何特殊设备/工具即可接触物理网络/系统；
- 小：可用性非常低。需要物理访问内部网络/系统，并对资产发起攻击。

（4）装备。

- 标准的：攻击者可以随时获得这些装备，装备可以是目标本身的一部分（例如操作系统中的调试器），或者很容易获得；
- 特殊的：攻击者不容易获得该装备，但可以在不过度努力的情况下获得，可能包括购买适量的装备，或开发更适用的攻击脚本；
- 需定制开发：该装备不易向公众提供，因为它可能需要专门生产，或者因为装备非常专业化，其分布受到控制或限制，或者装备可能非常昂贵，需要多种类型的专用设备；
- 需多领域定制开发：需要多种类型的定制装备才能成功攻击。

威胁等级的划分参考表 3-5 确定。

表 3-5　威胁等级的划分

威胁等级各参数的值	威胁等级（TL）	TL 值
＞9	无	0
7～9	低	1
4～6	中	2
2～3	高	3
0～1	非常高	4

最终的威胁值的计算采用如下公式。

$$T_{sum} = w_x t_x + w_k t_k + w_w t_w + w_e t_e$$

式中，w 为指标权重，各指标权重的确定可以采用熵权法或 AHP（Analytic Hierarchy Process）法。

1. 熵权法

熵最先由香农引入信息论，并在工程技术、社会经济等领域得到非常广泛的应用。熵权法的基本思路是根据指标变异性的大小来确定客观权重。一般来说，若某个指标的信息熵越小，表明指标值的变异程度越大，提供的信息量越多，在综合评价中所能起到的作用也越大，其权重也就越大。相反，某个指标的信息熵越大，表明指标值的变异程度越小，提供的信息量也越少，在综合评价中所起到的作用也越小，其权重也就越小。熵权法的计算步骤如下。

步骤一：确定指标。如下所示的矩阵 $X_{n \times m}$，矩阵中的列表示各项评估指标（共有 m 项指标），行表示某位专家（共有 n 位专家参与打分），矩阵中的元素 $X_{ij}(i=1,2,\cdots,n,\ j$

$=1,2,\cdots m$)代表专家 i 对指标 j 的打分值。

$$X_{n\times m}=\begin{bmatrix} X_{11} & X_{12} & \cdots & X_{1m} \\ X_{21} & X_{22} & & \cdots X_{2m} \\ \cdots & \cdots & \cdots & \cdots \\ X_{n1} & X_{n2} & \cdots & X_{nm} \end{bmatrix}$$

步骤二：指标归一化处理。

正向指标(越大越好)：

$$X_{ij}=\frac{X_{ij}-\min\{X_{1j},\cdots,X_{nj}\}}{\max\{X_{1j},\cdots,X_{nj}\}-\min\{X_{1j},\cdots,X_{nj}\}}$$

负向指标(越小越好)：

$$X_{ij}=\frac{\max\{X_{1j},\cdots,X_{nj}\}-X_{ij}}{\max\{X_{1j},\cdots,X_{nj}\}-\min\{X_{1j},\cdots,X_{nj}\}}$$

步骤三：计算第 j 项指标下第 i 个样本值占该指标的比重。

$$P_{ij}=\frac{X_{ij}}{\sum\limits_{i=1}^{n}X_{ij}}, \quad i=1,2,\cdots,n;j=1,2,\cdots,m$$

步骤四：计算第 j 项指标的熵值。熵是 1948 年香农提出的信息论中的一个概念,它被用来度量事物的不确定性。即信息量越大,越具有确定性,熵的值就越小;反之,信息量越小,越具有不确定性,熵的值就越大。

$$e_j=-k\sum_{i=1}^{n}P_{ij}\ln(P_{ij}),j=1,2,\cdots,m$$

其中,$k=\dfrac{1}{\ln(n)}>0$,所以满足 $e_j\geqslant 0$。若 $P_{ij}=0$,定义 $e_j=0$。

步骤五：计算信息熵冗余度。

$$d_j=1-e_j, \quad j=1,2,\cdots,m$$

步骤六：计算各项指标的权重。

$$w_j=\frac{d_j}{\sum\limits_{j=1}^{m}d_j}, \quad j=1,2,\cdots,m$$

利用熵权法客观测出各项指标所占的权重 w_j,其中,e_j 值越接近 1,说明熵权法的使用越科学。

2. AHP 法

AHP(Analytic Hierarchy Process)法和 Delphi 法相结合也可以用于确定各项指标的权重。AHP 是 20 世纪 70 年代美国国防部研究"根据各个工业部门对国家福利的贡献大小而进行电力分配"课题时提出的一种层次权重决策分析方法。AHP 将与决策总是有关的元素分解成目标、准则、方案等层次,并在此基础之上进行定性和定量分析。

AHP 法确定权重的方式如下。

步骤一：构建指标的判断矩阵。

构建判断矩阵时,不要把所有指标放在一起比较,而是两两比较;比较时采用相对尺度,以尽可能减少性质不同的诸指标相互比较的困难,提高准确性。常用的判断取值法如表 3-6 所示。

表 3-6 指标比较重要度相对取值法

标 度	含 义
1	表示两个因素相比,具有同样重要性
3	表示两个因素相比,一个因素比另一个因素稍微重要
5	表示两个因素相比,一个因素比另一个因素明显重要
7	表示两个因素相比,一个因素比另一个因素强烈重要
9	表示两个因素相比,一个因素比另一个因素极端重要
2,4,6,8	上述两相邻判断的中值
倒数	因素 i 与 j 比较的判断 a_{ij},则因素 j 与 i 比较的判断 $a_{ji}=\dfrac{1}{a_{ij}}$

矩阵的判断值可以通过专家讨论得出。为方便讨论,这里选择模拟一个相对重要度判断的情况,以获得各部分的判断矩阵,如表 3-7 所示。表中 N_i 表示指标 i,m 项指标就构成一个 $m \times m$ 的判断矩阵,矩阵的元素 x_{ij} 表示指标 N_i 对指标 N_j 的相对重要度。

表 3-7 各指标的判断矩阵示例

x_{ij}	N_1	N_2	N_3
N1	1	2	3
N2	1/2	1	2
N3	1/3	1/2	1

步骤二:计算各层的相对权重。以表 3-7 所示的矩阵为例,分别进行如下计算。

(1)归一化各判断值。

$$h_{ij} = \frac{x_{ij}}{\displaystyle\sum_{i=1}^{m} x_{ij}}$$

因此得到:

$$h_{11} = \frac{1}{\left(1 + \dfrac{1}{2} + \dfrac{1}{3}\right)} = 0.535, \quad h_{21} = \frac{\dfrac{1}{2}}{\left(1 + \dfrac{1}{2} + \dfrac{1}{3}\right)} = 0.263,$$

$$h_{31} = \frac{\dfrac{1}{3}}{\left(1 + \dfrac{1}{2} + \dfrac{1}{3}\right)} = 0.182$$

$$判断矩阵\ H = \begin{bmatrix} 0.535 & 0.571 & 0.5 \\ 0.263 & 0.286 & 0.333 \\ 0.182 & 0.153 & 0.167 \end{bmatrix}$$

（2）将判断矩阵 H 按行相加。

$$h_i = \sum_{j=1}^{m} h_{ij}, i = 1, 2, \cdots, m$$

计算可得：

$$h_1 = 0.535 + 0.571 + 0.5 = 1.606$$
$$h_2 = 0.263 + 0.286 + 0.333 = 0.882$$
$$h_3 = 0.182 + 0.153 + 0.167 = 0.502$$

（3）计算权重向量。

$$h_i^o = \frac{h_i}{\sum\limits_{i=1}^{m} h_i}$$

可得判断矩阵的特征向量：

$$h_1^o = \frac{1.606}{1.606 + 0.882 + 0.502} = 0.539$$

$$h_2^o = \frac{0.882}{1.606 + 0.882 + 0.502} = 0.297$$

$$h_3^o = \frac{0.502}{1.606 + 0.882 + 0.502} = 0.164$$

最终获得：

$$H = \begin{bmatrix} 0.539 & 0.297 & 0.164 \end{bmatrix}$$

如果有 n 个专家对相同的指标进行判断，可以利用 Delphi 法进行综合，得到最终的指标权重：

$$w_j = \frac{\sum\limits_{i=1}^{n} H_{ij}}{n}$$

其中，w_j：指标 j 的权重；H_{ij}：专家 i 对指标 j 的权重判断值；n：专家总数。

完成威胁等级评定后，HEAVENS 模型中影响等级的评定需要考虑的参数如表 3-8 所示。

表 3-8　评定影响等级的参数

参数	值	参数	值	参数	值	参数	值
安全性（safety）		经济性（financial）		业务影响（operational）		合规性（privacy & legislation）	
无伤害	0	低成本	0	低	0	不违反	0
较小的伤害	10	一般成本	10	中	10	低	1
严重伤害	100	高成本	100	高	100	中	10
非常严重伤害	1000	很高成本	1000			高	100

影响等级的划分参考表 3-9 确定。

表 3-9　影响等级的划分

影响等级各参数的值	影响等级（IL）	IL 值
0	无	0
1～19	低	1
20～99	中	2
100～999	高	3
＞＝1000	非常高	4

最终影响值的计算采用如下公式：

$$I_{sum} = w_s i_s + w_f i_f + w_o i_o + w_p i_p$$

式中的 i_s、i_f、i_o、i_p 分别表示对系统安全性、经济性、业务和合规性等造成的影响，而 w_s、w_f、w_o、w_p 分别是各项指标所占的权重，且权重和为 1。

分析影响等级时可能会存在以下不确定性。

- 不确定：系统会不会被攻击？攻击会不会成功？攻击成功会不会造成实际损失？
- 太复杂：最典型的影响（如数据泄露）被媒体报道时，声誉损失要怎么算？
- 数据少：重大事件原本就少，被攻击的组织又通常不会公开数据。

在确定威胁等级和影响等级后，就可以采用如表 3-10 所示的映射矩阵，确定评估对象的安全等级。需要注意的是，表中的安全等级越低，说明其面临的安全风险越低，反之则越高。

表 3-10　安全等级的评定矩阵

安全等级（SL）		影响等级（IL）				
		0	1	2	3	4
威胁等级（TL）	0	很低	很低	很低	很低	低
	1	很低	低	低	低	中
	2	很低	低	中	中	高
	3	很低	低	中	高	高
	4	低	中	高	高	很高

3.3.4　OCTAVE

可操作的关键威胁、资产和薄弱点评估（Operationally Critical Threat, Asset, and Vulnerability Evaluation, OCTAVE）是由美国卡耐基-梅隆大学软件工程研究所下属的 CERT 协调中心开发的用以定义一种系统的、组织范围内的评估信息安全风险的模型。其主要流程如图 3-7 所示。

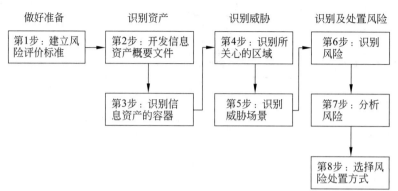

图 3-7　OCTAVE 风险评估流程

1）阶段一：建立基于资产的威胁概要文件

- 目标：建立组织对信息安全问题的概括认识。
- 任务：首先需要收集组织内工作人员对信息安全风险问题的个人看法和观点，然后对这些不同的个人看法观点进行综合梳理，为评估过程中的所有后续分析活动打下基础。

通过对组织专业领域知识的调查研究，工作人员能够搞清楚信息资产、资产面临的威胁，资产的安全需求，组织当前实行的保护信息资产的措施，以及组织资产和措施的缺点等有关问题。

- 过程：

过程 1　标识高层管理部门的知识。明确高级管理层对组织重要资产的认识，了解资产是如何受到威胁的，了解资产的安全需求，以及当前资产已经采取的保护措施和保护该资产相关的问题。

过程 2　标识业务区域管理部门的知识。明确执行经理层对组织重要资产的认识，了解资产是如何受到威胁的，了解资产的安全需求，以及当前资产已经采取的保护措施和保护该资产相关的问题。

过程 3　标识员工的知识。明确员工层对组织重要资产的认识，了解资产是如何受到威胁的，了解资产的安全需求，以及当前资产已经采取的保护措施和保护该资产相关的问题。

过程 4　建立基于资产的威胁概要文件。根据过程 1～3 明确组织的关键资产，描述关键资产的安全需求，标识关键资产面临的威胁。

2）阶段二：识别基础设施的薄弱点

- 目标：完成当前信息基础设施的评价。
- 任务：通过检查其中的关键运行组件，发现导致非授权行为的相关漏洞（技术脆弱性）。
- 过程：

过程 5　标识重要资产的关键组件。识别重要资产的关键组件，然后用适当的方法和有效的工具对其进行脆弱性的评估。

过程 6　评估选定的组件。识别技术上的脆弱性，并对结果进行总结和摘要。

3）阶段三：开发安全策略和计划

- 目标：分析风险，即理解迄今为止在评估过程中收集到的信息。
- 任务：制定能够解决组织内部存在的风险和漏洞的安全策略和方案。通过分析阶段一和阶段二中对组织以及信息基础结构评估所获得的数据信息，识别组织将会面临的风险。同时，由于这些风险可能给组织带来不利影响和隐患，因此也要对其进行评估。按照处理风险的优先级次序，拟定保护组织重要资产的方案和风险缓解计划。
- 过程：

过程 7　执行风险分析。定义威胁可能会对重要资产带来的影响（标识风险），制定评估准则，对每个风险的重要级别进行分类（高、中、低）。

过程 8　开发保护策略。（1）为组织制定符合当前状况的资产保护策略，降低组织中关键资产风险的方案，以及短时期内将要执行的措施的具体清单和计划。（2）与组织的高级主管探讨以上策略、方案和措施的具体方案，并决定如何实施以及在评估后如何进行具体操作。

3.3.5　TVRA

归纳起来，OWASP、HEAVENS 和 OCTAVE 这三种风险评估模型，都属于通用的威胁、脆弱性与风险评估（TVRA：Threat，Vulnerability & Risk Assessment）模型，该模型针对每一项重要的资产，采用如下公式进行风险评估：

$$\text{Risk} = C \times \sum_{i=1}^{n} (V_i \times E_i)$$

其中，C：资产的重要性（价值）；V_i：威胁 i 可利用的脆弱性；E_i：威胁 i 利用脆弱性对资产 C 造成的影响（效果）。

资产的重要性（价值）可通过以下方式计算（每一项按 1～5 评分）：

- 购买和运维资产的成本；
- 资产对保证组织使命（业务目标）的重要程度（贡献度）；
- 组织使命（业务目标）的价值。

脆弱性是对资产被给定威胁成功利用的可能性的度量，可由以下资产属性确定（每一项按 1～5 评分）：

- 资产的访问等级和防御系统的能力（可按密级或等保等级）；
- 攻击面的大小；
- 攻击者的能力（时间、专业能力、知识、机会、装备）。

攻击面是指系统被攻击的方式（途径）的集合。攻击面越大，攻击者利用系统脆弱性的可能性越大，对系统可能造成的影响越大；系统的脆弱性越多、分布得越广，攻击面越大。

后果/影响是特定威胁成功实施后对资产所产生的影响或后果的一种度量，可按以下资产属性确定（每一项按 1～5 评分）：

- 如果给定的威胁发生，对资产机密性造成的损害程度（可按密级）；
- 如果给定的威胁发生，对资产完整性造成的损害程度（可按占比）；

- 如果给定的威胁发生,对资产可用性造成的损害程度(可按 MTTF,即评价失效时间)。

上述每个风险因子的最终得分可按所有各项得分的加权平均获得。

3.3.6   FAIR

信息风险因素分析(Factor Analysis of Information Risk,FAIR)是近年发展起来的一种量化评估网络信息安全风险的方法,是目前安全风险量化唯一的国际标准。这种方法突破了通常围绕在技术层面开展的各种网络信息安全风险评估,强调了首席信息安全官(CISO)的工作不能仅局限于管理组织内部的信息安全,而是要保证整个组织管理目标的"安全"实现,信息风险评估要从"以 IT 为中心"转向"以业务为导向"。为此,要能够用量化方法评估信息安全风险,以便在信息安全管理方面作出更为"明智的"投资决策。FAIR 通用的信息安全风险评估模型如图 3-8 所示,它以结构化方式量化评估信息安全风险的概率和结果大小。

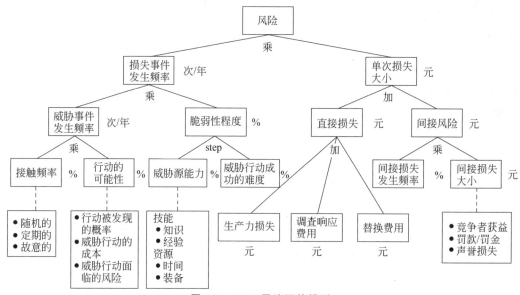

图 3-8   FAIR 风险评估模型

FAIR 强调以成本和收益形式体现信息安全风险结果,分析信息安全风险对组织业务收益和各种成本的影响。通过评估风险引发的"直接损失"和衍生的"间接损失",FAIR 全面且结构化地分析了信息安全风险导致的组织损失。

FAIR 认为风险(财务损失)由"损失事件发生频率"(Loss Event Frequency,LEF)和"单次损失大小"(Loss Magnitude,LM)相互作用决定。LEF 的定义是威胁代理(即威胁源)在给定时间范围内对信息资产造成损害的频率,它本身是"威胁事件发生频率"(Threat Event Frequency,TEF)和"脆弱性程度"(Vulnerability,V)的函数,其中前者表示"威胁代理将对资产采取行动的频率"(可能发生,也可能不发生),而后者则被定义为"资产无法抵抗威胁代理行动的可能性"。TEF 是威胁代理与资产接触的频率,是威胁代理一旦接触就会对资产采取行动的概率,分别称为"接触频率"(Contact Frequency,CF)

和"行动的可能性"(Probability of Action,PoA))。V 是威胁因素能够对资产施加的力量
水平威胁源能力(Threat Capability,缩写为 TCap)与控制强度威胁行动成功的难度,英
文为 Resistance Strength,RS 之间的差。LM 分为"直接损失"(Primary Loss,PL)和"间
接损失"(Secondary Risk,SL)。在 FAIR 模型中,PL 表示资产和威胁的直接损失,而 SL
表示次要的间接损失,例如负面的组织影响。此外,间接损失可分为"间接损失发生频率"
(Secondary Loss Event Frequency,SLEF)和"间接损失大小"(Secondary Loss Magnitude,
SLM)。

FAIR 将风险定义为未来损失事件发生的可能频率乘以单次损失的大小的原因如下。

- 任何风险分析都必须包括频率和幅度成分,才有意义。如果不了解某个潜在威胁
事件的发生频率,那将毫无用处。同样,在不了解事件发生程度的情况下,知道事
件的发生频率也没有意义。
- 因为风险分析是基于不完善的数据和模型,所以任何频率或大小的陈述都应被视
为基于概率的(即不确定的)。

为了使频率,可能性或概率有意义,必须有一个时间范围参考。在 FAIR 中,最常用
的时间范围参考是年度。损失事件的示例如下。

- 地震导致数据中心宕机;
- 数据库损坏;
- 员工在湿地板上受伤;
- 黑客窃取敏感的客户信息等。

表 3-11 给出一个特权账户被非法使用的损失事件发生频率(LEF)和造成的单次损
失大小(LM)。

表 3-11　FAIR LEF 和 LM 举例

资产	威胁团体	威胁类型	威胁效果	LEF	响应费用	替换费用
客户 PII	特权用户	恶意	机密性	1. 0.1(10 年 1 次) 2. 2(1 年 2 次) 3. 50(1 年 50 次)	1. 最小 2750 2. 最可能 8250 3. 最大 22000	1. 最小 20000 2. 最可能 30000 3. 最大 50000

"损失事件"是进行风险分析的基础。如果评估的事件没有明确定义,将无法得出合
理的发生频率或损失大小值。LEF 可以直接估计,也可以从威胁事件发生频率(TEF)和
脆弱性程度(V)中得出。在这两种情况下,通常使用年化值将其表示为概率分布,例如
"每年 5 到 25 次,最有可能是每年 10 次"。

这里需要注意的是,TEF 与 LEF 是有区别的,TEF 中的威胁事件可能发生,也可能
不会发生;而 LEF 中的损失事件是已经发生的威胁事件。例如:

- 赌博时掷骰子是一个威胁事件,掷骰子造成的赌博失败是损失事件;
- 黑客攻击网站是威胁事件,如果其设法破坏站点或窃取信息,那将是一次损失
事件;
- 将新的软件版本投入运行是一个威胁事件,若该版本软件缺陷导致停机,数据完
整性被破坏等,这将是一个损失事件;

- 被人持刀威胁是一个威胁事件，被刀割伤则是损失事件。

TEF 可以直接估算，也可以从"接触频率"（CF）和"行动的可能性"（PoA）估算得出。与 LEF 相似，TEF 几乎总是用年化值的分布表示，例如"每年 0.1 到 0.5 次，最有可能是每年 0.3 次"。

CF 的定义是在给定的时间范围内，威胁代理可能与资产接触的频率。此处所指的接触可以是物理的或逻辑的（例如，通过网络）。无论采用哪种接触方式，都可能发生三种类型的接触。

- 随机的：威胁代理随机遇到资产（如因断电导致系统宕机）。
- 定期的：由于定期威胁代理活动而发生接触。例如，清洁人员在每个工作日的下午 5:15 到办公室打扫卫生。
- 故意的：威胁代理有意接触资产。例如，一个盗贼瞄准了一个被认为包含有价值信息的计算机。

需要注意的是，接触（CF）不一定就构成威胁事件（LEF），例如网络工程师在对网络进行故障排除时遇到敏感数据，却不一定会转变为对数据资产的威胁事件。可以通过降低 CF 来降低风险，例如：

- 将设施移离地震区；
- 部署防火墙阻止通过网络访问内部服务器或应用程序。

"行动的可能性"（PoA）的定义是一旦发生接触，威胁代理对资产采取行动的可能性。PoA 可以采用后面介绍的事件树分析法进行分析。威胁代理是否采取行动取决于以下三个因素：

- 从威胁代理的角度看待行为的价值；
- 从威胁代理的角度看待工作量和/或成本；
- 威胁代理人被发现的风险水平（例如，被抓住并遭受不可接受的后果的可能性）。

"脆弱性程度"（V）的定义是威胁代理的行为导致损失的可能性。这个定义与单纯的脆弱性是有区别的，它不但与系统的漏洞等级有关，还与威胁代理的能力和水平有关。例如，一栋上锁的木屋可能能抵御普通窃贼的攻击，但却无法抵御龙卷风的破坏，因此可以用百分比来描述脆弱性的程度。脆弱性程度可以直接估计，也可以从威胁源能力（TCap）和威胁行动成功的难度（RS）推导得出。TCap 往往从威胁代理团体的角度，基于以往的统计结果进行估算，它与攻击者的技术水平、拥有的装备和规模等参数息息相关。Diff 则与系统已经部署的安全控制措施以及控制措施的有效性、针对性等相关。

TEF 和 TCap 的举例如表 3-12 所示。在统计发生频率、可能性、能力等概率因子时，不能指定精确的值，而应该给予一个范围。

表 3-12　FAIR TEF 和 TCap 举例

威胁团体	TEF 最小	TEF 最可能	TEF 最大	TCap 最小	TCap 最可能	TCap 最大
国家	0.05 （20 年 1 次）	0.06 （15 年 1 次）	0.10 （10 年 1 次）	95 （95%）	98 （98%）	99 （99%）

续表

威胁团体	TEF 最小	TEF 最可能	TEF 最大	TCap 最小	TCap 最可能	TCap 最大
网络犯罪	0.5 (2 年 1 次)	2 (1 年 2 次)	12 (每月 1 次)	60 (60%)	85 (85%)	98 (98%)
内部 特权用户	0.04 (25 年 1 次)	0.06 (15 年 1 次)	0.10 (10 年 1 次)	98 (98%)	99 (99%)	99 (99%)
内部非特权用户	0.06 (15 年 1 次)	0.10 (10 年 1 次)	1 (1 年 1 次)	40 (40%)	50 (50%)	95 (95%)
恶意软件	0.5 (2 年 1 次)	2 (1 年 2 次)	6 (2 月 1 次)	40 (40%)	60 (60%)	95 (95%)

单次损失大小(LM)的定义是威胁事件导致的直接和间接损失的可能大小。直接损失的常见示例包括：

- 运营中断造成的收入损失；
- 因停电而无法进行工作时支付给工人的工资；
- 事件发生后恢复数据和系统所花费的工时等。

间接损失包括但不限于：

- 民事,刑事或合同罚款；
- 信誉损害造成的影响；
- 公共关系费用；
- 法律辩护费；
- 制裁造成的影响；
- 失去的市场份额；
- 股价下跌；
- 资金成本增加等。

采用 FAIR 进行量化风险分析的主要流程如图 3-9 所示。

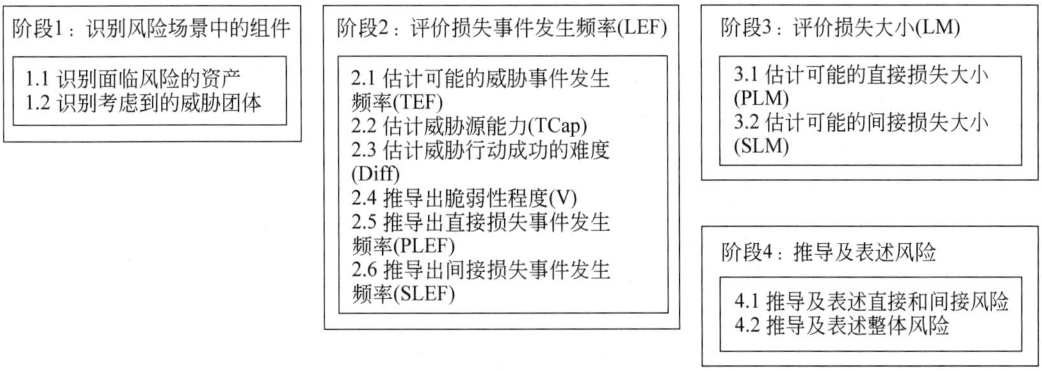

图 3-9　FAIR 风险分析流程

由于 LEF、TEF、TCap 等因子具有不确定性,往往采用概率分布进行描述,因此

FAIR 利用蒙特卡罗模拟方法,量化计算信息安全风险的概率分布。蒙特卡罗法也称统计模拟法、统计试验法,是把概率现象作为研究对象的数值模拟方法,是按抽样调查法求取统计值来推定未知特性量的计算方法。

蒙特卡罗法的基本思想是为了求解问题,首先建立一个概率模型或随机过程,使它的参数或数字特征等于问题的解,然后通过对模型或过程的观察或抽样试验来计算这些参数或数字特征,最后给出所求解的近似值。解的精确度用估计值的标准误差表示。蒙特卡罗法 的主要理论基础是概率统计理论,主要手段是随机抽样、统计试验。用蒙特卡罗法求解实际问题的基本步骤如下。

(1) 根据实际问题的特点,构造简单而又便于实现的概率统计模型,使所求的解恰好是所求问题的概率分布或数学期望;

(2) 给出模型中各种不同分布随机变量的抽样方法;

(3) 统计处理模拟结果,给出问题解的统计估计值和精度估计值。

蒙特卡罗随机变量的分布主要有三种:均匀分布、正态分布和 BetaPert 分布。每种分布输入的指定参数是不一样的,不能混淆。均匀分布的输入是一个常数,正态分布输入的参数是平均值和标准差,BetaPert 分布输入的参数是最小、最大和最可能值。

BetaPert 分布(类似于三角分布,但是相对平滑)的期望值为:$E=(O+4M+P)/6$,其中,O 代表乐观值(最小),M 代表最可能值(最可能),P 代表最悲观值(最大)。这也称为"三点评估法"。其标准差 $\delta=(P-Q)/6$。

虽然 FAIR 将信息系统基于合规的安全防护理念转变为基于风险的安全防护理念,有利于对风险进行量化分析,但 FAIR 限制了可以使用的统计分布的类型和模型结构的可扩展性。

3.4 网络安全风险识别方法

风险识别主要包括资产的识别、威胁的识别、脆弱性的识别和现有安全控制措施的识别。

3.4.1 资产的识别

资产的识别主要包括攻击点的识别、信息容器的识别和资产对业务影响的分析(即资产价值分析)三个环节。

攻击点是攻击者实施攻击的门户或接入(接触)点,例如服务器是攻击点,但真正有价值的资产是其中存储的敏感数据。信息容器是攻击者对信息及信息系统的机密性、完整性、可用性造成损害的关键信息的载体,例如记录有登录口令的字条,它承载着有价值的口令,而口令一旦被攻击者掌握,就可能引起被登录系统中存储的数据(信息)资产的损失。

资产识别主要采用调查表方式,查询资产登记数据库,收集被评估系统的资产信息,进而分析这些资产所关联的业务、面临的安全威胁及存在的安全脆弱性。在这个过程中,也可以借助一些网络资产发现与收集工具,如 ping、traceroute、nmap、fscan 等网络拓扑发现与分析工具,以及如 W12Scan[①] 的网络安全资产扫描引擎。

在进行资产识别时,首先要对资产进行分类。可以按表 3-13 对资产进行分类,然后从 CIA 的角度分析资产的关键性(价值)。

表 3-13　按对资产进行分类

分类	示　　例
数据	存在信息媒介上的各种数据资料,包括源代码、数据库数据、系统文档、运行管理规程、计划、报告、用户手册等
软件	系统软件:操作系统、语句包、工具软件、各种库等 应用软件:外部购买的应用软件,外包开发的应用软件等 源程序:各种共享源代码、可执行程序、自行或合作开发的各种程序等
硬件	网络设备:路由器、网关、交换机等 计算机设备:大型机、小型机、服务器、工作站、台式计算机、移动计算机等 存储设备:磁带机、磁盘阵列等 移动存储设备:磁带、光盘、软盘、U 盘、移动硬盘等 传输线路:光纤、双绞线等 保障设备:动力保障设备(UPS、变电设备等)、空调、保险柜、文件柜、门禁、消防设施等 安全保障设备:防火墙、入侵检测系统、身份验证等 其他电子设备:打印机、复印机、扫描仪、传真机等
服务	办公服务:为提高效率而开发的管理信息系统(MIS),包括各种内部配置管理、文件流转管理等服务 网络服务:各种网络设备、设施提供的网络连接服务 信息服务:对外依赖该系统开展服务而取得业务收入的服务
文档	纸质的各种文件、传真、电报、财务报告、发展计划等
人员	掌握重要信息和核心业务的人员,如主机维护主管、网络维护主管及应用项目经理及网络研发人员等
其他	企业形象,客户关系等

分析资产的价值主要从以下几个方面考虑。

- 资产损失是否会导致涉密信息的泄露?
- 资产损失是否会中断组织使命/业务的执行?
- 资产损失是否会违反相关的法规要求?
- 是否有其他关键资产依赖于该资产?
- ……

资产的赋值主要基于资产的安全状况对系统或组织的重要性,对资产在机密性、完整性和可用性上的达成程度进行综合评定得出。综合评定方法可以根据业务特点,选择对资产三性最为重要的一个属性的赋值等级作为资产的最终赋值结果,也可以进行加权计算得到资产的最终赋值,如表 3-14 所示。

---

① https://github.com/boy-hack/w12scan。

表 3-14　资产赋值参考

赋值	标识	C-机密性	I-完整性	A-可用性
5	很高	包含组织最重要的秘密,关系未来发展的前途命运,对组织根本利益有着决定性影响,如果泄漏会造成灾难性的损害(如绝密)	完整性价值非常关键,未经授权的修改或破坏会对组织造成重大的或无法接受的影响,对业务的冲击重大,并可能造成严重的业务中断,难以弥补	可用性价值非常高,合法使用者对信息及信息系统的可用度达到年度99.9%以上
4	高	包含组织的重要秘密,其泄露会使组织的安全和利益遭受严重损害(如机密)	完整性价值较高,未经授权的修改或破坏会对组织造成重大影响,对业务的冲击严重,比较难以弥补	可用性价值较高,合法使用者对信息及信息系统的可用度达到每天90%以上
3	中等	包含组织的一般性秘密,一般仅能在组织某一或几个部门内部公开,其泄露会使组织的安全和利益受到损害(如秘密)	完整性价值中等,未经授权的修改或破坏会对组织造成影响,对业务的冲击明显,但可以弥补	可用性价值中等,合法使用者对信息及信息系统的可用度在正常工作时间达到70%以上
2	低	包含组织较低级别秘密,仅能在组织内部公开的信息,向外扩散有可能对组织的利益造成损害	完整性价值较低,未经授权的修改或破坏会对组织造成轻微影响,可以忍受,对业务的冲击轻微,容易弥补	可用性价值较低,合法使用者对信息及信息系统的可用度在正常工作时间达到25%以上
1	很低	包含可对社会公开的信息,公用的信息处理设备和系统资源等	完整性价值非常低,未经授权的修改或破坏对组织造成的影响可以忽略,对业务的冲击可以忽略	可用性价值可以忽略,合法使用者对信息及信息系统的可用度在正常工作时间低于25%

资产价值的计算方法可以采用算术平均法:

$$V = \frac{C + I + A}{3}$$

也可以采用对数平均法,在综合考虑资产三个方面属性的同时,重点突出某一属性的特点。例如,某些信息资产的保密性要求很高,而可用性、完整性要求较低时,使用本算法更能够凸显出其资产价值的重要性。

$$V = \log_2\left(\frac{2^C + 2^I + 2^A}{3}\right)$$

在算术平均法的基础上,还可根据不同资产类别的特点,人为设置该资产类别中三个方面属性的权重,采用加权平均法计算资产的价值。例如,人员类资产通常不考虑完整性,则可以通过调节权值体现出来。

$$V = \alpha \times C + \beta \times I + \gamma \times A$$

或

$$V = \log_2(\alpha \times 2^C + \beta \times 2^I + \gamma \times 2^A)$$

式中,α、β、γ 为权重值,可采用层次分析法或熵权法计算。

3.4.2　威胁的识别

在识别具体威胁前,首先要识别出威胁产生的根源(即威胁源、威胁代理或威胁团体),常见的威胁源如表 3-15 所示。之所以要以团体的方式识别威胁源,是因为分析威胁团体能更好地确定威胁源的能力和威胁事件发生的频率。通常的威胁团体包括国家网络部队、黑客、网络恐怖分子、网络犯罪、恶意代码、内部特权用户、内部非特权用户、外部用户等。

表 3-15　常见的威胁源

来　　源		描　　述
环境因素		断电、静电、灰尘、潮湿、温度、鼠蚁虫害、电磁干扰、洪灾、火灾、地震等环境条件和自然灾害;意外事故或软件、硬件、数据、通信线路方面的故障
人为因素	恶意人员	不满的或有预谋的内部人员对信息系统进行恶意破坏;采用自主的或内外勾结的方式盗窃机密信息或进行篡改,获取利益外部人员利用信息系统的脆弱性,对网络和系统的机密性、完整性和可用性进行破坏,以获取利益或炫耀能力
	无恶意人员	内部人员缺乏责任心,或者不关心和不专注,或者没有遵循规章制度和操作流程而导致故障或被攻击;内部人员缺乏培训,专业技能不足,不具备岗位技能要求而导致信息系统故障或被攻击

在确定威胁团体的基础上,需要进一步分析威胁团体的相关属性,包括

- 动机(意识形态/个人爱好/经济利益);
- 主要目的(破坏/伤害/……);
- 种类(如 STRIDE);
- 资助方(未知的/非官方的/无法辨别的……);
- 首选的攻击目标特性;
- 首选目标(人、关键基础设施、信息系统……);
- 能力(技术水平、经验);
- 风险承受能力(高/中/低);
- 对连带伤害的顾及(高/中/低)。

识别威胁动机的目的是更好地确定威胁事件发生的频率和造成损失的大小。威胁动机可能包括

- 恶意的;
- 人为出错;
- 机械故障;
- 进程失效;
- 自然引起(天气等自然灾害);
- ……

识别威胁效果的目的是更好地确定威胁事件造成损失的大小。

- 威胁效果的识别必须针对具体的资产;

- 威胁效果主要反映在信息资产的 CIA 属性上；
- 在需要的情况下可扩展到可控性、真实性等属性上；
- 需重点关注最重要的安全属性。

表 3-16 给出一个特权账户被非法利用威胁的识别例子。来自系统外部的网络犯罪团体非法使用特权账户的目的更有可能是为了窃取客户的个人身份信息（PII），而不是为了篡改或删除数据。同样地，内部非特权用户利用这些特权账户的可能性也非常低，因为他们很难合法获得这些账户授权，所以可以将这些威胁场景从表中删除。

表 3-16   特权账户被非法使用的例子

资产	威胁团体	威胁动机	威胁效果	发生频率
客户 PII	特权用户	恶意	机密性	
客户 PII	特权用户	窥探	机密性	
客户 PII	特权用户	恶意	可用性	很少发生
客户 PII	特权用户	恶意	完整性	
客户 PII	非特权用户	恶意	机密性	很少发生
客户 PII	非特权用户	恶意	可用性	很少发生
客户 PII	非特权用户	恶意	完整性	很少发生
客户 PII	网络犯罪	恶意	机密性	
客户 PII	网络犯罪	恶意	可用性	很少发生
客户 PII	网络犯罪	恶意	完整性	很少发生

常用的威胁及资产识别方法主要有以下几种。

- 检查列表：评估员根据自己的需要，事先编制针对某方面问题的检查列表，然后逐项检查符合性，在确认检查列表应答时，评估员可以采取调查问卷、文件审查、现场观察和人员访谈等方式。
- 文件评估：评估员在现场评估之前，应该对受评估方与信息安全管理活动相关的所有文件进行审查，包括安全方针和目标、程序文件、作业指导书和记录文件。
- 现场观察：评估员到现场参观，可以观察并获取关于现场物理环境、信息系统的安全操作和各类安全管理活动的第一手资料。
- 人员访谈：与受评估方人员面谈，评估员可以了解其职责范围、工作陈述、基本安全意识、对安全管理获知的程度等信息。评估员进行人员访谈时要做好记录和总结，必要时要跟访谈对象确认。
- 安全日志采集：例如采集 IDS 等安全监测设备的日志记录等。

此外，也可以借助一些资产核查工具进行自动化的资产识别。

威胁的赋值可参考表 3-17，也可以采用 HEAVENS 提供的威胁等级评定方法。

表 3-17　威胁赋值参考

等级	标识	定　义
5	很高	出现的频率很高(或≥1 次/周);或在大多数情况下几乎不可避免;或可被证实经常发生
4	高	出现的频率较高(或≥1 次/月);或在大多数情况下很有可能会发生;或可被证实多次发生过
3	中	出现的频率中等(或＞1 次/半年);或在某种情况下可能会发生;或被证实曾经发生过
2	低	出现的频率较低;或一般不太可能发生;或未被证实发生过
1	很低	威胁几乎不可能发生;仅可能在非常罕见和例外的情况下发生

3.4.3　脆弱性的识别

　　脆弱性识别主要从技术和管理两个方面进行,技术脆弱性涉及物理层、网络层、系统层、应用层等各个层面的安全问题。管理脆弱性又可分为技术管理和组织管理两方面,前者与具体技术活动相关,后者与管理环境相关,如表 3-18 所示。识别脆弱性的目的是为了确定脆弱性的严重程度以及脆弱性是否能够被攻击者利用产生威胁事件。

表 3-18　脆弱性分类

类型	识别对象	识别内容
技术脆弱性	物理环境	从机房场地、机房防火、机房供配电、机房防静电、机房接地与防雷、电磁防护、通信线路的保护、机房区域防护、机房设备管理等方面进行识别
	服务器(含操作系统)	从物理保护、用户账号、口令策略、资源共享、事件审计、访问控制、新系统配置(初始化)、注册表加固、网络安全、系统管理等方面进行识别
	网络结构	从网络结构设计、边界保护、外部访问控制策略、内部访问控制策略、网络设备安全配置等方面进行识别
	数据库	从补丁安装、鉴别机制、口令机制、访问控制、网络和服务设置、备份恢复机制、审计机制等方面进行识别
	应用系统	从审计机制、审计存储、访问控制策略、数据完整性、通信、鉴别机制、密码保护等方面进行识别
管理脆弱性	技术管理	物理和环境安全、通信与操作管理、访问控制、系统开发与维护、业务连续性
	组织管理	安全策略、组织安全、资产分类与控制、人员安全、符合性

　　对脆弱性的识别主要采取以下方法。

- 漏洞扫描:绝大部分的评估项目中,都会使用到漏洞扫描工具。利用漏洞扫描工具对评估范围内的系统和网络进行扫描,可从内部和外部两个角度查找网络结构、网络设备、服务器主机、数据和用户账号/口令等安全对象目标存在的安全漏洞。常用的漏扫工具包括 XScan、Nessus、SQLMap、Pangolin 等。
- 渗透测试:渗透测试可以非常有效地发现安全隐患。利用渗透测试工具对重要资产进行全面检查可以发现漏洞。常见的渗透测试工具有 BackTrack5、Metasploit 等,口令破解工具有 John the Ripper、朔雪、brutus-aet2 等,Web 应用系统安全分析工具有 Webscarab、AppScan 等。

- 问卷调查或安全访谈。
- 审计数据分析：查看系统及安全设备的日志信息、报警信息等。
- 攻击面分析（攻击面越大，脆弱性越多）。
- 安全控制措施覆盖度（广度、深度）和有效性分析（未覆盖的、强度不够的属于脆弱性）。
- 资产依赖性、关联性分析（越是关联多的资产脆弱性越多，如网络中的关键节点和关键链路）。
- 基线核查、安全测评发现脆弱性（可参考 CIS 的相关标准）。
- 采用钓鱼攻击等发现的人员安全意识方面的脆弱性。

如何进行攻击面分析、安全控制措施覆盖度分析、资产依赖度和关联分析等在 3.5 节描述。

对脆弱性的赋值可以采用后面介绍的 CVSS 方法，也可根据攻击者利用该脆弱性可能对资产造成的损害程度、技术实现的难易程度、弱点的流行程度等，采用等级方式对已识别的脆弱性的严重程度进行赋值。某个资产技术脆弱性的严重程度受组织的管理脆弱性的影响，因此，资产的脆弱性赋值还应参考技术管理和组织管理脆弱性的严重程度，如表 3-19 所示。

表 3-19　脆弱性赋值参考

等级	标识	定　　义
5	很高	如果被威胁利用，将对资产造成完全损害
4	高	如果被威胁利用，将对资产造成重大损害
3	中	如果被威胁利用，将对资产造成一般损害
2	低	如果被威胁利用，将对资产造成较小损害
1	很低	如果被威胁利用，对资产造成的损害可以忽略

3.4.4　现有安全控制措施的识别

在识别脆弱性的同时，评估人员应对已采取的安全措施的有效性进行确认，即安全措施是否真正地降低了系统的脆弱性，抵御了威胁。安全措施可以分为预防性安全措施和保护性安全措施两种。识别出来的控制措施，一般不必做直接的评价，在分析威胁造成的影响和可能性的过程中作为其中一个重要因素一起评价即可。

安全控制措施识别与确认过程后，应提交以下输出结果。

- 技术控制措施识别与确认结果；
- 管理与操作控制措施识别与确认结果。

识别现有安全控制措施及其控制效果主要采取以下方法。

- 改变风险的安全控制措施的安全机制是什么？
- 控制措施是否部署？是否正确执行？是否达到相应的效果？
- 采用的控制措施是否存在设计上的缺陷？

- 风险控制的差距是什么？
- 控制措施之间是相互独立还是相互依赖？
- 控制失效会造成什么影响？
- 控制措施本身会带来什么风险？

如表 3-21 所示，可基于 CSF 框架识别已有安全控制措施及尚存的威胁，也可采用 NIST SP800-53A 评估相应的安全控制措施是否已经实施，或采用 NIST SP800-55（信息安全性能测量指南）动态分析安全控制措施的实施效果，采用攻击空间分析检查安全控制措施是否能够覆盖所有的安全威胁或脆弱性，进而确定还存在哪些可被威胁利用的脆弱性，以及威胁发生的可能性。

表 3-20　安全控制措施及其威胁分析

控制 ID	控制类别	当 前 状 态	威 胁 分 析
ID.AM	资产管理	1. 能够跟踪硬件和软件资产，但是资产清单不一定准确 2. 无法测量网络流量 3. 能够有效分类资产	1. 内部用户（接入非合规设备，该设备不在资产清单上，导致其漏洞无法检测） 2. 外部攻击者（针对网络的攻击行为，特别是网络异常流量无法被检测发现）
PR.DS	数据安全	1. 内部与外部远程连接被加密 2. 笔记本电脑中的敏感信息未全盘加密 3. 电子邮件未采取数据泄露保护措施	1. 外部攻击者（获得网络访问权限后能从数据库中提取出未加密的敏感信息） 2. 内部用户（可以无意中将敏感信息通过电子邮件发送出去）

在进行风险识别时，可以采用自上而下的方式，即先从重要资产的识别开始，分析这些资产的价值、已经采取的安全控制措施、可能存在的脆弱性和面临的安全威胁；也可以采用自下而上的方式，即先依据威胁情报从威胁团体的角度分析针对目标资产有哪些可能的攻击或威胁，这些威胁是否可能发生（利用其脆弱性），会造成什么影响。

3.5　网络安全风险分析方法

从前面的风险关联过程可以看到，进行安全风险识别和安全风险评价需要采用科学的分析方法，以辅助识别资产、脆弱性、威胁和控制措施，度量资产的价值、威胁的大小、脆弱性的严重程度、威胁利用脆弱性的可能性，以及威胁利用脆弱性对资产、业务使命可能造成的损失大小、风险重要度等，从而为准确评价风险、控制风险提供科学依据。

3.5.1　CVSS

通用漏洞评分系统（Common Vulnerability Scoring System，CVSS）是一个行业公开标准，其被设计用来评测漏洞的严重程度，并帮助确定所需反应的紧急度和重要度。CVSS 由三个度量组：基础（base）、时间（temporal）和环境（environmental）组成，每一组又由一些度量指标组成，如表 3-21 所示。

表 3-21　CVSS 度量指标

基础分数（必须）	
可利用性指标（Exploitability Metrics）	
攻击向量（AV）	网络（N）相邻（A）本地（L）物理（P）
攻击的复杂性（AC）	低（L）高（H）
所需的特权（PR）	没有（N）低（L）高（H）
用户交互（UI）	没有（N）要求（R）
范围（Scope）	
范围（S）	不变（U）改变（C）
影响指标（Impact Metrics）	
机密性（C）	没有（N）部分（L）完全（H）
完整性（I）	没有（N）部分（L）完全（H）
可用性（A）	没有（N）部分（L）完全（H）
时间分数（可选）	
利用代码的成熟度（E）	未定义（X）未经验证（U）概念验证 POC（P）功能性代码可用（F）完全可利用（H）
修复级别（RL）	未定义（X）官方修复（O）临时修复（T）非官方修复（W）无可用修复方案（U）
报告的可信度（RC）	未定义（X）未知（U）合理（R）确认（C）
环境分数（可选）	
机密性要求（CR）	未定义（X）低（L）中（M）高（H）
完整性要求（IR）	未定义（X）低（L）中（M）高（H）
可用性要求（AR）	未定义（X）低（L）中（M）高（H）
修改基础度量指标 （Modified Base Metrics）	Modified Attack Vector（MAV） Modified Attack Complexity（MAC） Modified Privileges Required（MPR） Modified User Interaction（MUI） Modified Scope（MS） Modified Confidentiality（MC） Modified Integrity（MI） Modified Availability（MA）

　　基础度量组反映了漏洞的一个固有特征——不随着时间和用户环境的变化而变化。它由可利用指标和影响指标两组指标组成。可利用指标反映了漏洞可以被利用的简单程度和技术手段。也就是说，其代表了漏洞易受利用的特征，可称为脆弱的部分。另一方面，影响指标反映了成功利用该漏洞可以导致的直接结果，以及受该影响产生的后续结果，可将其正式称为受影响的组件。

　　时间度量组反映了一个可能随时间而变化的漏洞特征，但是不跨用户环境。例如，一个易于使用的漏洞利用工具包的出现会增加 CVSS 分数,而一个官方补丁的创建将会减少之。

环境度量组代表了一个与某个特定用户环境相关且独特的漏洞特征,根据受影响的 IT 资产对用户组织的重要性定制 CVSS 评分,以现有的补充/替代安全控制、机密性、完整性和可用性衡量。这些度量是修改后的基础度量的等价物,并根据组织基础结构中组件的情况分配分值。

CVSS 对每项指标的打分均在 0~10 之内,其等级划分如表 3-23 所示。First 提供了 CVSS 的打分计算器[①]。

表 3-22　CVSS 等级划分

等　　　级	CVSS 分数
无	0.0
低	0.1~3.9
中	4.0~6.9
高	7.0~8.9
严重	9.0~10.0

3.5.2　RCA

根源分析(Root Causes Analysis,RCA)用于分析造成某一事件的根本原因(根源),进而推断出可能造成的损失大小、事件发生的可能性和防止事件发生可采取的安全控制措施。RCA 分析的流程如图 3-10 所示。

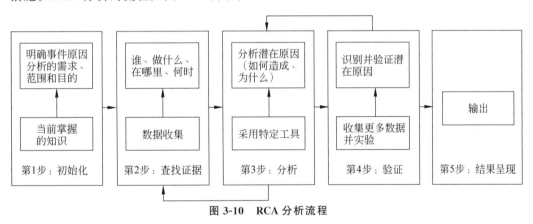

图 3-10　RCA 分析流程

在进行 RCA 分析时,可以采用关卡分析法。关卡即安全控制措施,可以按照物理、电磁、网络、应用、系统、用户、数据、管理分,也可以按照识别、保护、检测、响应、恢复分,还可以按照技术与管理大类来分。关卡分析可以分析造成安全事件的中间原因或比较明显的原因(控制措施是如何失效/无效的),但很难分析出造成安全事件的根本原因(即为什么关卡会失效或无效),如图 3-11 所示。

---

① https://www.first.org/cvss/calculator/3.1。

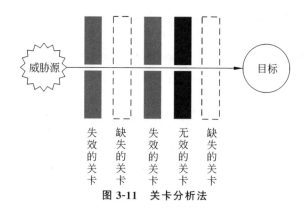

图 3-11 关卡分析法

在进行 RCA 分析时,还可以按照造成所关注事件的前因事件发生的时间先后顺序,构建事件流,标注每一个事件发生的条件。其中,前因事件采用矩形表示,事件发生条件采用椭圆表示,虚线框表示假设的事件或条件,如图 3-12 所示。采用这种分析方法的缺点是图表比较复杂,不利于分析复杂事件,也容易将简单事件的分析复杂化,优点是可以辅助分析造成安全事件的潜在原因。

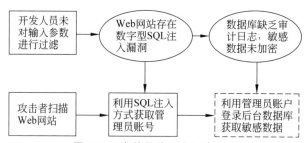

图 3-12 事件及前因分析法示例

此外,分析事件发生的原因还可以采用原因树分析法。不同于故障树分析的是,原因树分析既可以用在成功原因分析方面,也可以用在失败原因分析方面,没有表达“或”关系的分支,并且不会给出原因的详细细节。具体分析时采用从结果往前递推的方式,逐步找出根本原因,如图 3-13 所示。

3.5.3 故障树

故障树分析(Failure Tree Analysis,FTA)是由上往下的演绎式失效分析法,利用布尔逻辑组合低阶事件,分析系统中不希望出现的状态。故障树分析主要用在安全工程以及可靠度工程的领域,用来了解系统失效的原因,并且找到最好的方式降低风险,或是确认某一安全事件或是特定系统失效的发生率。故障树是一种特殊的倒立树状逻辑因果关系图,它用事件符号、逻辑门符号和转移符号描述系统中各种事件之间的因果关系。逻辑门的输入事件是输出事件的“因”,逻辑门的输出事件是输入事件的“果”,如图 3-14 所示。

利用故障树可以进行以下分析。

- 最小割集分析:引起顶上事件发生的最低限度的基本事件的集合;
- 最小径集分析:不引起顶上事件发生的最低限度的基本事件的集合;

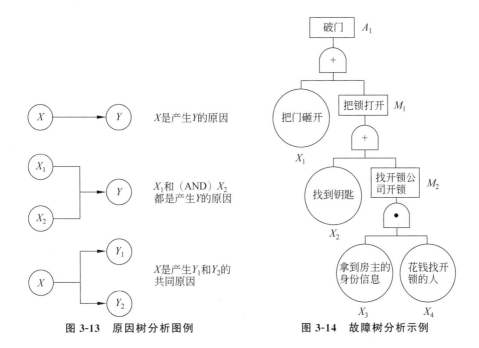

图 3-13　原因树分析图例　　　　图 3-14　故障树分析示例

- 计算顶上事件的发生概率。
- 结构重要度分析：从故障树结构上入手分析基本事件的重要程度。
- 概率重要度分析：分析第 i 个基本事件发生概率变化时引起顶事件发生概率变化的程度。
- 临界重要度分析：分析第 i 个基本事件发生概率的变化率引起顶事件概率变化的变化率。

最小割集是引起顶上事件发生的最低限度的基本事件的集合,最小径集是不引起顶上事件发生的最低限度的基本事件的集合。定量分析主要求取顶上事件的发生概率。在故障树分析中,最小割(径)集占有非常重要的地位,熟练掌握并灵活运用最小割集和最小径集,能使系统事件分析达到事半功倍的效果。

计算如图 3-15 所示的故障树的最小割集可采用布尔逻辑运算,用逻辑加(＋)表示"或"关系,用逻辑乘(×)表示"与"关系,其中顶事件 T 可表示为

$$T = A_1 + A_2$$
$$= (X_1 \times A_3 \times X_2) + (X_4 \times A_4)$$
$$= (X_1 \times (X_1 + X_3) \times X_2) + (X_4 \times (X_5 + X_6))$$
$$= X_1 \times X_2 + X_1 \times X_2 \times X_3 + X_4 \times X_5 + X_4 \times X_6$$

因此 T 的最小割集为

- $\{X_1, X_2\}$
- $\{X_1, X_2, X_3\}$
- $\{X_4, X_5\}$
- $\{X_4, X_6\}$

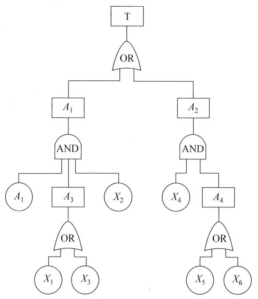

图 3-15　计算故障树的最小割集示例

计算故障树的最小径集采用如下方法：首先将原始故障树转换为对偶树（见图 3-16），然后计算对偶树的最小割集，它等价于原树的最小径集。

$$T' = A_1' \times A_2'$$
$$= (X_1' + A_3' + X_2') \times (X_4' + A_4')$$
$$= (X_1' + X_1' \times X_3' + X_2') \times (X_4' + X_5' \times X_6')$$
$$= (X_1' + X_2') \times (X_4' + X_5' \times X_6')$$
$$= X_1' \times X_4' + X_1' \times X_5' \times X_6' + X_2' \times X_4' + X_2' \times X_5' \times X_6'$$

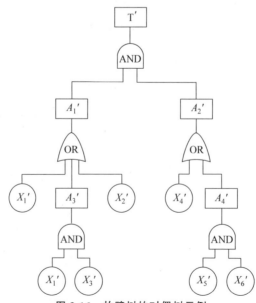

图 3-16　故障树的对偶树示例

因此 T 的最小径集为：

- $\{X_1, X_4\}$
- $\{X_1, X_5, X_6\}$
- $\{X_2, X_4\}$
- $\{X_2, X_5, X_6\}$

故障树顶上事件发生的概率是由引起顶上事件的中间事件和基本事件的概率自底向上推导出来的。设父事件为 M，子事件为 X_1 和 X_2，则：

- 当 $M = X_1 + X_2$ 时，$P(M) = 1 - (1 - P(X_1)) \times (1 - P(X_2))$
- 当 $M = X_1 \times X_2$ 时，$P(M) = P(X_1) \times P(X_2)$

故障树的结构重要度分析是从故障树结构上入手分析各基本事件的重要程度。设 N：最小割集总数；K_j：含有基本事件 i 的最小割集；n_j：K_j 中的基本事件个数。

则基本事件 x_i 的结构重要度 $I_\Phi(i)$ 为

$$I_\Phi(i) = 1 - \prod_{x_i \in K_j} \left(1 - \frac{1}{2^{(n_j - 1)}}\right)$$

概率重要度分析表示第 i 个基本事件发生概率变化时引起顶事件发生概率变化的程度。由于顶事件发生概率函数是 n 个基本事件发生概率的多重线性函数，因此对自变量求一次偏导，即可得到该基本事件 i 的概率重要度系数 $I_q(i)$：

$$I_q(i) = \frac{\partial P(T)}{\partial q_i}$$

式中，$P(T)$：顶上事件的发生概率；q_i：第 i 个基本事件的发生概率。

以图 3-14 的故障树为例，假设各基本事件发生的概率为

$$P(X1) = q1 = 0.2$$
$$P(X2) = q2 = 0.15$$
$$P(X3) = q3 = 0.7$$
$$P(X4) = q4 = 1$$

则

$$P(T) = q_1 + q_2 - q_1 q_2 + q_3 q_4 - q_1 q_3 q_4 - q_2 q_3 q_4 + q_1 q_2 q_3 q_4$$

$$I_q(1) = \frac{\partial P(T)}{\partial q_1} = 1 - q_2 - q_3 q_4 + q_2 q_3 q_4 = 0.255$$

$$I_q(2) = \frac{\partial P(T)}{\partial q_2} = 1 - q_1 - q_3 q_4 + q_1 q_3 q_4 = 0.24$$

$$I_q(3) = \frac{\partial P(T)}{\partial q_3} = q_4 - q_1 q_4 - q_2 q_4 + q_1 q_2 q_4 = 0.68$$

$$I_q(4) = \frac{\partial P(T)}{\partial q_4} = q_3 - q_1 q_3 - q_2 q_3 + q_1 q_2 q_3 = 0.476$$

因此，$I_q(3) > I_q(4) > I_q(2) > I_q(1)$。

一般当各基本事件的概率 q_i 不等时，改变 q_i 大的 X_i 较容易，但概率重要度系统无法反映 q_i 的变化率。这时候就可以通过计算各基本事件的临界重要度来反映这种变化率。临界重要度表示第 i 个基本事件发生概率的变化率引起顶事件概率变化的变化率，

采用如下计算公式:

$$I_q^c(i) = \lim_{\Delta q_i \to 0} \frac{\Delta P(T)/P(T)}{\Delta q_i/q_i} = \frac{q_i}{P(T)} \lim_{\Delta q_i \to 0} \frac{\Delta P(T)}{\Delta q_i} = \frac{q_i}{P(T)} \cdot I_q(i)$$

还是采用如图 3-14 的例子,其各基本事件的概率重要度为

$$I_q^c(1) = \frac{q_1}{P(T)} \cdot I_q(1) = \frac{0.2}{0.796} \times 0.255 = 0.064$$

$$I_q^c(2) = \frac{q_2}{P(T)} \cdot I_q(2) = \frac{0.15}{0.796} \times 0.24 = 0.045$$

$$I_q^c(3) = \frac{q_3}{P(T)} \cdot I_q(3) = \frac{0.7}{0.796} \times 0.68 = 0.598$$

$$I_q^c(4) = \frac{q_4}{P(T)} \cdot I_q(4) = \frac{1}{0.796} \times 0.476 = 0.598$$

3.5.4 防御树

防御树(defence tree)是一种用于防御能力建模分析的树型表示方法,它的结构类似于攻击树。众所周知,任何系统的安全都是在一定的假设和前提条件下成立的,绝对的安全不可能存在。采用防御树建模,可从安全控制的需求出发,自顶向下分析为实现某一安全防御目标所需的各种条件,如图 3-17 所示。图中叶子节点代表“原子”防护手段,它是实现上层防护目标(或手段)的基本前提;中间节点代表实现最终防护目标的过渡目标,它与其子节点的关系同样有“与”“或”两种。通过对满足这些条件所需的防御成本、技术难度和可靠性等因素进行分析,以及对防护失效造成的影响进行分析,可以从防御的角度评估系统面临的安全风险和系统具有的整体防御能力。

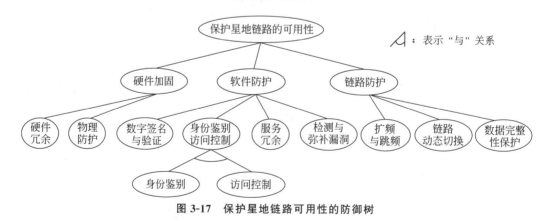

图 3-17　保护星地链路可用性的防御树

采用防御树进行建模分析遵循以下过程:

(1) 针对防御目标创建防御树,罗列出所有可能的防御途径和必要的防御条件;

(2) 确定影响防御能力的各种因素(又称“防御影响因素”),如防御成本、防御者技术水平、该防御目标(手段)是否实施、防御的可靠度等;

(3) 确定各项防御影响因素的综合计算函数,这些函数用于计算非叶子节点的防御影响因素(分别针对“与”“或”节点);

（4）根据实际的防御实施方案确定防御树中每个叶子节点的防御影响因素的取值；

（5）用综合计算函数计算各中间节点和根节点的防御影响因素的取值；

（6）用防御的可靠度分析系统存在的脆弱性；

（7）分析攻击者利用这些脆弱性可能对系统造成的影响大小；

（8）按防御成本和防御的可靠度对系统的防御成本/效益进行分析。

防御树建模分析的关键在于确定各防御影响因素的综合计算函数。表 3-24 列出了几种常用的防御影响因素的综合计算函数，a_i 表示各子节点的防御影响因素。需要注意的是，针对"与"节点和"或"节点，计算的方法可能不同。

表 3-23　常用防御影响因素的综合计算函数

防御影响因素	"与"（AND）节点	"或"（OR）节点
防御成本	$\sum a_i$	$\sum e_i a_i$ 或 $\max(a_i)$
防御可靠度	$\prod a_i$ 或 $\min(a_i)$	$1 - \prod(1 - a_i)$ 或 $\min(a_i)$
技术难度	$\max(a_i)$	$\min(a_i)$

其中，e_i 为子节点 i 是否实施防御目标（手段）的标志，$e_i = 1$：实施；$e_i = 0$：未实施。

叶子节点的防御可靠度受实施该节点的防御目标（手段）的前提条件和其抗攻击能力等因素的影响。前提条件越符合实际，防御目标（手段）的抗攻击能力越强，该节点的防御可靠度就越大。

如果实现某个防御目标（手段）所需的前提条件较多，就可以采用条件关联图对其客观性进行分析。以图 3-18 为例，图中椭圆节点代表防御目标（手段），圆形节点代表条件，弧线表示条件之间的关系是"与"关系，否则是"或"关系。如果以布尔值"True"代表条件满足，布尔值"False"代表条件不满足，那么通过条件值的布尔与/或运算，即可由叶子条件推导出作为根节点的防御目标（手段）的条件是否能被满足。

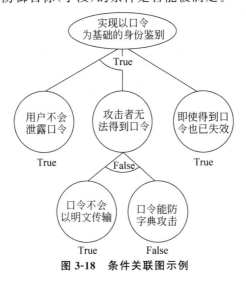

图 3-18　条件关联图示例

　　显然,通过评估防御可靠度,有利于定位整个系统的薄弱环节,为实施安全控制,提高系统的安全防护能力,提供决策依据。

　　在防御树建模的基础上,可以按照节点的"防御可靠度"和"防御成本"两项因素实施优化控制。具体的优化方法分为以下两种。

　　(1) 防御成本优先:在防御成本限定的条件下,尽可能保证根节点的防御可靠度;

　　(2) 防御可靠度优先:在满足根节点防御可靠度需求的前提下,尽可能降低系统的防御成本。

　　下面分别给出针对不同优化方法的防御树裁剪算法。

1. 防御成本优先的裁剪算法

　　以图 3-19 为例,防御成本优先的裁剪算法如下:

　　(1) 初始化防御可靠度处理队列;

　　(2) 将防御树中所有具有"或"(兄弟)关系的节点先按照深度从下往上,再按照同一深度防御可靠度从小到大的顺序加入处理队列尾部(见图 3-19 中的初始排列);注意,根节点除外;

　　(3) 如果处理队列为空,转(7);

　　(4) 从处理队列头部取出一个节点 N,并将其从防御树中裁去(如果 N 是一个中间节点,则同时裁去它所管辖的整个子树),按照综合计算函数重新计算与 N 相关的父节点,乃至各层祖先节点的防御可靠度和防御成本,并修改处理队列中防御可靠度发生改变的节点的值。如果 N 的兄弟节点只剩一个,则将这个兄弟节点也取出队列;

　　(5) 检查根节点的防御成本是否已在限定条件下,如果不满足,转(3);

　　(6) 裁剪成功,结束;

　　(7) 裁剪失败,结束。

　　算法结束后,根节点的防御可靠度就是在满足防御成本限定条件下的最佳值。

　　显然,该算法的时间复杂度为 $O(n)$。图 3-19 中的例子给出了算法执行每一轮后的防御树以及处理队列的状态,处理队列中用圆圈圈住的节点代表要从队列中取出的节点。

2. 防御可靠度优先的裁剪算法

　　以图 3-20 为例,防御可靠度优先的裁剪算法如下:

　　(1) 初始化"防御成本/防御可靠度"处理队列;

　　(2) 将防御树中所有具有"或"(兄弟)关系的节点加入处理队列,注意,根节点除外;

　　(3) 如果处理队列为空,转(5);

　　(4) 扫描处理队列,从中取出具有最大"防御成本/防御可靠度"比值的节点 N,计算将 N 裁剪后剩余防御树中所有受影响节点的防御可靠度。如果根节点的防御可靠度大于最低要求,则裁去取出的节点 N 及其所管辖的子树,否则保持原防御树不变,同时将 N 的所有子节点及其祖先节点移出处理队列。如果 N 满足裁剪条件并且它的兄弟节点只剩一个,那么也要将这个兄弟节点取出队列。转(3);

　　(5) 结束。

　　该算法之所以选择"防御成本/防御可靠度"的比值作为选择裁剪节点的依据,是为了在尽可能不降低防御可靠度的基础上,尽量削减最大的防御成本。算法结束后,根节点的防御成本就是在满足防御可靠度最低要求的情况下的最小值。

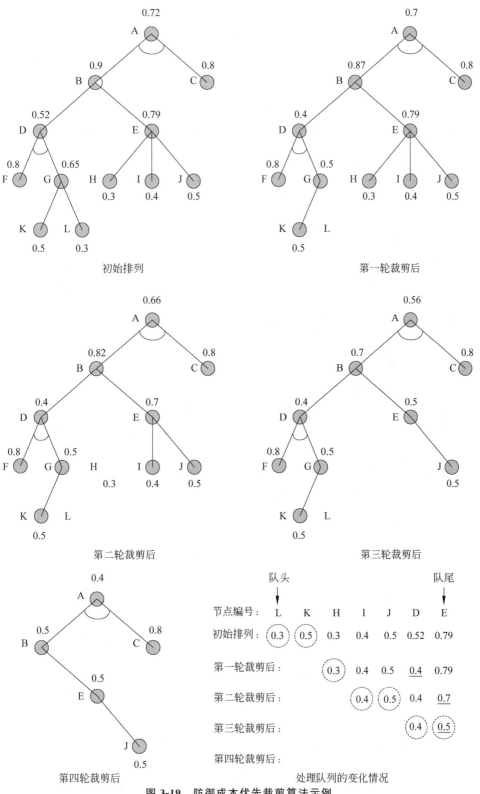

图 3-19　防御成本优先裁剪算法示例

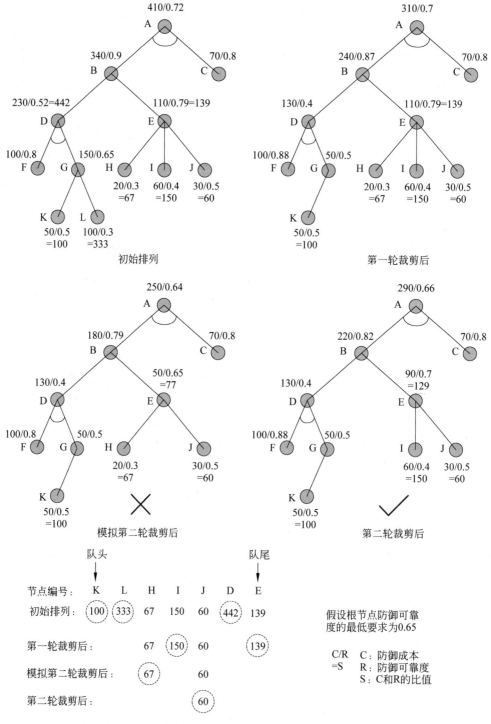

图 3-20 防御可靠度优先裁剪算法示例

该算法的时间复杂度最坏情况下为 $O(n^2)$,这是由反复查找队列中的最大值引起的。假设所要求的防御可靠度最低为 0.65,图 3-20 中的例子给出了算法执行每一轮后的防御树以及处理队列的状态。在进行第一次裁剪时,如果选择节点 D 裁剪(因为它的 C/R 比值最大),那么重新计算的根节点的防御可靠度等于 0.63,小于最低要求 0.65,因此不能裁剪它,但可将其从处理队列中取出(包括它在处理队列中的所有祖先节点)。退而求其次,再次从处理队列中选择 C/R 比值最大的节点 L,显然,将它裁去能够满足根节点的最低可靠度要求,得到图中第一轮裁剪后的结果。以此类推,经历第二轮裁剪后,最终能得到满足要求的防御树。

可以将防御树分析与攻击树分析对应起来,相互印证,以更好地评价每个攻击节点成功的概率和发生的可能性。

3.5.5　蝴蝶结

蝴蝶结分析是一种结合了故障树分析(分析原因)和事件树分析(分析后果)的分析方法,主要用于较为严重的事件的原因和后果分析。如图 3-21 所示,其左边的关卡(控制措施)主要具备保护性或检测性,右边的关卡(控制措施)主要具备响应性或恢复性。通过绘制蝴蝶结可分析导致控制失效的因素、造成后果的概率等。该分析方法的缺点是无法表述各事件原因和安全控制措施之间的依赖关系(or、and 等),并且概率估计也不一定准确,因此可以借助故障树和事件树来辅助估计事件发生的概率。

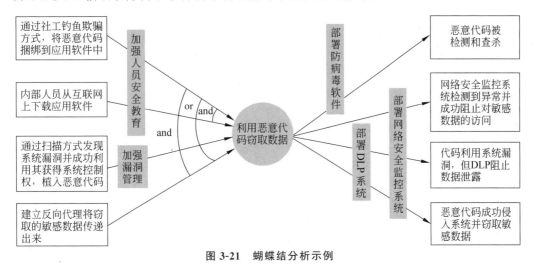

图 3-21　蝴蝶结分析示例

3.5.6　事件树

事件树分析法($Event\ Tree\ Analysis$,ETA)是安全系统工程中常用的一种归纳推理分析方法,起源于决策树分析(简称 DTA)。这是一种按事件发展的时间顺序由初始事件开始推论可能的后果,从而进行威胁源辨识的方法。这种方法将系统可能发生的某种事件与导致事件发生的各种原因之间的逻辑关系用一种称为事件树的树形图表示(见图 3-22),通过对事件树的定性与定量分析,找出事件发生的主要原因,为确定安全对策提供可靠依据，以达到猜测与预防事件发生的目的。

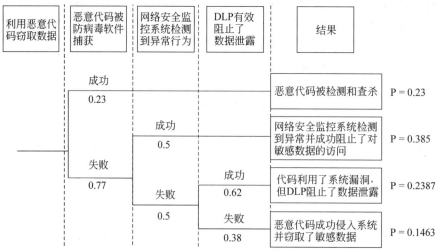

图 3-22　事件树示例

事件树分析的步骤如下。

（1）确定初始事件

正确选择初始事件十分重要。初始事件是危害事件未发生时，其发展过程中的事件，如机器故障、设备损坏、能量外溢或失控、人的误动作等。可以用两种方法确定初始事件：

- 根据系统设计、系统危险性评价、系统运行经验或事故经验等确定；
- 根据系统重大故障或故障树分析，从其中间事件或初始事件中选择。

（2）判定安全功能

系统包含许多安全功能，可在初始事件发生时消除或减轻其影响以维持系统的安全运行。常见的安全功能列举如下：

- 对初始事件自动采取控制措施的系统；
- 提醒操作者初始事件已发生的报警系统；
- 根据报警或工作程序要求操作者采取的措施；
- 备份恢复或屏蔽措施等。

（3）绘制事件树

从初始事件开始，按事件发展过程自左向右绘制事件树，用树枝代表事件发展途径。首先考察初始事件一旦发生时最先起作用的安全功能，把可以发挥功能的状态画在上面的分枝，不能发挥功能的状态画在下面的分枝。然后依次考察各种安全功能的两种可能状态，把发挥功能的状态（又称成功状态）画在上面的分枝，把不能发挥功能的状态（又称失败状态）画在下面的分枝，直到到达系统故障或危害事件为止。

（4）简化事件树

在绘制事件树的过程中，可能会遇到一些与初始事件或与危害事件无关的安全功能，或者其功能关系相互矛盾、不协调的情况，此时需要用工程知识和系统设计的知识予以辨别，然后从树枝中将其去掉，即构成简化的事件树。

在绘制事件树时,要在每个树枝上写出事件状态,在树枝横线上面写明事件过程内容特征,横线下面注明成功或失败的状况说明。

通过事件树可以分析危害事件结果发生的概率。通常假设初始事件的概率为 1,最终结果的发生概率是路径上所有事件概率的乘积。

在事件树和故障树分析的基础上,将这两种分析方法结合起来,即可实现事件发生的原因后果分析,如图 3-23 所示。原因后果分析融合了事件树与故障树分析方法,并加入了时间线,使得蝴蝶结分析法更直观、具体,此外还可将转换概率、控制措施补充进去。

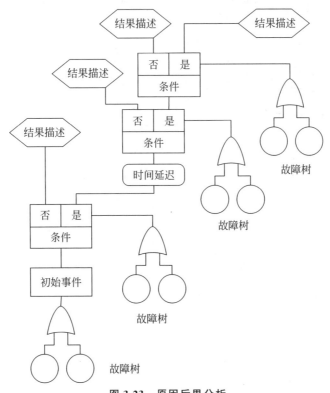

图 3-23　原因后果分析

3.5.7　攻击空间

在进行安全控制措施分析时,可以采用攻击空间覆盖度分析安全控制措施对攻击(威胁)的覆盖度(广度和深度),如图 3-24 所示。图中圆圈代表攻击类(威胁)的攻击次数或严重程度,封闭的区域代表安全控制所覆盖的攻击类(威胁)子集。

如图 3-25 所示,攻击空间的覆盖深度可采用以下量化评价指标。

- 动态防御深度:$PDRR$ 是否都具备;
- 边界防御深度:网络、终端、应用边界是否都覆盖;
- 控制措施深度:针对相同攻击的控制措施数量。

攻击空间的覆盖广度可采用以下量化评价指标。

- 攻击类覆盖度:被覆盖的攻击类/所有的攻击类;

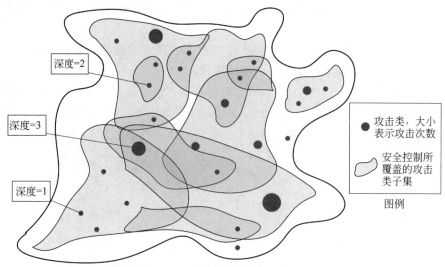

图 3-24　安全控制措施的覆盖度分析

- 攻击面覆盖度：被覆盖的攻击面/所有的攻击面；
- 关键资产覆盖度：被保护的关键资产/所有关键资产。

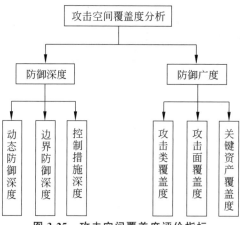

图 3-25　攻击空间覆盖度评价指标

以入侵检测为例，广度上考量其是否覆盖网络的各个区域；深度上考量是否使用多种探针，是否能够检测各类攻击。

3.5.8　鱼骨图

鱼骨图也被称为石川图或因果图，最早由日本人石川馨于 1943 年提出，广泛用于制造业的质量控制和质量管理中。鱼骨图是一种发现问题"根本原因"的方法，其特点是简捷实用，深入直观。它看上去有些像鱼骨，问题或缺陷（即后果）标在"鱼头"外。在鱼骨上长出鱼刺，其上按出现机会多少列出产生问题的可能原因。作为系统识别因果关系的分析工具，鱼骨图分析法适用性很强，已被进一步运用于安全评价、环境风险、项目风险管理等多个领域中。在风险管理中，鱼骨图用于识别风险的起因。

如图 3-26 所示,鱼骨图的绘制分两步。第一步是分析问题原因/结构,针对问题点,先选择层别方法(如人员、物理、数据、系统、网络、应用、管理等),然后按头脑风暴分别对各层别、类别找出所有可能原因(因素),再找出各要素进行归类、整理,标明从属关系。

第二步开始正式绘制,先填写鱼头,画出主骨;接着画出大骨,填写大要因;然后画出中骨、小骨,填写中小要因;最后用特殊符号标识重要因素。

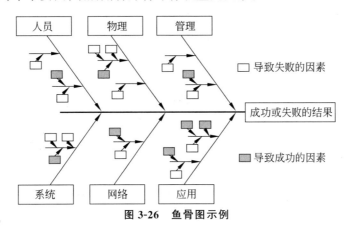

图 3-26　鱼骨图示例

3.5.9　攻击面

攻击面(*attack surface*)是指软件环境中可以被未授权用户(攻击者)输入或提取数据而受到攻击的点位(攻击矢量),也可泛指系统被攻击的方式(途径)的集合。攻击面分析在于了解应用程序或网络的风险区域,使开发和设计人员了解程序及网络哪些部分容易遭到攻击渗透。

系统攻击面是指攻击者可以用于发动攻击的系统资源的子集,分为逻辑攻击面和物理攻击面,物理攻击面是指暴露给攻击者的物理出入口、通道和资源等,而逻辑攻击面又可分为以下几种。

- 网络攻击面:主要指暴露的网络协议漏洞,攻击者可基于这些漏洞发起拒绝服务攻击,或者篡改、伪造、中断网络数据包等;
- 软件攻击面:指暴露的系统软件、应用程序、中间件等程序漏洞;
- 人员攻击面:指由于人员安全意识不足造成的漏洞,如社会工程、人为错误和值得信任的内部人员造成的漏洞。

攻击面由三元组:M(入口点和出口点集)、C(通道集)、I(不可信资源集)组成。评价攻击面的大小可采用以下公式。

$$攻击面度量 = \left(\sum_{m \in M} der(m), \sum_{c \in C} der(c), \sum_{i \in I} der(i) \right)$$

其中,$der = \dfrac{破坏潜力}{攻击成本}$。

例如,具有 *root* 权限的账号或服务被利用就比只具有普通权限的账号或服务的风险高;未加密的 *http* 连接就比采用 *https* 的连接安全风险高;可执行程序的安全风险就比注册表的安全风险高。

3.5.10　影响关联图

影响关联图（*impact dependency graph*，有时也称为影响依赖图）可将系统资产与系统服务（*service*）以及组织的使命（*mission*）之间的相互依赖关系通过图形化的方式表示出来。如图 3-27 所示，图中 $A \rightarrow B$ 表示 B 依赖于 A，方框代表汇聚节点，圆圈代表资产、服务或使命节点。通过该图，可以计算网络攻击对资产造成的直接影响是如何通过资产与服务、使命的依赖关系进行传播的，如何影响正在执行的组织使命。该图采用网络领地（*network terrain*）描述网络资产及其服务，以及它们之间的内外部关联（交互）关系，其中使命（*mission*）是生存在网络领地中的代理（*agent*）。使命 *agent* 从网络领地中获取资源，以完成其所需的任务（行动），因此网络领地被攻击破坏的话，就会影响使命 *agent*，使其面临风险。

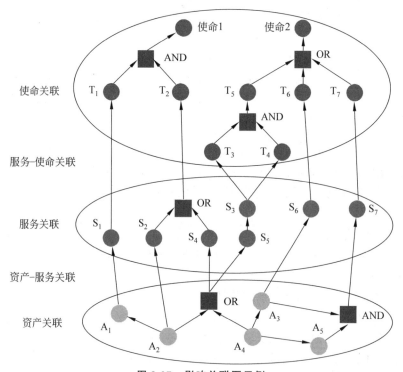

图 3-27　影响关联图示例

如图 3-28 所示，在计算影响和关联（依赖）程度时，需考虑以下因素。

- 攻击的影响因子（*Impact Factor*，IF）：攻击事件对资产损害的程度；
- 资产节点的运行能力（*Operational Capacity*，OC）：资产能够服务使命任务的程度，初始节点的 OC 一般为 1，随着时间的推移，在攻击者利用脆弱性实施攻击，造成影响因子（IF）的情况下，会逐步降低节点的 OC；

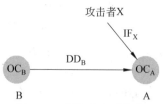

图 3-28　网络攻击对资产节点产生的影响

- 资产的依赖程度（$Degree\ of\ Dependency$，DD）：使命任务对资产的依赖程度。

IF 可采用 $CVSS$ 的漏洞计分（VS）计算，$IF = VS/10$，也可以采用 IDS 提供的告警严重程度计算。OC、DD 和 IF 取值都在[0，1]之间。

DD 的取值如下：如果运行失效直接依赖于某个重要的服务或硬件/软件，则依赖程度最高；如果失效引起重要服务或业务目标降级或采取替代方案，则依赖程度中等；如果能够容忍运行失效并且能保证业务持续性，则依赖程度最低。

注意，在绘制影响关联图时，对于热备/冷备的软硬件资产或服务，不要分开绘制为两个节点！只需要在计算 DD 时考虑。

t 代表攻击发生前，t' 代表攻击发生后，则影响传播的计算方式为

$$OC_A(t') = Min(Max(OC_A(t) - IF_x(t'),0),OC_B(t') \times DD_B)$$

如果 A 是起始节点（如不依赖于其他任何节点的终端），则

$$OC_A(t') = Max(OC_A(t) - IF_x(t'),0)$$

对于 OR 或 AND 节点，有

$$OC_{OR}(t) = Ave(OC_1(t),OC_2(t),\cdots,OC_n(t))$$

$$OC_{AND}(t) = Min(OC_1(t),OC_2(t),\cdots,OC_n(t))$$

在进行影响传播分析时，需要考虑使命节点对服务节点的依赖不一定是 100% 的，因此在 OC 计算时，需要将依赖程度乘以 OC，才能得到变化后的比较客观的 OC 值。

采用影响关联图分析有利于分析威胁事件产生的直接和间接损失（影响），进而帮助估算损失大小，确定需要保护的关键资产和服务。

3.5.11　决策树

决策树分析法又称概率分析决策方法，是指将构成决策方案的有关因素以树状图形的方式表现出来，并据以分析和选择决策方案的一种系统分析法。它是风险型决策最常用的方法之一，特别适用于分析比较复杂的问题。它以损益值为依据，比较不同方案的期望损益值（简称期望值），决定方案的取舍，其最大特点是能够形象地显示出整个决策问题在时间上和不同阶段上的决策过程，逻辑思维清晰，层次分明，非常直观。

图 3-29 给出了一个防范恶意代码窃取数据的决策树。决策树中的□表示决策点。每决策一次就有一个决策点。从决策点上引出的分枝称为方案枝，方案枝的枝数表示可行方案的个数。○表示方案的状态节点（也称自然状态点），其上标注的数字代表采用该方案的代价（成本）。从节点上引出的分枝称为状态枝，状态枝的枝数表示可能出现的自然状态，状态枝上的数字表示该状态下事件发生的概率。△表示结果点（也称末梢）。在结果点旁列出不同状态下的收益值或损失值，供决策使用。

图中方案 A 对所有终端系统安装部署防病毒软件，成本为 50 万元。方案 B 则只在网络交换机上部署防病毒网关，成本为 20 万元。途中标明遭受病毒感染事件的概率，并给出造成的损失大小（60 代表每次病毒感染造成的损失为 60 万元，而加号后面的值代表每年更新病毒库的成本）。

通过简单的计算则可得出采用方案 A 的成本 $= (70 \times 0.1) = 7$ 万/年，或 $(65 \times 0.8) = 52$ 万/年；以 5 年计算，总成本为 $50 + (5 \times 7) = 85$ 万，或 $50 + (52 \times 5) = 310$ 万；

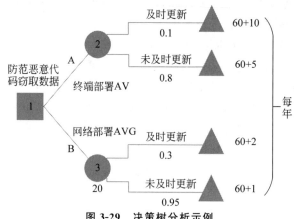

图 3-29　决策树分析示例

采用方案 B 的成本＝(62×0.3)＝18.6 万/年，或(61×0.95)＝57.95 万/年；以 5 年计算，总成本为 20+(18.6×5)＝113 万，或 20+(57.95×5)＝309.75 万。

通过比较成本与收益可以发现，最好的选择是采用方案 A，并及时更新病毒库。

3.5.12　攻防树

攻防树是一种用于图形安全建模和评估的新方法，它在攻击树的基础上引入了代表防御措施的防御节点，扩大了攻击树的建模能力，有利于从攻防对抗的角度表示攻击者和防御者之间的交互。

攻防树的表示方法如图 3-30 所示。圆圈（或椭圆）表示攻击节点，矩形表示防御节点，节点之间的关系与攻击树一样，有"与"(and，逻辑运算符为 ∧)"或"(or，逻辑运算符为 ∨)"非"(not，逻辑运算符为 ¬)三种运算符。同一类型的节点（都是防御节点或都是攻击节点）之间采用实线连接，而攻击与防御节点之间采用虚线连接。相同父节点下的与节点之间采用弧线连接，表示所有子节点的动作需要同时执行或顺序执行完毕，父节点的目标才能达成；相同父节点下的或节点表示只需要执行任何一个子节点的动作，即可达成父节点的目标。

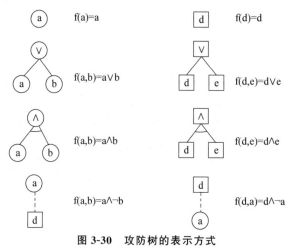

图 3-30　攻防树的表示方式

在攻防树建模的基础上,可通过为不可分节点(相当于攻击树中的叶子节点)分配参数来评估攻击和防御的影响因素(如成功概率或成本等)。大多数分析方法一次只能优化分析一个参数,例如,最小化攻击(防御)成本或最大化攻击(防御)概率。在优化冲突参数时,也可以在最大化攻击成功概率的同时最小化攻击成本,采用这些方法可得到次优解决方案。

图 3-31 所示的是针对服务器攻击的攻防树。树的根节点表示攻击的目标是服务器,可采用的攻击方法有三种:内部攻击、外部攻击和窃取服务器。为了实现攻击目标,内部人员需要内部连接服务器并拥有正确的用户账户。为了不容易被抓住,内部人员可使用同事的而非自己的账户。如果安装并正确配置了防火墙和入侵检测系统(IDS),则可以防止外部人员的攻击。需要注意的是,在攻击防御树建模过程中,任何一个节点的对抗节点有且最多只能有一个。

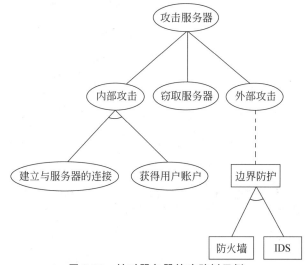

图 3-31　针对服务器的攻防树示例

在攻防树建模的基础上,可以为所有不可分节点赋予攻击/防御成本、攻击/防御成功的概率、攻击/防御成功的最少时间、攻击被发现/防御发现的概率等影响因素,计算达成攻击/防御目标的最终影响值。由于攻防树中包含正反两方(攻击方和防御方)的节点,因此针对不同的影响因素,正反两方采用的综合计算方法有可能不同。设 x 和 y 分别代表两个同类型兄弟节点(或攻防对抗节点)的参数值,则针对不同的影响因素,其综合计算方法如表 3-24 所示。

表 3-24　攻防树相关参数综合计算函数

影 响 因 素	节点类型	"与"(AND)节点	"或"(OR)节点	"非"(not)节点
成功概率	攻击方	xy	$1-(1-x)(1-y)$	$x(1-y)$
	防御方	xy	$1-(1-x)(1-y)$	$x(1-y)$
最少成本	攻击方	$\min(x,y)$	$x+y$	$x+y$
	防御方	$x+y$	$\min(x,y)$	$\min(x,y)$

续表

影响因素	节点类型	"与"(AND)节点	"或"(OR)节点	"非"(not)节点
最少时间 (同时执行)	攻击方	$\max(x,y)$	$\min(x,y)$	$\max(x,y)$
	防御方	$\min(x,y)$	$\max(x,y)$	$\min(x,y)$
最少时间 (顺序执行)	攻击方	$x+y$	$\min(x,y)$	$x+y$
	防御方	$\min(x,y)$	$x+y$	$\min(x,y)$
发现概率	攻击方	$1-(1-x)(1-y)$	$\max(x,y)$	$1-(1-x)(1-y)$
	防御方	$1-(1-x)(1-y)$	$\min(x,y)$	$1-(1-x)(1-y)$

如图 3-32 所示,设针对服务器攻击的各不可分节点的成功概率分别为

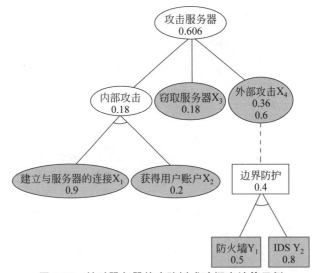

图 3-32 针对服务器的攻防树成功概率计算示例

建立与服务器连接的成功概率：$X_1=0.9$；

获得用户账户的成功概率：$X_2=0.2$；

窃取服务器的成功概率：$X_3=0.25$；

发动外部攻击的成功概率：$X_4=0.6$(注意,这是站在攻击者的视角估计的概率)；

防火墙的成功概率：$Y_1=0.5$；

IDS 的成功概率：$Y_2=0.8$。

则攻击服务器成功的概率 P 为

$$P=((1-X_1\times X_2)\times(1-X_3)\times(1-X_4\times(1-Y_1\times Y_2))))$$
$$=1-((1-0.9\times0.2)\times(1-0.25)\times(1-0.6\times(1-0.5\times0.8))))=0.606$$

图中"外部攻击"节点有两个概率值,0.36 是通过攻防双方相互作用后计算出来的新的概率值,由此体现出攻防树建模的优势,它能够将防御措施考虑到威胁建模和安全风险分析中,因此更加科学可信。

此外,采用布尔运算(True 或 False)的方式,在攻防树所构建的场景基础上,可以方

便地分析出达成攻击/防御目标的关键路径和关键节点,为实施针对性的防御措施提供决策依据,如图 3-33 所示。

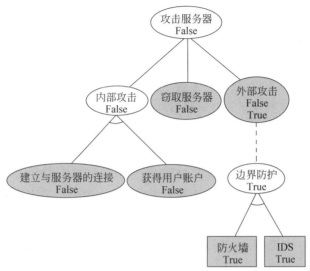

图 3-33　基于攻防树的成功/失败分析示例

风险识别和风险分析的方法还有很多,如用于收集组织相关信息的头脑风暴法、Delphi 法等,用于识别风险的 FMEA 失效模式/效果分析法、场景(想定)分析法等,用于风险度量的数据保护影响分析和风险值分析等,用于风险控制效果分析的贝叶斯分析、马尔可夫分析等,用于风险重要度评价的帕累托图、频率数图等,以及用于记录和报告风险的后果可能性矩阵等。具体可参考《IEC 31010 风险管理-风险评估技术》技术标准。

3.6　小　　结

《信息安全技术——关键信息基础设施安全保护要求》(GB/T 39204—2022)提出了以关键业务为核心的整体防控、以风险管理为导向的动态防护、以信息共享为基础的协同联防的关键信息基础设施安全保护三项基本原则,其中对关键业务链进行安全风险分析是实现主动防御的前提。

安全度量一直是网络安全工程实践需要解决的难题。有学者认为网络安全是无法定量描述的,因为网络安全的基本属性 CIA(机密性、完整性、可用性)很难从防御者单方面的视角进行度量,安全与否与攻防双方能力的对抗息息相关。虽然如此,为了提升网络安全保障能力,安全度量始终是开展网络安全架构设计和日常安全运营的评价标尺。

一个安全设计方案是否能够满足安全需求和等保要求,一个运行的系统是否能够抵御网络攻击,都需要进行科学的安全度量,而网络安全风险评估已成为安全度量的一种重要手段。网络安全风险评估与处置是风险管理框架的核心内容,安全风险评估是网络安全工程中获取安全需求的重要来源,也是实现基于风险的自适应安全运营和持续安全监控的重要工作,因此对网络信息系统进行科学、准确的风险评估非常重要。

风险评估包括风险识别、风险分析和风险评价三个重要环节。风险识别有利于准确找出构成风险的威胁、脆弱性、资产等要素,建立针对网络信息系统的威胁场景,科学评价威胁的等级、脆弱性的严重程度、资产的重要性等;风险分析一般采用定性或定量分析的方法确定威胁利用脆弱性的可能性以及造成的影响(后果)大小;风险评价则结合组织的安全目标和使命任务,科学确定风险的等级或优先级,为风险处置提供依据。

在网络安全风险评估中,如何准确分析产生威胁事件的原因,如何判定威胁事件发生的概率,如何分析复杂网络环境下攻击对组织资产、服务和使命造成的影响大小,是准确评估风险的关键。本章给出了大量可供借鉴和使用的风险评估模型和风险分析方法,可结合具体实践加以灵活应用。例如可利用事件树分析 FAIR 中威胁行动的可能性(PoA),在攻击树分析中利用 CVSS 或故障树、攻防树分析法分析攻击事件发生的概率。一些风险分析方法,如攻击空间覆盖度分析、蝴蝶结分析和关卡分析等方法,也可用于安全控制措施的选择和控制效果分析,为设计安全解决方案和部署方案提供支持。

3.7 习　　题

1. 网络安全风险的构成要素有哪些?各风险要素之间的关系是什么?
2. 风险管理包含哪些主要过程?
3. 什么是风险识别、风险分析和风险评价?
4. 风险识别的主要内容有哪些?
5. 试简述风险评估的主要流程。
6. 请运用所学的风险识别、分析方法,评估如图 3-34 所示的某组织的网络安全风险(资产、脆弱性、威胁及安全风险等级的确定可采用任何一种风险评估模型)。

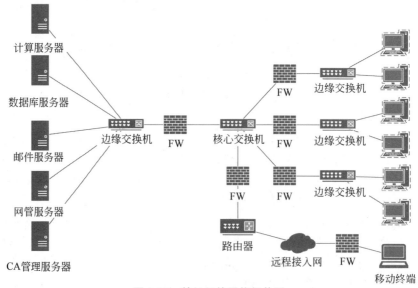

图 3-34　某组织的网络拓扑图

7. 请根据 FAIR 方法论,运用 python pyfair 软件包,计算如表 3-25 所示的系统量化风险。

表 3-25　某系统的 FAIR 风险因子量化取值

因　　素	缩写	最小	最可能	最大
威胁源能力	TCap	0.2	0.5	0.8
威胁行动成功的难度	Diff	0.6	0.7	0.9
威胁事件发生频率	TEF	10	15	40
直接损失大小	LM	350	400	600
间接损失发生频率	SLEF	0.8	0.95	0.99
间接损失大小	SLM	5250	6000	8500

8. 如图 3-35 所示,某地骨科医院爆发勒索病毒,不到一天,全省另外 57 家医院相继爆发勒索病毒,每家医院受感染服务器数量为 3～8 台不等,受灾医院网络业务瘫痪,无法正常开展诊疗服务。现场排查显示,此次事件认定为人工投毒,感染的病毒为 Globelmposte 家族勒索病毒,受感染医院专网前置机因使用弱口令而被爆破,在成功感染第一家医院后,攻击者利用卫生专网爆破 3389 登录到各医院专网前置机,再以前置机为跳板向医院内网其他服务器爆破投毒,感染专网未彻底隔离的其他 57 家医院。请分别采用原因树和鱼骨图分析事件发生的原因(必要时可扩展可能产生事件的原因)。

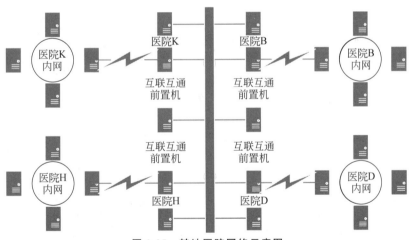

图 3-35　某地医院网络示意图

9. 请参照第 2 章习题 5 给出的攻击树例子,绘制对应的防御树,并在所绘制的防御树基础上,为每个叶子节点设定"防御成本、防御可靠度和技术难度"值,计算根节点的防御影响值。

10. "小美在淘宝开了一家汽车用品店。去年 2 月底,一个'买家'来店里拍了一套汽车坐垫后发了一张截图,显示'本次支付失败',并提示'由于卖家账号异常,已发邮件给卖家'。小美打开邮箱,果然有一封主题为'来自支付宝的安全提醒'的未读邮件。小美没有多想就点击邮件里的链接,按提示一步步进行了'升级',期间几次输入支付宝账号和密码。隔天,小美发现账户里的 8 000 多元余额被人以支付红包的形式盗空"。请根据以上

情节,结合你的认识完成以下任务:

(1)采用故障树分析该攻击事件;

(2)计算该故障树的最小割集和最小径集;

(3)尝试为故障树中的每个基本事件赋予发生概率,然后计算顶上事件的发生概率;

(4)对该故障树进行结构重要度、概率重要度和临界重要度分析;

(5)绘制与该故障树对应的防御树;

(6)尝试为防御树中的每个基本事件(叶子节点)赋予发生概率,计算顶上事件的发生概率。

11. 假设如图 3-36 所示的防御树 A 和防御树 B 的顶上事件发生概率相同,但基本事件不完全相同。试分析它们在结构重要度、概率重要度和临界重要度方面有何不同?并谈谈如何利用上述分析方法以最小的代价提高防御的可靠性。

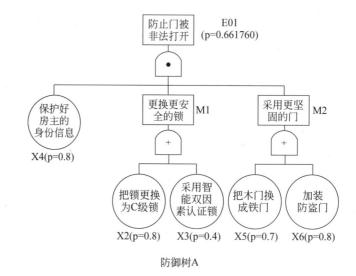

防御树A

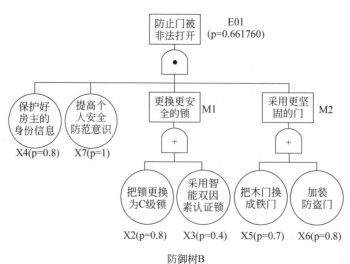

防御树B

图 3-36 防御树示意图

12. 2018 年,某电网公司有几台办公终端出现部分 Office 文档、图片文档、PDF 文档多了 sage 后缀,修改后变成乱码。经分析发现这些终端感染了 sage2.2 勒索病毒。感染的原因是该勒索病毒使用了包含欺骗性消息的恶意电子邮件,并将邮件发送给该公司潜在受害者,而受害者打开了这些电子邮件的恶意.zip 附件,导致终端系统被感染。之后勒索病毒又继续利用其他终端的操作系统漏洞进行传播。安全运维人员采取了以下响应措施防止将来因勒索病毒攻击造成重要资产损失:

(1) 部署终端安全管控软件,实时对终端进行查杀和防护(成功概率 $p_1 = 0.8$);

(2) 操作系统以及安装在计算机上的所有应用程序及时更新补丁并升级(成功概率 $p_2 = 0.5$);

(3) 加强人员的网络与信息安全意识培训教育,意外收到的或来自未知发件人的电子邮件,不要按照文字中的说明进行操作,不要打开任何附件,也不要点击任何链接(成功概率 $p_3 = 0.9$);

(4) 对个人 PC 中比较重要的稳定资料进行随时备份,备份应离线存储(成功概率 $p_4 = 0.75$)。

请采用事件树分析法建模分析上述攻击事件,并进行结果和概率分析。

13. 图 3-37 所示的是校园一卡通服务系统的网络部署。显然,学校一卡通服务系统要能正常履行使命,必须依托一卡通数据库服务、一卡通应用服务、一卡通身份识别服务、银行交易服务的协作支持,而这些服务又要依托对应的数据库服务器,应用服务器,身份识别、支付交易、银行圈存等前置机,以及核心和接入交换机,POS 机,工作站和 Lineport 接入控制器等的支持。具体而言,应用服务依托于数据库服务,一卡通交易流程是首先进

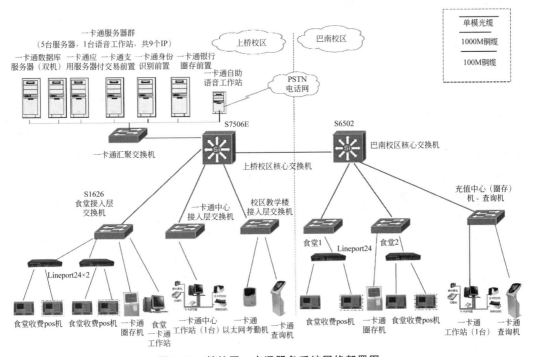

图 3-37　某校园一卡通服务系统网络部署图

行身份识别,然后进行支付或圈存交易,而这些交易又要依托于应用服务和银行。

(1) 请据此绘制校园一卡通服务系统的影响关联图,简要说明资产、服务与使命之间的关联关系;

(2) 假设应用服务器遭受了 SQL 注入攻击,攻击者利用该漏洞上传 WebShell,释放了勒索病毒,请分析一下该攻击对一卡通服务和使命造成的关联影响(重点是节点的运行能力)。

3.8 实 验

实验 1:资产、脆弱性识别

针对典型的目标网络,运用 NMAP、Nessus、XScan 等工具进行资产和脆弱性识别,包括网络拓扑发现,网络端口及服务扫描,操作系统、数据库系统、Web 服务等的漏洞扫描及渗透测试,系统口令破解等。对发现的资产进行关联分析,找出关键资产,评定资产价值;对发现的脆弱性进行测试分析,评定脆弱性等级。构建的网络拓扑如图 3-38 所示。

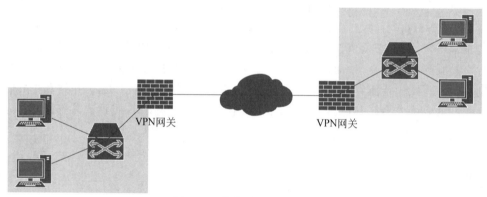

图 3-38 某典型网络拓扑图

实验 2:终端安全风险评估

使用 SecAnalyst[①] 工具对终端上的操作系统进行运行状态评估,扫描系统中基于进程和文件的安全隐患。使用微软设计的基于 Windows 操作系统的综合安全扫描工具 MBSA[②] 进行脆弱性扫描,使用 MSAT 安全评估测试工具[③]进行安全风险评估。

实验 3:攻防树建模分析

请基于本书在攻击树和防御树建模中给出的破坏和保护星地链路可用性的例子,采用 ADTool[④] 工具绘制针对星地链路的攻防树,并尝试为不可分节点赋予攻击/防御成功概率、攻击/防御成本、攻击被发现/防御发现等参数,计算根节点的值。

---

① SecAnalyst 是 Terminator Lab 开发的免费安全分析工具,它的作用是对操作系统进行一次全面的扫描。

② Microsoft Baseline Security Analyzer(MBSA)工具允许用户扫描一台或多台基于 Windows 的计算机,以发现常见的安全方面的配置错误。

③ MSAT 是微软提供的安全评估工具。

④ https://satoss.uni.lu/members/piotr/adtool/index.php。

第 4 章

网络安全运营

安全运营是以业务系统风险控制为核心,将安全建设与业务相适配,并结合 AI、大数据等核心技术,建立基于业务的自适应安全架构,建设监测、分析、响应等集中安全监测体系,将技术、流程、人员有机集合,对业务安全风险进行持续控制的一种安全建设模式。人、数据、工具、流程,共同构成安全运营的基本元素,网络安全运营以威胁发现为基础,以分析处置为核心,以发现隐患为关键,以推动提升为目标,是一个技术、流程和人有机结合的复杂系统工程,通过对已有的网络安全产品、工具、服务产出的数据进行有效的分析,持续输出价值,控制网络安全风险,从而实现网络安全的最终目标。

网络安全运营与网络安全运维的概念是有区别的。网络安全运维主要以人为手段,从各种安全设备上架、接线到巡检,再到安全事件处置,更多的是一种被动的解决单一安全问题的纯维护方式。这种传统的安全建设方式往往无法做到整体安全把控和整体安全规划,也缺乏专业的技术人才,最终导致交付的安全成果与建设期望存在较大差异。而网络安全运营针对此类问题,打破传统的建设模式,从对用户整体安全负责的角度,帮助用户建立以安全为目标的长效运营机制。除了提供安全系统和设备的日常维护及定期巡检,安全监测及应急处置等业务之外,安全运营更多地解决如下问题。

- 运用大数据分析及可视化展示技术,持续、不间断地对网络信息系统的安全状态进行监测,及时准确地应对来自内外部的安全威胁。
- 解决安全产品多且使用难度高的问题。
- 帮助业务部门培养具有安全监测和应急响应能力的安全运营人员。
- 提供更为专业的安全咨询服务,对用户的整体安全负责,帮助用户整体把控安全,以及进行整体安全规划建设。

网络安全运营是实现组织网络信息系统安全价值的核心体系,不但需要安全技术方面的工作,还有安全管理方面的要求。网络安全运营是广义上的网络安全运维,传统意义上的网络安全运维管理和网络安全事件的应急响应处置是网络安全运营的主要内容。

4.1 网络安全运维管理

4.1.1 运维管理主要内容

网络安全运维管理实质上包含两方面的工作,一是运维安全管理,即完成与运维相关的安全问题的发现、分析与阻断工作,如系统漏洞的扫描、分析与弥补;二是完成信息安全系统或设备自身的运维管理,如防火墙访问控制规则的配置,入侵检测系统报警信息的分析与处置等。

《GB/T 36626—2018 信息安全技术——信息系统安全运维管理指南》将信息系统的安全运维分为四个重要组成部分：安全运维策略、安全运维组织、安全运维规程和安全运维支撑系统，如图 4-1 所示。

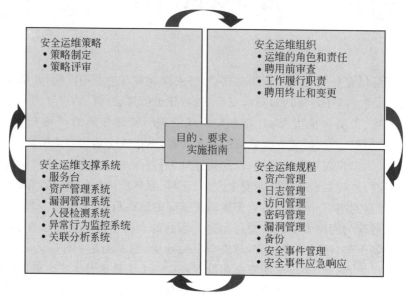

图 4-1　信息系统安全运维模型

（1）安全运维策略明确了安全运维的目的与方法，主要包括策略制定和策略评审两项活动；

（2）安全运维组织明确了安全运维团队的管理，包括运维的角色和职责、聘用前审查、工作履行职责、聘用终止和变更；

（3）安全运维规程明确了安全运维的实施活动，包括资产管理、日志管理、访问控制、密码管理、漏洞管理、备份、安全事件管理、安全事件应急响应等；

（4）安全运维支撑系统给出了主要的安全运维辅助性系统及其工具。

在运维组织体系构建上，一般需要建立三线信息安全运维组织体系。

（1）一线操作管理岗：负责处理安全事件，快速恢复系统正常运行；

（2）二线安全分析岗：负责安全问题查找，彻底解决存在的安全问题；

（3）三线评审修复岗：负责修复设备或系统存在的深层漏洞。

建立良好的运维安全体系，主要包括以下工作。

（1）制定完备的运维安全规范，约束运维、开发、测试、管理人员，明确各级职责与信息交互方式；

（2）定期开展运维安全意识与技术培训；

（3）加强运维操作的流程审批，权限申请要上级审批、功能开放要安全人员或者同组同事审核、功能上线要安全人员评估测试；

（4）及时了解运维安全态势。

常见的网络安全运维管理包括以下几种。

（1）漏洞管理：包括漏洞的扫描、挖掘、评级与修复。在漏洞管理上，需要多种漏洞扫描工具交叉验证。在漏洞修复进度追踪上，需要制订修复计划、控制修复时间、管理漏洞状态（漏洞状态一般可以划分为未修复、已修复或忽略）等。

（2）配置管理：也称为基线管理，重点关注资产上的不安全配置，如密码管理中的弱口令等；关注应用 Web 后台是否暴露在不安全网络上；针对应用系统（操作系统、中间件以及数据库）进行安全基线检查，针对网络设备、安全设备进行安全基线检查和登录监控；基于等级保护或分级保护要求，修改安全配置项和安全策略，进行系统安全加固。

（3）资产管理：包括新增资产管理和变更资产管理。及时发现新增资产，丰富资产属性，补充资产盲区；及时发现已有资产的变更，将其与威胁、漏洞关联起来，如版本变更可能带来的新安全隐患。

（4）策略管理：包括根据安全需求和安全风险评估结果制定安全策略、变更安全策略、评审安全策略和实施安全策略等操作；策略管理与配置管理和风险管理紧密结合。

（5）风险管理：包括风险评估和风险控制，可以从威胁、漏洞、资产三方面入手分析，重点分析威胁利用什么漏洞、针对哪些资产进行攻击；查看资产存在哪些漏洞，是否与威胁利用的漏洞一致；评估威胁利用漏洞对资产造成的损害大小和发生的可能性，划分风险等级，制定风险控制策略。

如图 4-2 所示，BeyondTrust 公司首席信息安全官 Morey Haber 指出以下的网络安全的三大支柱。

（1）身份（Identity）：保护用户的身份、账户、凭证，免受不当的访问；

（2）权限（Privilege）：对权限和特权的保护以及对身份或账户的访问控制；

（3）资产（Asset）：对一个身份所使用（直接使用或作为服务使用）的资源的保护。

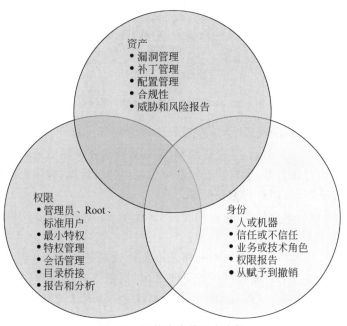

图 4-2　网络安全的三大支柱

一个好的安全解决方案,必须将身份管理、权限管理和资产管理整合起来、关联起来。例如,在计算机终端上安装防病毒软件,虽然能够报告资产的感染情况,却无法判断恶意软件使用什么身份(账户或用户)或权限来入侵目标资产;孤立的漏洞管理方案,虽然能够扫描到资产的漏洞信息,却无法发现可访问该资产的账户和用户组信息,也就无法更好地帮助确定补丁的优先级,也无法帮助管理好身份攻击向量。

与资产和权限相对应,网络攻击大致也可以分为资产攻击和权限攻击两大类。

(1)资产攻击:一般通过漏洞和配置缺陷实现,防御方法是漏洞管理、补丁管理、配置管理等传统的网络安全最佳实践;

(2)权限攻击:通常采取某种形式的特权远程访问,所用技术包括口令猜测、字典攻击、暴力破解、Hash 传递、口令重置、默认凭据、后门凭证、共享凭据等,防御方法是零信任模型和即时(JIT)权限访问管理。

资产攻击主要利用资产管理方面的漏洞,而权限攻击则主要利用权限管理和身份管理方面的漏洞。因此,除了传统的漏洞管理、配置管理等网络安全运维管理工作外,还应该加强权限管理和身份管理。

身份管理和访问权限管理包括 5 个 A:认证(Authentication)、授权(Authorization)、管理(Administration)、审计(Audit)、分析(Analytics),如图 4-3 所示。

图 4-3   身份及访问管理(IAM)的 5A

权限管理主要包括口令管理、会话管理和特权管理等。口令管理包括口令的检入和检出、自动口令管理、临时(动态)口令管理等;会话管理包括会话监控与记录、会话启动与远程访问、会话分析与报告等;特权管理包括终端最小特权管理、应用程序控制、应用程序风险管理、系统安全审计、用户行为分析等。

身份管理主要包括账户管理、角色管理、凭据管理、访问管理和基于风险的认证等。

1. 基线检查

漏洞管理、配置管理和策略管理的一项基本工作就是基线检查。基线一般指配置和管理系统的详细描述,或者说是最低的安全要求,包括服务和应用程序设置、操作系统组件的配置、权限和权利分配、管理规则等。安全基线是一个信息系统的最小安全保证,即该信息系统最基本的安全要求。信息系统安全往往需要在安全付出成本与所能够承受的安全风险之间进行平衡,而安全基线正是这个平衡的合理分界线。不满足系统最基本的安全需求，也就无法承受由此带来的安全风险，而非基本安全需求的满足同样会带来超额安全成本的付出，因此构造信息系统安全基线已经成为系统安全工程的首要步骤，同时也是进行安全评估、解决信息系统安全性问题的先决条件。常见的安全基线配置标准有 ISO270001、等级保护 2.0 等，组织也可以建立自己的标准。

安全基线的内容分为三个方面。

（1）安全漏洞：通常是由系统自身的问题引起的安全风险，一般包括登录漏洞、拒绝服务漏洞、缓冲区溢出、信息泄露、蠕虫后门、意外情况处置错误等，反映了系统自身的安全脆弱性。

（2）安全配置：通常是由人为的疏忽造成，主要包括了账号、口令、授权、日志、IP 通信等方面内容，反映了系统自身的安全脆弱性。安全配置方面与系统的相关性非常大，同一个配置项在不同业务环境中的安全配置要求是不一样的，在设计业务系统安全基线时，安全配置是一个需要关注的重点。

（3）重要状态：包括端口、进程、账号、服务和重要文件的状态，这些状态的异常可能由来自于外部的各种威胁因素导致，例如非法登录尝试、木马后门、DDoS 攻击等都属于安全异常活动，反映了系统当前所处环境的安全状况和可能存在的外部风险。

信息系统的网络设备、主机、数据库、中间件、应用软件的安全策略是安全配置检查的主要对象。安全策略的作用是为网络和应用系统提供必要的保护，其安全性也必然关系到网络和应用系统的安全性是否可用、可控和可信。通过安全配置检查可以发现这些设备和安全系统是否存在以下问题：

- 是否最优地划分了 VLAN 和不同的网段，保证了每个用户的最小权限原则；
- 内、外网之间、重要的网段之间是否进行了必要的隔离措施；
- 路由器、交换机等网络设备的配置是否最优，是否配置了安全参数；
- 安全设备的接入方式是否正确，是否最大化地利用了其安全功能而又占系统资源最小，是否影响业务和系统的正常运行；
- 主机服务器的安全配置策略是否严谨有效；是否配置最优，实现其最优功能和性能，保证网络系统的正常运行；
- 系统自身的保护机制是否实现；
- 管理机制是否安全，远程登录是否采取了必要的安全机制；
- 为网络边界提供的保护措施是否正常和正确；
- 系统是否定期升级或更新，是否存在未打补丁；
- ......

微软的 Security Compliance Toolkit（SCT）[①]是一组工具，可以让企业安全管理员为 Windows 和其他 Microsoft 产品下载、分析、测试、编辑和存储 Microsoft 推荐的安全配置基线。

基线检查包括远程检查和本地检查两种方式。

远程检查通常采用漏洞扫描技术，主要用来评估信息系统的安全性能，是信息安全防

---

① https://www.microsoft.com/en-us/download/details.aspx? id=55319。

御中的一项重要技术,其原理是在不提供授权的情况下模拟攻击以对目标可能存在的已知安全漏洞进行逐项检查,目标可以是终端设备、主机、网络设备,甚至数据库等应用系统。系统管理员可以根据扫描结果提供安全性分析报告。

本地检查先是基于目标系统的管理员权限,通过 Telnet/SSH/SNMP、远程命令获取等方式获取目标系统有关安全配置和状态信息;然后根据这些信息在检查工具本地与预先制定好的检查要求进行比较,分析是否符合情况;最后根据分析情况汇总出合规性检查结果。配置核查是本地检查最常见的一项内容。配置检查工具主要针对 Linux、Windows 等操作系统,华为、华三等路由器和 Oracle、SQL Server 等数据库进行安全检查。检查项主要包括账号、口令、授权、日志、IP 协议等有关的安全特性。表 4-1 和表 4-2 分别给出了对 Linux 和 Windows 操作系统进行基线检查的示例,组织可根据自身的安全需求和风险评估结果调整、补充相应的检查项和检查内容。

表 4-1　Linux 安全检查及加固列表示例

检查子类	操 作 流 程	检查情况	加固情况
系统补丁	1. 输入命令：uname -a 2. 查看操作系统版本必须大于 2.6.35	□已设置 □未设置	需联系服务器管理员处置
系统服务	1. 输入命令：chkconfig|grep on 2. 查看是否有以下服务： telnet rsh rlogin ftp	□已设置 □未设置	需联系服务器管理员处置
系统文件权限	1. 查询以下文件权限,命令格式为(ls -l 文件路径及文件名)： /etc/fstab 0644 /etc/passwd 0644 /etc/shadow 0400 2. 检查文件及权限是否符合上述内容	□已设置 □未设置 检查情况： ————	需联系服务器管理员处置
账户安全策略	1. 查看/etc/login.defs 文件 2. 检查是否作了以下设置： PASS_MAX_DAYS 90 PASS_MIN_DAYS 6 PASS_MIN_LEN 14 PASS_WARN_AGE 7	□已设置 □未设置 检查情况： ————	需联系服务器管理员处置
防火墙设置	1. 查看/etc/sysconfig/iptables 文件 2. 检查是否作了端口安全策略	□已设置 □未设置 检查情况： ————	需联系服务器管理员处置
系统接入控制	1. 查看以下系统文件： /etc/hosts.allow /etc/hosts.deny 2. 检查是否作了系统接入策略	□已设置 □未设置 检查情况： ————	需联系服务器管理员处置

续表

检查子类	操 作 流 程	检查情况	加固情况
账户权限分离	1. 执行命令： less /etc/passwd|grep home|awk -F：''{print $1}' 2. 查看除 root、syslog、klog 账户外是否有其他系统登录账户	□已设置 □未设置 检查情况： ———	需联系服务器管理员处置
查看账户权限	1. 执行命令： awk -F：'$3==0 {print $1}' /etc/passwd 2. 只显示 root 账户	□已设置 □未设置 检查情况： ———	需联系服务器管理员处置
空口令账户	1.执行命令： awk -F：'length($2)==0 {print $1}' /etc/shadow 2. 显示存在空口令账户	□已设置 □未设置 检查情况： ———	需联系服务器管理员处置
后门检查	1. 执行命令： cat /etc/crontab cat /etc/rc.d/rc.local 2. 查看异常启动项	□已设置 □未设置 检查情况： ———	需联系服务器管理员处置

表 4-2　Windows 安全检查及加固列表示例

终端检查		
基本情况	计算机名称	
	内网 IP/掩码	
	磁盘分区	
	磁盘可用空间	
	密码长度及复杂度	
系统补丁	操作系统安装最新 SP、MS08067 等补丁	1. 查看计算机属性 2. 依次打开：控制面板/添加删除程序 3. 查看系统补丁情况 4. 通过 Windows update 或者补丁安装盘安装系统补丁
安全软件	安装最新杀毒软件并更新最新病毒库	1. 检查系统中运行的杀毒软件 2. 杀毒软件病毒库更新日期,更新时间必须为近一周
	使用网络防火墙	1. 依次打开,控制面板/Windows 防火墙 2. 检查防火墙启动情况
账户管理	停用 Guest 账户	1. 依次打开：控制面板/管理工具/计算机管理 2. 依次展开：系统工具/本地用户和组/用户 3. 从用户列表中打开"Guest"用户的属性,勾选"账户已禁用"
	非默认账户	1. 依次打开：控制面板/管理工具/计算机管理 2. 依次展开：系统工具/本地用户和组/用户 3. 记录非默认系统账户

续表

	终端检查	
账户管理	默认管理员账户改名	1. 依次打开：控制面板/管理工具/计算机管理 2. 依次展开：系统工具/本地用户和组/用户 3. 检查 administrator 账户是否已经修改账户名
服务管理	关闭不必要的服务	1. 依次打开：控制面板/管理工具/服务 2. 关闭以下服务,设置启动类型为"禁止"： Remote Registry Task Scheduler
注册表优化	移动设备自动播放功能	1. 打开注册表 2. 依次展开注册表子项： HKEY_CURRENT_USER\Software\Microsoft\Windows\CurrentVersion\Policies\Explorer 3. 设置"NoDriveTypeAutoRun"为"十进制",设置数值数据为"255"
系统策略	账户密码策略	1. 打开"运行",输入 gpedit.msc 2. 依次单击"计算机配置/Windows 设置/安全设置/账户策略/密码策略" 3. 建议配置为： 密码必须符合复杂性要求(已启用) 密码长度最小值(8 个字符) 密码最长使用期限(90 天) 密码最短使用期限(1 天) 强制密码历史(24 个记住的密码) 为域中所有用户使用可还原的加密来储存密码(已停用)
	账户锁定策略	1. 打开"运行",输入 gpedit.msc 2. 依次单击"计算机配置/Windows 设置/安全设置/账户策略/账户锁定策略" 3. 建议配置为： 复位账户锁定计数器(5 分钟之后) 账户锁定时间(5 分钟) 账户锁定阈值(50 次无效登录)
	审核策略	1. 打开"运行",输入 gpedit.msc 2. 依次单击"计算机配置/Windows 设置/安全设置/本地策略/审核策略" 3. 将所有的策略设置为成功、失败
	SAM 账户及共享	1. 打开"运行",输入 gpedit.msc 2. 依次单击"计算机配置/Windows 设置/安全设置/本地策略/安全选项" 3. 建议 "网络访问：不允许 SAM 账户的匿名枚举"设为已启用 "网络访问：不允许 SAM 账户和共享的匿名枚举"设为已启用
	本地登录账户	1. 打开"运行",输入 gpedit.msc 2. 依次单击"计算机配置/Windows 设置/安全设置/本地策略/用户权限分配" 3. 建议"允许在本地登录"只设置 administrators
	屏幕锁定	1. 右击"桌面"选择"属性" 2. 单击"屏幕保护程序" 3. 设置屏幕保护,并勾选"在恢复时显示登录屏幕"
	共享策略	1. 打开"计算机管理" 2. 单击"共享文件夹/共享" 3. 检查是否停止 c$、d$、e$、f$、admin$、IPC$ 等

使用初始安全基线进行通用安全评估后,系统管理员、安全管理员要对评估结果进行确认,如果有需要忽略或新增的项目,就调整并保存到基线数据库中。如果没有就返回评估结果。当启动后一次评估并生成评估结果后,新的评估结果会与基线库中的安全基线自动进行对比,系统管理员、安全管理员对评估结果进行确认,如果有需要忽略或新增的项目,就保存到基线库形成新的基线,如果没有任何基线项目需要变更,则生成新的评估报告,如图 4-4 所示。

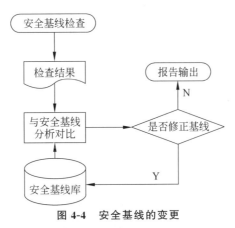

图 4-4 安全基线的变更

此外,良好的运维安全习惯包括以下几种。

- 服务端口默认只监听内网或本地地址,如需监听外网地址,必须进行身份认证与访问控制。
- 统一管理操作系统权限,遇到临时需要高级权限时手动添加并定时回收,量大时采用自动化方式配置。
- 原则上不给测试、开发人员授予 root 权限,不给脚本授权 sudo 密码或者授予 666 的权限位。
- 账户密码不能写在代码中或保存在本地文件中。
- 系统、应用相关用户杜绝使用弱口令,应使用高复杂强度的密码,尽量包含大小写字母、数字、特殊符号等的混合密码,加强管理员安全意识,禁止密码重用的情况出现。
- 禁止服务器主动发起外部连接请求,对于需要向外部服务器推送共享数据的,应使用白名单的方式,在出口防火墙加入相关策略,对主动连接 IP 范围进行限制。
- 强化安全域划分与隔离策略;修改弱密码;关闭防火墙一切不必要的访问端口。
- 有效加强访问控制 ACL 策略,细化策略粒度,按区域、按业务严格限制各个网络区域以及服务器之间的访问,采用白名单机制只允许开放特定的业务必要端口,其他端口一律禁止访问(特别是要禁用或限用 3389、445、139、135 等危险端口),仅管理员 IP 可对管理端口进行访问,如 FTP、数据库服务、远程桌面等管理端口。
- 定期开展对系统、应用以及网络层面的安全评估、渗透测试以及代码审计工作(特别是开源代码审查),主动发现目前系统、应用存在的安全隐患,修复高风险漏洞。
- 加强日常安全巡检制度,定期对系统配置、网络设备配合、安全日志以及安全策略落实情况进行检查,常态化信息安全工作。

- 加强安全意识培养,不要点击来源不明的邮件附件,不从不明网站下载软件;来源不明的文件(包括邮件附件、上传文件等)应先杀毒处理。
- 部署终端安全管控软件,实时对终端进行查杀和防护;非业务需要,禁止未授权移动存储设备接入主机,应使用白名单的方式只允许可信任移动存储设备接入。
- 对计算机中比较重要的文件资料进行随时备份,备份应离线存储;建立安全灾备预案,一旦核心系统遭受攻击,需要确保备份业务系统可以立即启用;同时,需要做好备份系统与主系统的安全隔离工作,避免主系统和备份系统同时被攻击,影响业务连续性。
- 操作系统以及安装在计算机上的所有应用程序(例如 Adobe Reader,Adobe Flash,Sun Java 等)必须使用正版,下载对应漏洞补丁并定期更新。
- 部署全流量监控设备,配置完善全流量采集分析能力,及时发现未知攻击流量以及加强攻击溯源能力,有效防止日志被轮询覆盖或被恶意清除。
- 对于 Web 应用服务,加强权限管理,对敏感目录进行权限设置,限制上传目录的脚本执行权限,不允许配置执行权限等;安装 webshell 检测工具,根据检测结果对已发现的可以 webshell 痕迹立即进行隔离查杀,并排查漏洞;部署网页防篡改设备,对网站文件、目录进行保护,拦截黑客的篡改操作,实时监控受保护的文件和目录,发现文件被篡改时,立即获取备份的合法文件并进行文件还原。

在进行安全基线检查时,应该对标良好的运维安全习惯,结合组织自身的资产安全要求进行检查。

2. 资产管理

资产是指网络空间中某组织所拥有的一切可能被潜在攻击者利用的设备、信息、应用等数字资产,具体包括但不限于硬件设备、主机、操作系统、IP 地址、端口、证书、域名、Web 应用、业务应用、中间件、框架、API、源代码等。

资产管理的目标是构建满足安全运营人员日常工作所需的完整、统一、动态的资产台账系统,实现数字化管理,并随时了解组织的网络空间攻击面。良好的资产管理能够有效支撑网络攻击面收敛、安全漏洞修复与验证、威胁检测与分析、安全事件响应与处置等网络安全运营活动。

资产管理的主要内容包括以下几个方面。

(1)网络空间资产测绘。针对网络空间中的数字化资产,通过扫描探测、流量监听、主机代理、适配器对接、特征匹配等方式,动态发现、汇集资产数据,并进行关联分析与展现,以快速感知安全风险,把握安全态势。资产测绘可使用日志记录和监控系统(或其他资产发现工具)来帮助识别未知资产。针对内网,可在不同区域部署主动测绘探针、API适配器对接现有系统等方式采集资产数据,补充资产的业务和管理属性数据。外部攻击面管理(External Attack Surface Management,EASM)能够从外部网络的视角探测与发现组织的未知资产及其漏洞;网络资产攻击面管理(Cyber Asset Attack Surface Management,CAASM)则通过和已有系统的 API 集成,实现从组织内部发现所有的资产,并给安全、运维、应用在内的各类人员提供统一查询和使用资产数据的能力,这两项技术已经成为实现组织资产管理的新趋势。

（2）创建和维护资产清单。资产清单应该包含网络信息系统涉及的所有资产,并应包含支持安全风险管理和漏洞管理所需的信息。了解拥有哪些技术资产,包括硬件、软件、固件、外围设备和可移动媒体,记录每个资产的负责人及其用途,以帮助识别关键技术资产以及环境中可能存在漏洞的位置;了解拥有哪些数据以及这些数据的存储和处理位置,记录负责数据资产安全的人员(通常称为数据所有者或信息资产所有者);了解拥有哪些内部和外部账户,以及其对攻击者的价值;了解现有系统的架构,包括维护架构,包括重要的信任边界在系统中的位置,尤其是连接互联网或面向第三方系统及网络的位置;维护供应商清单以及其持有的资产。

3. 漏洞管理

漏洞管理流程一般情况下分为四个步骤:漏洞识别、漏洞评估、漏洞处理、漏洞报告。漏洞识别即通常意义下的漏洞扫描,也是漏洞管理的第一步。根据现有资产的情况,目前可分为笔记本电脑、PC、服务器、数据库、防火墙、交换机、路由器、打印机等。漏洞识别进行全部资产的扫描以发现已知的漏洞。

漏洞识别一般是通过漏洞扫描器实现的,识别漏洞的形式有四种。

（1）非认证式扫描:也称网络扫描方式(Network Scanning),其基本原理就是发送Request 包,根据 Response 包的 banner 或者回复的报文判断是否有漏洞,这种分析Response 包内容的主要逻辑是版本比对或者根据 PoC 验证漏洞的一些详情来判断。

（2）认证式扫描:也称主机扫描方式(Agent Based Scanning),这种方式可以弥补网络方式的很多误报或者漏报的情况,扫描结果更准,但是要求开发登录接口,需要在主机进行扫描。以 Nessus 为例,基本就是下发一个脚本执行引擎和 NASL(Nessus Attack Scripting Language)脚本进行执行,在主机保存相关数据后上报服务端,最后清理工作现场。

（3）API 扫描:接近于应用扫描方式。

（4）被动式流量扫描:与主动式的流量扫描相比,在带宽 I/O 上没有任何影响,但是需要对所有请求和返回包进行分析,效果最差,因为某些应用如果没有请求过就无法被动地获取相关流量数据进行分析。

漏洞评估是在漏洞识别的基础上进行漏洞严重性的评估,这一步非常重要,会影响到后面的处理步骤。比较常见的漏洞评估是使用 CVSS 评分法,根据 CVSS 的分数可以分为危急、高危、中危和低危。但是这种评估方法被业界诟病太多,需要结合其他的方式来评估。目前的漏洞评估一般会进一步结合资产的重要性、资产可能面临的风险和威胁等来评估漏洞的影响。漏洞的评估模型目前有三种。

（1）基于漏洞本身的评估:重点评估漏洞的严重性,依赖 CVSS 的评分,包括可利用性、利用影响、是否公开了利用方式等几个维度,具体可参看 CVSS 评分标准。

（2）基于资产的评估:主要评估漏洞所属资产对应的商业价值、资产的暴露面等(如是否含有敏感数据,是否面向互联网等)。

（3）基于风险和威胁的评估:评估该漏洞是否被恶意软件或勒索软件利用,是否在黑客常用工具集中或者在外界已有的利用脚本(EXP)中等。

漏洞处理是在漏洞评估的基础上进行相关的修复、降低影响或者不修复的操作。修复动作不是简单地打补丁，而是执行一个流程。漏洞修复过程通常包括以下几个步骤：

（1）获取厂商的补丁；

（2）分析补丁的依赖和系统的兼容性以及补丁的影响；

（3）建立回滚计划，防止补丁对业务造成未知影响；

（4）在测试环境测试补丁修复情况；

（5）在部分生产环境测试补丁修复情况；

（6）执行灰度上线①补丁计划，乃至全量补丁修复；

（7）分析补丁修复后的系统稳定性并持续监控；

（8）验证补丁是否修复成功，漏洞是否依然存在。

对于很多无法直接根除漏洞进行补丁修复的情况，如0Day、不支持的系统或者软件、业务需求无法中断、补丁速度滞后等情况，要采取降低漏洞影响的操作。通常，有关漏洞减轻的措施包括网络、终端、应用和数据四个大方面，细分如下：

（1）隔离系统网络，包括设置防火墙规则，对网络进行安全域划分；

（2）加强网络访问控制，可通过安全应用代理、防火墙、安全网关等过滤相关攻击流量或屏蔽相关访问端口，阻断有漏洞软件的网络连接，更新网络入侵防护系统（NIPS）、Web应用防火墙（WAF）、安全网关（SW）、运行时应用自我保护（Runtime Application Self-Protection，RASP）等软件或者设备的签名规则；

（3）采用基于主机的入侵防护系统（HIPS）等终端类安全产品进行阻断；

（4）采用端点保护平台（EPP）类安全产品，设置白名单机制、进行系统加固等。

漏洞报告是漏洞管理的最后一个步骤，也是最终的一个产出物。这个报告的目的是总结每一次漏洞管理的成果并记述过程，存档后也可以作为下一次漏洞管理的参考。依照报告的涉及深度可以由浅至深分为：合规报告、修复过程报告、基于风险的报告、重点漏洞分析报告、趋势和指标报告、持续改进报告等。报告本身能够说明每一次管理过程的成果，以及每次评估方法的多样性以及合理性。

漏洞管理的对象除了操作系统、中间件、应用系统等的设计、实现漏洞外，其实还包括管理和运维方面的漏洞，例如

- 组织的信息资产范围不清晰，管理后台未做好访问控制；
- 对外开放敏感的端口，服务启动时默认监听全部地址；
- 网络边界缺乏有效的安全管控和监测措施；
- 缺少对所有终端和服务器的统一安全管理；
- 缺少可以迷惑攻击方、延缓攻击、溯源取证的诱骗系统；
- 用root权限启动服务，或随意将root权限授予开发测试人员；
- 对文件开放过大的权限，任何人都能读写；
- 对供应链安全风险认识不足，随意下载安装部署开源软件；

---

① 灰度上线：是指按需求优先级，抽出核心需求，在满足用户基本要求的情况下快速上线，并通过限制流量、白名单等机制进行试用。

- 敏感应用无认证,或采用缺省口令、空口令、弱口令;
- 系统漏洞不及时弥补,系统不及时升级;
- 人员安全意识薄弱,容易被社工钓鱼;

......

因此漏洞管理应该将技术和管理方面的漏洞都包含进来,定期开展安全检查和风险评估,查找与弥补不足。

4.1.2　安全运维管理要求

1) 环境管理要求

(1) 应指定专门的部门或人员负责机房安全,对机房出入进行管理,定期对机房供配电、空调、温湿度控制、消防等设施进行维护管理。

(2) 应建立机房安全管理制度,对有关机房物理访问,物品带进、带出机房和机房环境安全等方面的管理作出规定。

(3) 不得在重要区域接待来访人员,接待时桌面上不得包含敏感信息的纸档文件、移动介质等。

2) 资产管理要求

(1) 应编制并保存与保护对象相关的资产清单,包括资产责任部门、重要程度和所处位置等内容。

(2) 应根据资产的重要程度对资产进行标识管理,根据资产的价值选择相应的管理措施。

(3) 应对信息分类与标识方法作出规定,并对信息的使用、传输和存储等进行规范化管理。

3) 介质管理要求

(1) 应确保介质存放在安全的环境中,对各类介质进行控制和保护,实行存储环境专人管理,并根据存档介质的目录清单定期盘点。

(2) 应对介质在物理传输过程中的人员选择、打包、交付等情况进行控制,并对介质的归档和查询等进行登记。

4) 设备维护管理要求

(1) 应对各种设备(包括备份和冗余设备)、线路等指定专门的部门或人员定期进行维护管理。

(2) 应建立配套设施、软硬件维护方面的管理制度,对其维护进行有效的管理,包括明确维护人员的责任、涉外维修和服务的审批、维修过程的监督控制等。

(3) 应确保信息处理设备必须经过审批才能带离机房或办公地点,含有存储介质的设备带出工作环境时其中重要数据必须加密。

(4) 含有存储介质的设备在报废或重用前,应进行完全清除或被安全覆盖,确保该设备上的敏感数据和授权软件无法被恢复重用。

5) 漏洞和风险管理要求

(1) 应采取必要的措施识别安全隐患,对发现的安全隐患及时进行修补或评估可能的影响后进行修补。

（2）应定期开展安全测评，形成安全测评报告，采取措施应对发现的安全问题。

6）网络和系统安全管理要求

（1）应划分不同的管理员角色进行网络和系统的运维管理，明确各个角色的责任和权限。

（2）应指定专门的部门或人员进行账号管理，对申请账号、建立账号、删除账号等进行控制。

（3）应建立网络和系统安全管理制度，对安全策略、账号管理、配置管理、日志管理、日常操作、升级与打补丁、口令更新周期等方面作出规定。

（4）应制定重要设备的配置和操作手册，依据手册对设备进行安全配置和优化配置等。

（5）应详细记录运维操作日志，包括日常巡检工作、运行维护记录、参数的设置和修改等内容。

（6）应严格控制变更性运维，经审批后方可改变连接、安装系统组件或调整配置参数，操作过程中应保留不可更改的审计日志，操作结束后应同步更新配置信息库。

（7）应严格控制运维工具的使用，经审批后方可接入进行操作，操作过程中应保留不可更改的审计日志，操作结束后应删除工具中的敏感数据。

（8）应严格控制远程服务的开通，经过审批后方可开通远程接口或通道，操作过程中应保留不可更改的审计日志，操作结束后立即关闭接口或通道。

（9）应保证所有与外部的连接均已得到授权和批准，应定期检查违反规定无线上网及其他违反网络安全策略的行为。

7）恶意代码防范管理要求

（1）应提高所有用户的防恶意代码意识，告知对外来或存储设备接入系统前进行恶意检查等。

（2）应对恶意代码防范要求作出规定，包括防恶意软件的授权使用、恶意代码库的升级、恶意代码的定期查杀等。

（3）应定期验证防范恶意代码攻击的技术措施的有效性。

8）配置管理要求

（1）应记录和保存基本配置信息，包括网络拓扑结构、各个设备安装的软件组件、软件组件的版本和补丁信息、各个设备或软件组件的配置参数等。

（2）应将基本配置信息改变纳入变更范畴，实施对配置信息改变的控制，并及时更新基本配置信息库。

9）密码管理要求

应使用符合国家管理规定的技术和产品。

10）变更管理要求

（1）应明确变更需求，变更前根据变更需求制定变更方案，变更方案经过评审、审批后方可实施。

（2）应建立变更的申报和审批控制程序，依据程序控制所有的变更，记录变更实施过程。

（3）应建立中止变更并从失败变更中恢复的程序，明确过程控制方法和人员职责，必要时对恢复过程进行演练。

11）备份与恢复管理要求

（1）应识别需要定期备份的重要业务信息、系统数据及软件系统等。

（2）应规定备份信息的备份方式、备份频度、存储介质、保存期等。

（3）应根据数据的重要性和数据对系统运行的影响，制定数据的备份策略和恢复策略、备份程序和恢复程序等。

12）安全事件处置要求

（1）应报告所发现的安全弱点和可疑事件。

（2）应制定安全事件报告和处置管理制度，明确不同安全事件的报告、处置和响应流程，规定安全事件的现场处理、事件报告和后期恢复的管理职责等。

（3）应在安全事件报告和响应处理过程中，分析和鉴定事件产生的原因，收集证据，记录处理过程，总结经验教训。

（4）对造成系统中断和造成信息泄露的重大安全事件应采用不同的处理程序和报告程序。

13）应急预案管理要求

（1）应规定统一的应急预案框架，并在此框架下制定不同事件的应急预案，包括启动预案的条件、应急处理流程、系统恢复流程、事后教育和培训等内容。

（2）应从人力、设备、技术和财务等方面确保应急预案的执行有足够的资源保障。

（3）应定期对系统相关的人员进行应急预案培训，并进行应急预案的演练。

（4）应定期对原有的应急预案重新评估，修订完善。

14）外包运维管理要求

（1）应确保外包运维服务商的选择符合国家的有关规定。

（2）应与选定的外包服务商签订相关的协议，明确约定外包的范围、工作内容。

（3）应确保选择的外包服务商在技术和管理方面均具有按照要求开展安全工作的能力，并将能力要求在签订的协议中明确。

（4）应在与外包运维服务商签订的协议中明确所有相关的安全要求，如可能涉及对敏感信息的访问、处理、存储要求，对IT基础设施中断服务的应急保障要求等。

4.1.3　安全运维管理措施

1）漏洞和风险管理

应制定漏洞发现和补丁管理的获取、测试、实施的流程，消除安全隐患，确保信息系统正常、稳定、可靠地运行。按照计划（Plan）、执行（Do）、检查（Check）、行动（Action）的持续改进模式进行风险管理，针对风险评估的范围开展详细的风险分析，包括业务影响分析。针对风险制定安全控制措施检查安全控制的实施效果，根据需要按照 PDCA 重复进行新的风险评估与控制。

2）网络和系统安全管理

制定网络和系统安全管理制度，建立健全的 IT 系统安全管理责任制，提高整体的安全水平,保证网络通信畅通和 IT 系统的正常运营,提高网络服务质量,确保各类应用系统稳定、安全、高效运行。

（1）网络运行管理

网络资源命名按统一的规范进行,建立完善的网络技术资料档案(包括网络结构、设备型号、性能指标等)。

重要网络设备的口令要定期更改,一般要设置 8 个以上字符,并且应包含大写字母、小写字母、数字、字符 4 类中的 3 类以上,口令设置应无任何意义;口令应密封后由专人保管。

需建立并维护整个系统的拓扑结构图,拓扑图应体现网络设备的型号、名称以及与线路的链接情况等。

涉及与外单位联网的,应制定详细的资料说明;需要接入内部网络时,必须通过相关的安全管理措施,报主管领导审批后,方可接入。

内部网络不得与外部网络物理连接,不得将有关涉密信息在网上发布;在外网上下载的文件需经过检测后方可使用。

尽量减少使用网络传送非业务需要的有关内容,尽量降低网络流量;禁止涉密文件在网上共享。

所有网络设备都必须根据采购要求购置,并根据安全防护等级要求放置在相应的安全区域内或区域边界处,合理设置访问规则,控制通过的应用及用户数据。

（2）运维安全与用户权限管理

仅系统管理员掌握应用系统的特权账号,系统管理员需要填写《系统特权用户授权记录》并由部门领导进行审批,该记录由文档管理员保管留存。

为保证应用系统安全,保证权限管理的统一有序,除另有规定外,各应用系统的用户及其权限,由系统管理员负责进行设置,并汇总形成《用户权限分配表》(内容包括用户名、所属用户组或角色、权限等)。

用户权限设置按照确定的岗责体系以及各应用系统的权限规则进行,需遵循最小授权原则。

新增、删除或修改用户权限,应通过运维平台的用户权限调整流程来完成。

加强系统运行日志和运维管理日志的记录分析工作,并定期记录本阶段内的系统异常行为,记录结果填入《系统异常行为分析记录单》。

3）恶意代码防范管理

应建立恶意代码防范管理制度,对恶意代码进行预防和治理,切实有效地防止恶意代码对计算机及网络的危害,实现对恶意代码的持续监控,保护网络信息系统安全。这部分的管理制度要与应急管理和变更管理等相结合,防止在应急响应期间因不正确的变更引入恶意代码。

（1）病毒事件处理办法

终端用户发现病毒必须立刻报告给安全管理中心,服务器人员发现病毒必须立刻报告给安全管理员,同时使用计算机自带的杀毒软件进行病毒查杀。若防病毒软件对病毒无效且病毒对系统、数据造成较大影响的,相关人员必须立刻联系安管中心安全管理员。

安全管理员必须详细记录病毒发生的时间、位置、种类,具体功能,数据和硬件的损坏情况,并进行查杀处理;对于难以控制的恶性病毒,为避免进一步传播,可以将被感染的设备从网络中断开;事后安全管理员必须调查和分析整个事件,并发出适当的警告。

（2）主机和服务器防病毒策略

所有主机和服务器必须有防病毒软件保护,同时对于文件的保护不应仅限于本地文件,还必须包括可移动存储设备中的文件。防病毒软件必须被设置成禁止用户关闭警报、关闭防护功能和防卸载,所有对防病毒软件的升级都必须是自动的。

（3）网关病毒扫描

目前通过网络传播恶意代码的现象很常见,为加强防范,应在网络边界处部署一个具有不同防病毒策略的防病毒网关设备。所有通过网络端口传输的数据包都必须被防病毒网关实时监控和扫描。

4）配置管理

应建立配置管理制度,确保组织内的网络、服务器、安全设备的配置可以得到妥善的备份和保存,如

（1）检查当前运行的网络配置数据与网络现状是否一致,如不一致应及时更新。

（2）检查默认启动的网络配置文件是否为最新版本,如不是应及时更新。

（3）网络发生变化时,及时更新网络配置数据,并进行相应记录。

（4）应实现设备的最小服务配置,网络配置数据应及时备份,备份结果至少要保留到下一次修改前。

（5）对重要网络数据备份应实现异质备份、异址存放。

（6）重要的网络设备策略调整,如安全策略调整、服务开启、服务关闭、网络系统外联、连接外部系统等变更操作必须填写《网络维护审批表》,经安管中心负责人同意后方可调整。

5）密码管理

建立密码密钥管理制度,特别标明商用密码、密钥产品及密码必须满足国家密码主管部门的相关要求。

6）变更管理

建立变更管理制度,规范组织各信息系统需求变更操作,增强需求变更的可追溯性,控制需求变更风险。

（1）变更原则

当需求发生变化,需对软件包进行修改/变更时,首先应和第三方软件供应商取得联系并获得帮助,了解所需变更的可能性和潜在的风险,如项目进度、成本以及安全性等方面的风险。

应按照变更控制程序对变更过程进行控制。

实施系统变更前,应先通过系统变更测试,并提交系统变更申请,由工作小组审批后方才实施变更,重大系统变更在变更前需制定变更失败后的回退方案,并在变更前实施回退测试,测试通过后提交领导小组审批后实施。

（2）系统数据和应用变更流程

安管中心组织审核该项变更,如审核通过,则撰写解决方案,并评估工作量和变更完

成时间,经领导确认后,交系统管理员安排实施变更。

例如,变更流程操作及事项如下。

- 系统管理员在需要变更前应明确本次变更所做的操作、变更可能会对系统稳定性和安全性带来的问题,以及因变更导致系统故障的处理方案和回退流程。
- 将上述信息书面化,并以《变更申请表》的形式提交给安管中心安全管理员。
- 安全管理员对《变更申请表》的内容进行仔细研读,确定变更操作安全可控后,在"××安全管理员意见"处签字认可后提交安管中心领导审批。
- 安管中心领导对该项变更的风险和工作量进行审核,审核通过后在"××领导意见"处签字认可。
- 系统管理员按照《变更申请表》规定的操作步骤进行配置变更。
- 变更结束后由系统管理员和安全管理员共同对配置的生效情况、系统的安全性及稳定性进行验证,验证结束后由系统管理员填写《变更申请表》的系统验证部分,由安全管理员签字确认后提交给中心领导审批。
- 《变更申请表》一式两份,分别由安全管理员和系统管理员妥善保存。

7) 备份与恢复管理

建立数据备份与恢复管理制度,保障组织业务数据的完整性及有效性,以便在发生信息安全事件时能够准确及时地恢复数据,避免业务的中断。

(1) 备份范围和备份方式

数据备份范围包括重要系统的系统配置文件、数据文件和系统及应用软件。

备份方式有完全备份(Full)、增量备份(Cumulative Incremental)、差量备份(Differential Incremental)和数据库日志备份(Transaction log Incremental)。

完全备份:完全备份是执行全部数据的备份操作,这种备份方式的优点是可以在灾难发生后迅速恢复丢失的数据,但对整个系统进行完全备份会导致存在大量的冗余数据,因此这种备份方式的劣势也显而易见,如磁盘空间利用率低,备份所需时间较长等。

增量备份:增量备份只会备份较上一次备份改变的数据,因此较完全备份方式可以大大减少备份空间,缩短备份时间。但在灾难发生时,增量备份的数据文件恢复起来会比较麻烦,也降低了备份的可靠性。在这种备份方式下,每次备份的数据文件都具有关联性,其中一部分数据出现问题会导致整个备份不可用。

差量备份:差量备份的备份内容是较上一次完全备份后修改和增加的数据,这种备份方式在避免以上两种备份方式缺陷的同时,保留了它们的优点。按照差量备份的原理,系统无须每天做完全备份,这大大减少了备份空间,也缩短了备份时间,并且差量备份的数据在进行灾难恢复时使用非常方便,管理员只需要使用完全备份的数据和上一次差量备份的数据就可以完成系统的数据恢复。

各系统管理员根据自己负责系统的具体情况选择备份方式,基本原则是保证数据的可用性、完整性和保密性均不受影响,且能够保证业务的连续性。

(2) 存储备份系统日常管理

存储备份系统由信息中心安排专人负责管理和日常运行维护,禁止不相关人员对系统进行操作。系统集成商或原厂商须经许可,方可进行操作,并要服从管理,接受监督和指导。

任何人员不得随意修改系统配置、恢复数据，如需修改、恢复，须严格执行审批流程，经批准后方可操作。

对系统的变更操作须在系统配置文档中进行记录。

重要系统的数据必须保证至少每周做一次全备份，每天做一次增量备份。

定期（每年）对备份恢复工作进行测试，以确保备份数据的可恢复性。

当存储备份系统出现告警或工作不正常，引起应用系统无法访问、系统不能备份时，应立即启动应急预案，恢复系统正常运行，并及时上报。

系统需定期进行安全检查，检查内容及工作方案由系统管理员配合系统集成商和原厂商制定，经批准后方可执行，并应提交详细的定检报告。

8）安全事件处置

制定网络安全事件管理制度，规范管理信息系统的安全事件处理程序，确保各业务系统的正常运行和系统及网络的安全事件得到及时响应、处理和跟进，保障网络和系统持续安全、稳定地运行。

网络安全事件的处理流程主要包括发现、报告、响应（处理）、评价、整改、公告、备案等。重大网络安全事件报告如表 4-3 所示，网络安全事件处理结果报告如表 4-4 所示，网络安全事件故障分析处置报告如表 4-5 所示。

表 4-3　重大网络安全事件报告

报告人		联系电话		传真	
通信地址			电子邮件		
发生重大网络安全事件的系统名称及用途					
责任部门			负责人		
重大网络安全事件简要描述					
初步判定事件原因					
事件影响状况评估					
事件级别	□ Ⅰ级　　□ Ⅱ级				
可能后果	□ 业务中断 □ 系统损坏 □ 数据丢失 □ 其他				
影响范围	□ 套设备（系统）□ 本地局域网 □ 本地广域网 □ 其他				
是否需要其他部门配合调查	□ **国家安全局 □ **安管中心 □ **公司 □ **部门 □ 其他＿＿＿＿＿＿				
应急响应领导小组处理意见：					
领导小组组长签字：					

表 4-4　网络安全事件处理结果报告

报告人		联系电话		传真	
通信地址			电子邮件		
重大网络安全事件补充描述					
(可增页附文字、图片及其他文件)					
最终判定事件原因					
(可增页附文字、图片及其他文件)					
事件影响状况评估					
事件级别	□ Ⅰ级　　□ Ⅱ级				
造成后果	□ 业务中断 □ 系统损坏 □ 数据丢失 □ 其他				
影响范围	□ 套设备(系统) □ 本地局域网 □ 本地广域网 □ 其他				
处理过程及采取措施					
(可增页附文字、图片及其他文件)					
存在问题及建议					
(可增页附文字、图片及其他文件)					
应急响应领导小组处理意见:					
领导小组组长签字:					

表 4-5　网络安全事件故障分析处置报告

故障编号		报告单位		
故障名称		故障设备名称		
事件影响范围				
故障发生时间		故障修复时间		
业务修复时间		业务修复历时		
故障总历时		故障等级	□ Ⅲ级 □ Ⅳ级	
审核人		职务		
报告人		故障接收人		
事故描述	项目	时间	过程描述	
	事故环境			
	事故发生			
	事故结果			
事故分析				
故障处理及恢复措施				

续表

整改措施及事故建议				
报告处理	收件人		联系方式	
	收到时间		存档时间	
其他说明				

4.2 网络安全应急响应

"应急响应"对应的英文是"incident response"或"emergency response",通常是指一个组织为了应对各种意外事件的发生所做的准备以及在事件发生后所采取的措施。安全事件应急响应是指针对已经发生或可能发生的安全事件进行监控、分析、协调、处理、保护资产安全属性的活动。

网络安全事件应急响应的对象是指针对网络存储、传输、处理的信息及信息系统的安全事件。安全事件是指有可能损害资产安全属性(机密性、完整性、可用性)的任何活动。事件的主体可能来自自然界、系统自身故障、组织内部或外部的人、计算机病毒或蠕虫等。按照网络信息系统安全的三个目标,可以把安全事件定义为破坏信息或信息处理系统CIA 的行为。例如

(1)破坏保密性的安全事件:入侵系统并读取信息、搭线窃听、远程探测网络拓扑结构和计算机系统配置等;

(2)破坏完整性的安全事件:入侵系统并篡改数据、劫持网络连接并篡改或插入数据、安装特洛伊木马(如 BackOrifice2K)、计算机病毒(修改文件或引导区)等;

(3)破坏可用性(战时最可能出现的网络攻击)的安全事件:系统故障、拒绝服务攻击、计算机蠕虫(以消耗系统资源或网络带宽为目的)等。

安全事件应急响应工作的特点是高度的压力、短暂的时间和有限的资源。应急响应是一项需要充分准备并严密组织的工作。它必须避免不正确的和可能是灾难性的动作或忽略了关键步骤的情况发生。它的大部分工作应该是对各种可能发生的安全事件制定应急预案,并通过多种形式的应急演练,不断提高应急预案的实际可操作性。具有必要技能和相当资源的应急响应组织是安全事件响应的保障。参与具体安全事件应急响应的人员应当不仅包括应急组织的人员,还应包括安全事件涉及的业务系统维护人员、设备提供商、集成商和第三方安全应急服务提供人员等,从而保证具有足够的知识和技能应对当前的安全事件。应急响应除了需要技术方面的技能外,还需要管理能力、相关的法律知识、沟通协调的技能、写作技巧,甚至心理学的知识。

在系统通常存在各种残余风险的客观情况下,应急响应是一个必要的保护策略。同时需要强调的是,尽管有效的应急响应可以在某种程度上弥补安全防护措施的不足,但不可能完全代替安全防护措施。缺乏必要的安全措施,会带来更多的安全事件,最终造成资源的浪费。

安全事件应急响应的目标通常包括：采取紧急措施，将业务恢复到正常服务状态；调查安全事件发生的原因，避免同类安全事件再次发生；在需要司法机关介入时，提供法律所需的数字证据等。

4.2.1　安全事件的分级和分类

《国家网络安全事件应急预案》将网络安全事件分为 4 级：特别重大网络安全事件、重大网络安全事件、较大网络安全事件、一般网络安全事件。安全事件的分级主要考虑 3 个要素：信息系统的重要程度、系统损失和社会影响。

（1）符合下列情形之一的，为特别重大网络安全事件。

- 重要网络和信息系统遭受特别严重的系统损失，造成系统大面积瘫痪，丧失业务处理能力。
- 国家秘密信息、重要敏感信息和关键数据丢失或被窃取、篡改、假冒，对国家安全和社会稳定构成特别严重威胁。
- 其他对国家安全、社会秩序、经济建设和公众利益构成特别严重威胁、造成特别严重影响的网络安全事件。

（2）符合下列情形之一且未达到特别重大网络安全事件的，为重大网络安全事件：

- 重要网络和信息系统遭受严重的系统损失，造成系统长时间中断或局部瘫痪，业务处理能力受到极大影响。
- 国家秘密信息、重要敏感信息和关键数据丢失或被窃取、篡改、假冒，对国家安全和社会稳定构成严重威胁。
- 其他对国家安全、社会秩序、经济建设和公众利益构成严重威胁、造成严重影响的网络安全事件。

（3）符合下列情形之一且未达到重大网络安全事件的，为较大网络安全事件。

- 重要网络和信息系统遭受较大的系统损失，造成系统中断，明显影响系统效率，业务处理能力受到影响。
- 国家秘密信息、重要敏感信息和关键数据丢失或被窃取、篡改、假冒，对国家安全和社会稳定构成较严重威胁。
- 其他对国家安全、社会秩序、经济建设和公众利益构成较严重威胁、造成较严重影响的网络安全事件。

（4）除上述情形外，对国家安全、社会秩序、经济建设和公众利益构成一定威胁、造成一定影响的网络安全事件，为一般网络安全事件。

基于受攻击设备分类原则，安全事件可分为

- 主机设备安全事件；
- 网络设备安全事件；
- 数据库系统安全事件。

基于安全事件原因的分类原则，安全事件可分为以下类型。

- 拒绝服务类安全事件：是指由于恶意用户利用挤占带宽、消耗系统资源等攻击方法使系统无法为正常用户提供服务所引起的安全事件。

- 系统漏洞类安全事件：是指由于恶意用户利用系统的安全漏洞对系统进行未授权的访问或破坏所引起的安全事件。
- 网络欺骗类安全事件：是指由于恶意用户利用发送虚假电子邮件、建立虚假服务网站、发送虚假网络消息等方法对系统或用户进行未授权的访问或破坏所引起的安全事件。
- 网络窃听类安全事件：是指由于恶意用户利用网络监听、键盘记录等方法获取未授权的信息或资料所引起的安全事件。
- 数据库注入类安全事件：是指由于恶意用户通过提交特殊的参数从而达到获取数据库中存储的数据、得到数据库用户的权限所引起的安全事件。
- 恶意代码类安全事件：是指恶意用户利用病毒、蠕虫、特洛伊木马等其他恶意代码破坏网络可用性或窃取网络中数据所引起的安全事件。
- 操作误用类安全事件：是指合法用户由于误操作造成网络或系统不能正常提供服务所引起的安全事件。

此外，在 GB/T 20986—2007《信息技术安全——信息安全事件分类分级指南》中将网络安全事件分为有害程序事件、信息内容安全事件、网络攻击事件、其他信息安全事件、信息破坏事件、设备设施故障和灾害性事件 7 个基本分类，每个基本分类又包含若干子类，如图 4-5 所示。

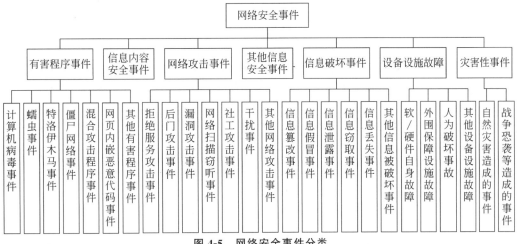

图 4-5 网络安全事件分类

计算机病毒事件是指编制或在计算机程序中插入的一组计算机指令或程序代码，它可以破坏计算机功能或毁坏数据，影响计算机使用，并能自我复制。

蠕虫是指除计算机病毒外，利用信息系统缺陷，通过网络自动复制并传播的有害程序。

特洛伊木马程序是指伪装在信息系统中的一种有害程序，具有控制该信息系统或进行信息窃取等对该信息系统有害的功能。

僵尸网络是指网络上受黑客集中控制的一群计算机，它可以被用于伺机发起网络攻击，进行信息窃取或传播木马、蠕虫等其他有害程序。

　　混合攻击程序是指利用多种方法传播和感染其他系统的有害程序,可能兼有计算机病毒、蠕虫、木马或僵尸网络等多种特征。混合攻击程序事件也可以是一系列有害程序综合作用的结果,如一个计算机病毒或蠕虫在侵入系统后安装木马程序等。

　　网页内嵌恶意代码是指内嵌在网页中,未经允许由浏览器执行、影响信息系统正常运行的有害程序。

　　拒绝服务攻击是指利用信息系统缺陷或通过暴力攻击的手段,以大量消耗信息系统的 CPU、内存、磁盘空间或网络带宽等资源,从而影响信息系统正常运行为目的的网络攻击。

　　后门攻击是指利用软件系统、硬件系统设计过程中留下的后门或有害程序所设置的后门对信息系统实施的攻击。

　　漏洞攻击是指除拒绝服务攻击和后门攻击外,利用信息系统配置缺陷、协议缺陷、程序缺陷等漏洞,对信息系统实施的攻击。

　　网络扫描窃听是指利用网络扫描或窃听软件,获取信息系统网络配置、端口、服务、存在的脆弱性等特征。

　　社工攻击是指利用人员安全意识方面的缺陷,采取欺骗性手段实施的攻击,如利用邮件、网页、短信等实施的网络钓鱼。

　　干扰是指通过技术手段对网络进行干扰,或对广播电视有线/无线传输网络进行插播、对卫星广播信号非法攻击。

　　信息内容安全事件是指利用信息网络发布、传播危害国家安全、社会稳定和公共利用等内容的安全事件。

　　在上面的分类中可能存在一个具体的安全事件同时属于几类的情况,例如,蠕虫病毒引起的安全事件,就有可能同属于拒绝服务类的安全事件、系统漏洞类安全事件和恶意代码类安全事件。此时,应根据安全事件特征的轻重缓急合理地选择应对的技术措施。以蠕虫病毒为例,在抑制阶段,可能侧重采用对抗拒绝服务攻击的措施,控制蠕虫传播,疏通网络流量,缓解病毒对业务带来的压力。在根除阶段,则会采用恶意代码类安全事件的应对措施,孤立并清除被感染的病毒源。而在恢复阶段,主要侧重于消除被感染主机存在的安全漏洞,从而避免再次感染相同的蠕虫病毒。

　　随着攻击手段的增多,安全事件的种类需要不断补充。

4.2.2　安全事件应急响应流程

　　网络安全事件应急响应一般分为 6 个阶段(Preparation,Detection,Containment,Eradication,Recovery,Follow-up,PDCERF)。这 6 个阶段(PDCERF)并不是安全事件应急响应的唯一方法,结合安全事件应急响应工作经验,在实际应急响应过程中,也不一定严格存在这 6 个阶段,不一定严格按照这 6 阶段的顺序进行应急响应,但它是目前适用性较强的应急响应的通用方法学,其简要关系如图 4-6 所示。

　　在响应网络安全事件之前,组织应该制订应急响应工作计划、流程和具体方案,对信息网络架构和内外网的信息化资产进行梳理和分析,评估当前网络安全风险,制定合理可行的安全整改方案,开展内部人员的网络安全意识宣贯。条件允许的情况下,还应该有序

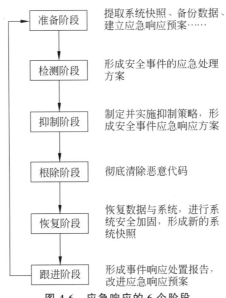

图 4-6　应急响应的 6 个阶段

组织开展内部红蓝对抗、渗透测试攻击等专项演练工作,查找潜在的安全隐患并加以修补,提升人员的安全素质。

1)准备阶段

准备(Preparation)阶段是网络安全事件响应的第一个阶段,也属于一个过渡阶段,即横跨在网络安全事件真正发生前和有迹象将要发生的时间段上,大部分工作需要在应急响应之前就已做好准备。这一阶段极为重要,因为事件发生时可能需要在短时间内处理较多事务,如果没有足够的准备,将无法准确地完成及时响应,导致难以意料的损失。

准备阶段的工作内容主要有两个,一是提取网络信息系统的初始化快照。二是准备应急响应工具包。除此以外,准备阶段还应包括建立安全保障措施、对系统进行安全加固、制定安全事件应急预案规范、进行应急演练等内容。

系统快照是系统正常状态下的精简化描述,因此须在确保系统未被入侵的前提下,由系统维护人员完成系统快照的生成和保存工作,注意执行系统快照留存的时间点有以下几种:

(1)系统初始化安装完成后;

(2)系统重要配置文件发生更改后;

(3)系统进行软件升级后;

(4)系统发生过安全入侵事件并恢复后。

主机系统快照,应包括但并不限于以下内容:

(1)系统进程快照;

(2)关键文件签名快照;

(3)开放的对外服务端口快照;

(4)系统资源利用率快照;

(5)注册表快照;

(6)计划任务快照;

（7）系统账号快照；

（8）日志及审核策略快照。

网络设备快照应包括但并不限于以下内容：

（1）路由快照；

（2）设备账号快照；

（3）系统资源利用率快照。

数据库系统快照应包括但并不限于以下内容：

（1）开启的服务；

（2）所有用户及所具有的角色及权限；

（3）数据库概要文件；

（4）数据库参数；

（5）所有初始化参数。

在准备阶段请关注以下信息：

（1）基于威胁建立合理的安全保障措施；

（2）建立一个包含所有应用程序和不同版本的操作系统的安全补丁库；

（3）确保备份的程序和数据足够从任何损害中恢复；

（4）建立资源工具包并准备相关硬件设备资源工具包；

（5）建立有针对性的安全事件应急响应预案，并进行应急演练；

（6）为安全事件应急响应提供足够的资源和人员；

（7）建立支持事件响应活动的管理体系。

准备阶段工作流程分：系统维护人员按照系统的初始化策略对系统进行安装和配置加固；系统维护人员对安装和配置加固后的系统进行自我检查，确认是否加固完成；系统维护人员建立系统状态快照；系统维护人员对快照信息进行完整性签名，以防止快照被非法篡改；系统维护人员将快照保存在与系统分离的存储介质上。

2）检测阶段

结合准备阶段生成的系统初始化状态快照，对发生的网络安全事件（系统安全事件、网络安全事件、数据库安全事件）进行检测（Detection）分析。除对比系统初始化快照外，安全事件检测手段还包括部署入侵检测设备、流量监控和防病毒系统集中监控等。其中，入侵检测系统通过侦听网络流量并与事先存在的攻击特征匹配，实现对入侵事件的实时和自动发现。入侵检测系统往往存在较高的误报率。实际应用入侵检测系统时，需要结合部署环境的实际情况定制检测策略，以保证检测的准确性。流量监控的检测方式对于发现有明显流量特征的安全事件（如网络蠕虫）十分有效。在事件检测阶段做到"及时发现"，必须合理利用各种已有的检测手段，综合分析发现安全事件的真实原因。

事件分析有利于找出安全事件发生的根本原因。在事件分析的过程中主要有主动和被动两种方式。主动方式是采用攻击诱骗技术，通过让攻击方侵入一个存在漏洞的受监视系统，直接观察到攻击方所采用的攻击方法。

被动方式是根据系统的异常现象追查问题的根本原因。被动方式会综合用到以下多种方法。

（1）系统异常行为分析：这是在维护系统及其环境特征白板的基础上，通过与正常情况作比较，找出攻击者的活动轨迹以及攻击者在系统中植下的攻击代码。前后系统快照对比分析就属于这一类。

（2）日志审计：日志审计是通过检查系统及其环境的日志信息和告警信息来分析是否有攻击者，以及做出了哪些违规行为。

（3）入侵监测：对于还在进行的攻击行为，入侵监测方式通过捕获并检测进出系统的数据流，利用入侵监测工具所带的攻击特征数据库，可以在事件分析过程中帮助定位攻击的类型。

（4）安全风险评估：无论是利用系统漏洞进行的网络攻击还是感染病毒，都会对系统造成破坏，通过漏洞扫描工具或者是防病毒软件等安全风险评估工具扫描系统的漏洞或病毒可以有效地帮助定位攻击事件。

但是，在实际的事件分析过程中，往往会综合采用被动和主动的事件分析方法。特别是对于在网上自动传播的攻击行为，当采用被动方式难以分析出事件根本原因时，采用主动方式往往会很有效。

检测阶段是应急响应执行过程中的关键一环，在这个阶段需要系统维护人员使用初级检测技术进行检测，确定系统是否出现异常。在发现异常情况后，形成安全事件报告，由安全技术人员和安全专业技术人员介入进行高级检测来查找安全事件的真正原因，明确安全事件的特征、影响范围并标识安全事件对受影响的系统所带来的改变，最终形成安全事件的应急处理方案。

检测阶段的工作流程如下。

步骤一：系统维护人员或安全技术人员在执行日常任务和检测中发现系统异常。

步骤二：发现异常情况后，形成安全事件报告。

步骤三：安全技术人员、系统维护人员和第三方安全事件应急服务人员查找安全事件的原因。

步骤四：安全技术人员、系统维护人员和第三方安全事件应急服务人员确定安全事件的原因、性质和影响范围。

步骤五：安全技术人员、系统维护人员和第三方安全事件应急服务人员确定安全事件的应急处理方案。

检测阶段操作不会对系统造成影响，可在系统正常运行情况下执行各个步骤。但是，在事件驱动检测方式中，确定有安全事件发生的情况下必须根据流程采取相应的措施，防止中断系统或网络的正常运行。初级检测操作的复杂度为"普通"，高级检测操作的复杂度为"复杂"。例行检测是一种积极的方式，能预先发现系统和网络存在的漏洞，可根据流程采取补救措施；事件驱动方式的检测方法对安全事件能迅速响应，不会让安全事件扩大。检测阶段的操作人员主要有系统维护人员、安全技术人员、第三方安全事件应急服务人员、安全评估人员。

3）抑制和根除阶段

针对各类安全事件（拒绝服务类攻击、系统漏洞及恶意代码类攻击、网络欺骗类攻击、网络窃听类攻击、数据库 SQL 注入类攻击等）采取相应的抑制（Containment）或根除

（Eradication）方法和技术。

抑制是对攻击所影响的范围、程度进行扼制，通过采取各种方法，控制、阻断、转移安全攻击。抑制阶段主要是针对前面检测阶段发现的攻击特征，如攻击利用的端口、服务、系统漏洞等，采取有针对性的安全补救工作，以防止攻击进一步加深和扩大。抑制阶段的风险是可能对正常业务造成影响，如系统中了蠕虫病毒后要拔掉网线，遭到 DDoS 攻击时会在网络设备上进行一些安全配置，由于简单口令遭到入侵后更改口令会对系统的业务造成中断或延迟，因此在采取抑制措施时，必须充分考虑其风险。

抑制活动必须结合检测阶段发现的安全事件的现象、性质、范围等属性，制定并实施正确的抑制策略。抑制策略可能包含以下内容：

（1）完全关闭所有系统；

（2）从网络上断开主机或部分网络；

（3）修改所有的防火墙和路由器的过滤规则；

（4）封锁或删除被攻击的登录账号；

（5）加强对系统或网络行为的监控；

（6）设置诱饵服务器进一步获取事件信息；

（7）关闭受攻击系统或其他相关系统的部分服务。

根除阶段是在抑制的基础上，对引起该类安全问题的最终技术原因在技术上进行完全的杜绝，并对这类安全问题所造成的后果进行弥补和消除。常用的根除措施包括改变全部可能受到攻击的系统的口令、重新设置被入侵系统、消除所有的入侵路径包括入侵者已经改变的方法、从最初的配置中恢复可执行程序（包括应用服务）和二进制文件、检查系统配置、确定是否有未修正的系统和网络漏洞并改正、限制网络和系统的暴露程度以改善保护机制、改善探测机制使它在受到攻击时得到较好的报告等。在根除阶段，采取措施最大的风险主要是在系统升级或补丁时可能造成系统故障，因此必须做好备份工作。在进入抑制和根除阶段之前，应形成安全事件应急响应方案，并对方案的实施获取必要的管理授权。

抑制和根除阶段的工作流程如下。

步骤一：应急处理方案获得授权。

步骤二：系统维护人员、安全技术人员和第三方安全事件应急服务人员共同测试应急处理方案，验证效果。

步骤三：系统维护人员、安全技术人员和第三方安全事件应急服务人员共同测试应急处理方案是否影响系统运行，并在对系统的影响程度不可接受时返回检测阶段。

步骤四：实施应急处理方案。

步骤五：当实施应急处理方案失败的情况下，采取应变和回退措施，并返回到检测阶段。

此阶段工作应注意以下两点。

（1）第三方安全事件应急服务人员仅在必要时参加。

（2）测试工作根据实际情况可选择口头演练、实验室测试、现网局部测试三种方式进行。

抑制和根除阶段的应急处理方案应由相关人员和第三方安全事件应急服务人员共同制定,根据流程需进行严格和充分的测试,但是由于抑制和根除操作需要对系统作相关设置,加上一些系统实际情况较为特殊和复杂,因此必须根据系统实际情况制定实施应急处理方案失败的应变和回退措施。抑制和根除阶段操作的复杂度为"复杂"。具体执行操作人员包括系统维护人员、安全技术人员、第三方安全事件应急服务人员。

4) 恢复阶段

恢复(Recovery)阶段是指通过采取一系列的措施将系统恢复到正常业务状态。下面所阐述的内容未包含恢复阶段的全部技术内容,尤其是与各个业务系统实际情况相结合的部分,有关此部分的内容应在各业务系统的应急预案和业务连续性计划中体现。介绍的恢复方式包含两种。一是在应急处理方案中列明所有系统变化的情况下,直接删除并恢复所有变化;二是在应急处理方案中未列明所有系统变化的情况下,重装系统。

恢复阶段的主要内容是将系统恢复到正常的任务状态。在系统遭到入侵后,攻击者一定会对入侵的系统进行更改。同时,攻击者还会想尽各种办法使这种修改不被系统维护人员发现。从而达到隐藏自己的目的。在根除阶段能彻底恢复配置和清除系统上的恶意文件,并且能够确定系统在所有变化完全根除的情况下,通过直接恢复业务系统的方式来恢复系统。这种恢复方式的优点是时间短、系统恢复快、系统维护人员工作量小和对业务的影响较小。在根除阶段不能彻底恢复配置和清除系统上的恶意文件或不能肯定系统是否经过根除后已达干净时,就一定要彻底地重装系统。简单地说,系统重装往往是系统最可靠的恢复手段。

具体进行恢复时,如果应急处理方案中已列明所有系统变化,那么就删除并恢复所有变化,实施安全加固。如果在应急处理方案中未列明所有的系统变化,则备份重要数据,低级格式化磁盘,严格按照系统的初始化安全策略安装和加固系统。

恢复阶段操作对系统的影响较大,需要停止操作系统,并在安全加固后对系统再次快照,审计合格后方可上线运行。恢复操作的复杂度为"普通",但必须严格按照操作步骤执行。操作人员一般仅为组织内部的系统维护人员。

由于恢复阶段可以采取重装系统这一简单有效的办法达到初始运行状态,因此接下来介绍一下重装系统的步骤和需要注意的事项。

重装系统时应采取的步骤列举如下。

(1) 重新安装操作系统之前要确定所有资料已经备份。备份的资料要保证是没有被攻击者改变的干净的资料。

(2) 低级格式化硬盘,确保所有磁盘分区为系统的安全分区。

(3) 操作系统、Web 主目录、日志分别安装在不同的分区,注意权限配置。

(4) 仅安装需要的软件、协议和服务,尽量最小化安装。

(5) 安全加固参阅安全配置文档并打上所有的补丁。

(6) 安装应用软件(如 Web Server)应参照安全配置文档进行配置。

(7) 安装操作系统和应用软件的最新补丁。

(8) 恢复备份的资料。

(9) 恢复业务系统。

重装系统时的注意事项列举如下。

（1）为了彻底消除攻击者可能留下的安全隐患，一定进行低级格式化。这样做将删除所有的资料并且没有办法再恢复，因此一定要做好备份工作。

（2）在重新安装系统时要严格遵守系统安装的各项规定。

（3）系统在安装和安全配置没有全部完成之前，严禁连接网络。

（4）恢复系统的应用和数据时，要对应用和数据进行检查，以免其中存在的漏洞随着数据恢复被安装在系统上。

在系统重装完毕后，正式上线以前，必须做好以下两件事情。

（1）进行系统的安全加固工作，尤其要注意对引发安全事件的漏洞的修复和加固的处理，如果手册上没有，则要及时对手册进行更新。

（2）在进行安全加固后生成安全快照，按照第一阶段介绍的方法保存系统的安全快照。

5）跟进阶段

跟进（Follow-up）阶段是应急响应的最后一个阶段，目的是通过对系统的审计（进行完整的检测流程），确认系统有没有被再入侵。在检测过程中特别应该注意检查抑制和根除阶段的工作效果；回顾、总结并整合发生应急响应事件过程中的相关信息；提高事件处理人员的技能，以应付将来发生的类似场景；提高安全事件应急响应的处理能力。

跟进的意义在于以下几点。

（1）基于吸取的教训重新评估和修改安全事件应急响应相关措施；

（2）调整组织的安全技术策略；

（3）调整组织的安全管理策略和资源配置；

（4）促进安全事件应急响应能力和组织机构的建设，跟进阶段对抑制或根除的效果进行了审计，从而为确认系统没有被再次入侵提供了帮助。

下面详细说明跟进阶段的工作要如何进行、在何时进行比较合适、具体的工作流程、要思考和总结的问题以及需要报告的内容。跟进阶段的主要任务是确认系统有没有被再入侵，确认系统有没有被再入侵是通过对抑制或根除的效果进行审计完成的。这种审计是一个需要定期进行的过程。通常，第一次审计应该在一定期限之内进行，以后再进行复查，并输出跟进阶段的报告内容，包括安全事件的类型、时间、检测方法、抑制方法、根除方法、事件影响范围等。跟进阶段报告需要详细记录这些内容。

跟进阶段还需要对事件处理情况进行总结，吸取经验教训，对已有安全防护措施和安全事件应急响应预案进行改进。跟进阶段是安全事件应急响应阶段方法论的最后一个阶段，也是最可能被忽略的阶段，但这一步非常关键。该阶段需要完成的原因有以下几点。

（1）有助于从安全事件中吸取经验教训，提高技能。

（2）有助于评判应急响应组织的事件响应能力。

（3）如果可能的话，可以在更大范围推广介绍事件处理经验。

跟进阶段的工作流程如下。

步骤一：执行完整的检测阶段流程。

步骤二：确认系统是否再次被入侵，如果是，则应回到抑制和根除阶段。

步骤三：总结安全事件的处理过程和技能，调整安全策略，输出总结文档。

步骤四：输出跟进阶段的报告内容。

步骤五：安排再次审计。

跟进阶段最重要的任务就是要记录整个应急响应过程，包括安全事件的类型、时间、检测方法、抑制方法、根除方法、事件影响范围等。详细记录这些内容备用。

（1）事件类型：事件类型是对事件的定性，要包括的信息有攻击的来源（内部/外部，国内/国外）、攻击的方法、攻击导致的后果等。

（2）时间：不能简单地记录计算机的时间，还要记录当前标准时间以及受攻击的系统同标准时间的误差。

（3）检测方法：记录采用了什么检测方法，检测到了什么结果。

（4）抑制方法：记录采用了什么抑制方法，抑制效果如何。

（5）根除方法：记录采用了什么根除方法，根除效果如何。

（6）事件影响：估计和总结事件的影响范围，总结事件整个过程的成功经验。

4.3　网络攻击溯源分析

追踪与溯源是网络安全应急响应的关键环节，其目的是通过对受害者资产、内网流量和网络收集到的信息进行汇总分析，实现对正在发生或已经发生的网络攻击事件的跟踪与定位，还原网络攻击的路径与手法，掌握攻击者来源，推断攻击意图，并为采取针对性的防御措施、修复漏洞、清除后门、抑制与阻断攻击、恢复网络信息系统运行等提供支持。

网络攻击溯源可分为以下几类。

主动响应溯源：在数据包传输过程中主动标记报文信息，当攻击事件发生后，应急响应人员就能利用标记的信息反向查找攻击路径并确定攻击源。根据溯源路径信息是否需要传送额外数据包，主动响应溯源又可分为带外追踪溯源和带内追踪溯源。带外追踪溯源使用单独的数据包发送溯源路径信息，溯源记录较为完整，但会产生额外的带宽开销；带内追踪溯源将溯源路径信息记录在通信数据包中的指定字段，不需要额外带宽，但承载的溯源信息有限。

被动响应溯源：检测到网络攻击后才采取措施，通过审查主机保留的可疑数据包日志进行追踪溯源，或者使用路由器、网关等网络设备的日志或流量监控信息实现追踪溯源。

针对网络攻击路径的追踪溯源包括以下主要技术。

- 输入调试法：利用路由器的调试功能，分别在所有上游路由器的输出端口中过滤掉包含攻击特征的报文，以此判断该攻击流是否经过这个路由器，以及是从哪个接口输入的，从而从该输入接口继续向上游路由器测试，直到找到攻击者。

- 受控洪泛溯源法：是指网管人员在受攻击设备的上游设备上向下游每个链路发送大量的 UDP 报文，人为制造拥塞。路由器的缓冲区是共享的，来自负载较重的连接上的报文被丢失的概率相应较大,若向某个连接发送"洪泛数据"后攻击报文减少,就可以确定该连接是否传输了攻击报文。缺点是溯源行为本身就是一种DDoS攻击,会给网络带来很大的影响,采用该方法需要操作人员拥有详细的拓扑图以及相应设备的控制权限,并且只在攻击行为进行过程中才有效。

- 流量日志记录法:使用路由器、主机等设备记录网络传输的数据流中的关键信息(时间、源地址、目的地址),追踪时基于日志查询作反向追踪。这种方式的优点在于兼容性强、支持事后追溯、网络开销较小。但是同时该方法也受性能、空间和隐私保护等的限制,考虑到以上因素,可以限制记录的数据特征和数据数量。另外可以使用流量镜像等技术减小对网络性能的影响。

- 单独发送溯源报文法:每个路由器都以一定的概率(如 1/10 000)随机复制某个报文的内容,然后将报文下一跳路由器的地址附加在所复制的报文后,将上述内容封装在 ICMP 控制报文中发送给该报文的目的地址,受害主机负责收集这些特殊的 ICMP 报文,一旦收集到足够的信息即可重构报文的传输路径。

- 分组标记法:要求路由器每次转发分组时,随机以概率 P 将自身的地址附加在分组上。这样得到某个分组后,根据分组上路由器地址的序列就可以得到分组在路由器网络中确定的路径以及发送该分组设备的接入点。如果网络中所有路由器都实施分组标记,则 IP 包的网络层溯源问题就基本上解决了。

针对恶意代码的攻击溯源往往采用关联分析的方法,把多个不同的攻击样本结合起来分析。

- 针对文档类:采用 hash、ssdeep(模糊哈希)等工具,对比其版本信息(公司/作者/最后修改作者/创建时间/最后修改时间);

- 针对可执行文件,进行交互行为分析,如是否与其他恶意代码有类似的网络交互行为,是否采用了特殊端口、特殊字符串/密钥、相同的 PDB 文件路径、相似的文件夹、相似的代码片段等。

此外,攻击溯源也可采用欺骗防御技术进行检测和溯源,如利用蜜罐、蜜网。

蜜罐是对攻击者的欺骗技术,用以监视、检测、分析和溯源攻击行为,其没有业务上的用途,所有流入/流出蜜罐的流量都预示着扫描或者攻击行为,因此可以比较好地聚焦于攻击流量的溯源和分析。

蜜罐可以实现对攻击者的主动诱捕,能够详细地记录攻击者攻击过程中的许多痕迹,收集到大量有价值的数据,如病毒或蠕虫的源码、黑客的操作等,从而便于提供丰富的溯源数据。另外,蜜罐也可以消耗攻击者的时间,基于 JSONP 等方式来获取攻击者的画像。但是蜜罐存在安全隐患,如果没有做好隔离,也可能成为新的攻击源。

蜜罐可以分为低交互蜜罐和高交互蜜罐。低交互蜜罐模拟网络服务响应和攻击者交互,容易部署和控制攻击,但是模拟能力相对较弱,对攻击的捕获能力不强。高交互蜜罐不是简单模拟协议或服务,而是提供真实的系统,使得被发现的概率大幅度降低。

蜜网是在一台或多台蜜罐系统的基础上,结合防火墙、路由器、入侵防御、系统行为记录、自动报警与数据分析等功能所组成的网络系统,具有较高的交互性。蜜网一般部署在防火墙内,所有进出蜜网的流量都会受到监控、捕获和分析。蜜网的关键设备包括蜜罐主机和蜜墙。蜜墙是一个工作在二层的网关设备,对攻击者透明,不易被察觉,主要用于隔离蜜罐和外部网络。蜜墙设备有三个网卡,其中 eth0 网卡用于连接路由器和外部网络,eth1 网卡用于连接蜜罐网络,eth2 网卡可配置为连接入侵检测、日志、告警等设备,如图 4-7 所示。由于没有 IP 地址,蜜网中的流量均通过蜜墙,这使得业务方对数据的控制能力得到增强,提高了隐蔽性和安全性,但其缺点是蜜罐主机只能与业务网主机配置在同一网段中,可扩展性不强。

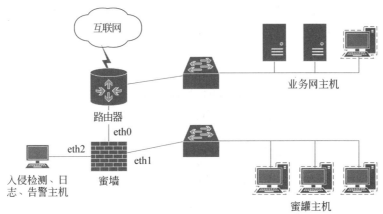

图 4-7　蜜网部署示意图

蜜场是蜜网技术的延伸,它是"逻辑上分散、物理上集中"的蜜网,其工作原理是将所有的蜜罐集中部署在一个独立的网络中,在每个需要被监控的子网中部署一个重定向器,它以软件形式存在,监听所有对未用端口或地址的非法访问,但不直接响应,而是将这些非法访问重定向到被严密监控的蜜场中,蜜场选择某台蜜罐对攻击信息进行响应,然后把响应回传到具有非法访问的子网中,并利用一些手段对攻击信息进行收集和分析,如图 4-8 所示。

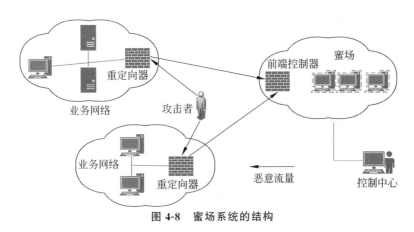

图 4-8　蜜场系统的结构

除了使用蜜罐、蜜网进行攻击溯源分析外,还可以使用以下手段进行攻击溯源与反制。

• IP 定位技术:通过 IP 反查可能会查询到攻击者使用的 Web 域名、注册人、邮箱等信息。

- ID 追踪技术：通过指纹库、社工库等或其他技术手段抓取到攻击者的微博账号、百度 ID 等信息。例如，采用 QQ 同名、论坛同名等方式搜索，采用社工库匹配；若 ID 是邮箱，则通过社工库匹配密码、以往注册信息等；若 ID 是手机号，则通过手机号搜索相关注册信息以及手机号使用者姓名等。
- 影子服务技术：克隆真实的服务并对数据进行脱敏处理，同时部署多种监控工具对攻击者进行取证溯源。
- 虚拟网络拓扑技术：采用 SDN 技术部署虚拟化的交换机、路由器，构建类真实的虚拟网络和虚拟终端，扩大攻击探测范围。
- 扫描反制技术：通过在仿真环境里预设一些针对特定服务、扫描工具的反制模块，当攻击者采用这类工具实施扫描或攻击时会触发对应反制模块，实现读取攻击者设备指纹和身份信息实现反制，当前部分欺骗防御产品里已使用扫描反制技术，较常用的扫描反制手段包括 MySQL 反制、SQLMap 反制、AWVS 反制等。
- 蜜标技术：通过脚本捆绑或标识嵌入等技术向伪造的敏感数据中嵌入特定标识，一旦攻击者对蜜标数据/文件执行相关操作，就会触发内嵌的脚本，记录并回传攻击主机的相关信息，如图 4-9 所示的例子。

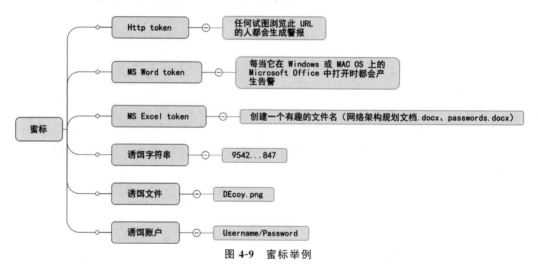

图 4-9 蜜标举例

- 终端检测技术：对终端的可疑网络连接和可疑进程进行检测分析，对可疑的账号进行检测分析，对可疑的开机启动项和自启动服务进行分析，对系统及应用的操作日志、审计日志、告警日志等进行分析。

4.4 持续威胁暴露面管理

网络安全应急响应属于针对安全事件发生的事中和事后应对措施，为了提高网络安全预警能力，进一步降低网络攻击成功的概率和网络信息系统的安全风险，Gartner 于

2022年发布了《实施持续威胁暴露面管理计划》，用于有效管控网络信息系统的攻击面（威胁暴露面），进而将安全事件消灭在萌芽状态。

CTEM（Continuous Threat Exposure Management）计划是一套流程和功能，包括5个步骤：确定范围、发现识别、划分优先级、验证暴露面和采取行动，如图4-10所示。构建CTEM计划的组织使用工具对资产和漏洞进行清点和分类，模拟或测试攻击场景和其他形式的态势评估过程和技术。CTEM是周期性的，当组织的风险偏好发生改变、网络信息系统结构变更、新的有价值的攻击发生、人员出现变动等都可能会触发CTEM过程，但不一定从周期的步骤一开始。

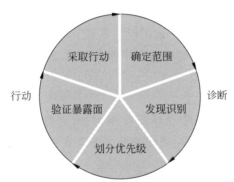

图 4-10　持续威胁暴露面管理流程

步骤一：确定范围。成熟的漏洞管理项目通常包括对内部、本地和自有资产进行良好的初始范围界定。

步骤二：发现识别。范围界定完成后，正确识别资产及风险状况十分重要。威胁暴露面的发现成果不仅是漏洞，还可以包括资产和安全控制的错误配置及其他缺陷。

步骤三：划分优先级。威胁暴露面管理的目标并不是修复全部已识别的问题，而是识别和处理最有可能被利用以针对组织进行攻击的威胁因素。组织不能单纯通过预定义的基础严重性评分来对风险进行优先级排序，还需考虑漏洞利用的普遍性、能否控制、缓解措施和业务关键性等因素，以反映对组织业务和使命的潜在影响。处理漏洞的优先次序需要基于紧迫性、严重性、修补控制的可用性、风险偏好和风险水平等进行综合考虑。作为CTEM计划的一部分，不仅要确定风险修复的优先次序，而且还要根据被检查系统的拓扑结构、配置、关键性等来确定降低风险优先次序的理由。

步骤四：验证暴露面。验证潜在攻击者如何实际利用已确定的暴露面并监测系统反应的过程。验证通常使用受控模拟或模仿攻击者的技术。验证还包括对建议处理方法的验证，评估其可行性，以提升网络信息系统的安全防御能力。验证需要实现三个目标。

- 确认攻击者确实可以利用先前发现和优先处理的暴露面。
- 分析关键业务资产可能遭受的所有潜在攻击路径，评估"最大潜在影响"。
- 评估响应和修复已识别问题的过程是否足够快，以及是否足以满足业务需要。

步骤五：采取行动。从众多修复方案中选择可行的暴露面减少方案，对网络信息系统进行漏洞修补或采取必要的威胁缓解措施。

CTEM 的核心是进行网络攻击面管理,而网络攻击面管理的核心是资产管理和漏洞管理。常见的网络安全攻击面分析工具列举如下。

- Goby[1]:新一代的网络安全评估工具,它能够为组织梳理出最完整的攻击面信息,同时可以根据暴露在外网的漏洞快速渗透到组织内网。
- ARL[2]:可快速发现并整理组织的外网资产,构建资产信息库,协助安全团队或者渗透测试人员快速找到资产中的薄弱点和攻击面。主要功能包括域名资产发现和整理、IP/IP 段资产整理、端口扫描和服务识别、Web 站点指纹识别、资产分组管理和搜索、任务策略配置、计划任务和周期任务、关键字监控、域名/IP 资产监控、站点变化监控以及文件泄露等风险检测。
- Linglong[3]:一款资产巡航扫描系统。系统定位是通过 masscan＋nmap 无限循环发现新增资产,自动进行端口弱口令爆破、指纹识别、Xray POC 扫描。主要功能包括资产探测、端口爆破、POC 扫描、指纹识别、定时任务、管理后台识别、报表展示。
- SEC[4]:可对服务器资源安全进行扫描排查、可控性强、可停止运行中的扫描任务、支持分布式多节点部署,更快的扫描进度＋节点执行信息动态反馈,快速定位漏洞。
- w12scan[5]:一款网络资产发现引擎,通过 Web 接口下发任务,w12scan 会自动将相关的资产聚合在一起方便分析使用。

4.5 小 结

俗话说"三分技术、七分管理"。越来越多的安全事件表明,网络安全运营才是保障业务信息系统安全的主要工作。信息安全系统能否发挥作用,安全策略是否配置恰当,系统漏洞是否能够得到及时修补,网络攻击事件能否得到及时响应等决定了网络安全保障的能力和水平。如图 4-11 所示,网络系统安全运营体系的建设重心在于事前的安全管理防范而不是事后的应急响应修补,管理制度越规范、人员的安全素质越高,系统面临的安全风险就越低,发生安全事件后造成的损失也就越小。

---

[1] https://gobies.org/。
[2] https://github.com/TophantTechnology/ARL。
[3] https://github.com/awake1t/linglong。
[4] https://github.com/smallcham/sec-admin。
[5] https://github.com/w-digital-scanner/w12scan。

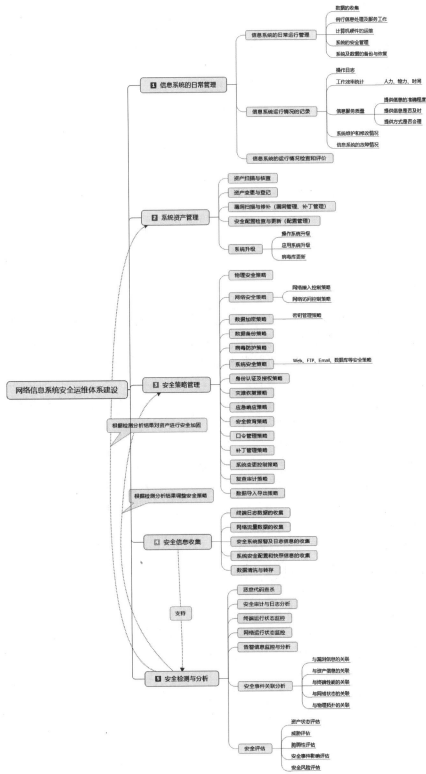

图 4-11 网络信息系统安全运营体系建设

4.6　习　　题

1. 常见的网络安全运维管理包括哪些内容？
2. 什么是安全基线？基线检查的主要内容有哪些？
3. 漏洞管理包括哪几个步骤？漏洞识别有哪些方法？
4. 良好的系统运维安全习惯有哪些？
5. 网络安全事件有哪几种分类方式？请分析一下典型的勒索病毒攻击和邮件钓鱼攻击分别属于哪种网络安全事件？
6. 网络安全事件的应急响应流程包括哪六个阶段？试简要阐述各阶段的主要工作。
7. 持续威胁暴露面管理包括哪几个步骤？

4.7　实　　验

实验 1：提取系统快照

采用操作系统自带的命令或工具软件，分别提取 Windows、Linux 等操作系统的快照以及网络设备和数据库系统的快照并备份。例如使用 Windows 或 Linux 操作系统自带的 shell 命令提取系统账户、启动的服务和程序、开放的端口、共享的资源等信息，使用 pslist 获取 Windows 进程信息，使用 regdmp 备份 Windows 注册表信息，使用 ps 命令获取 Linux 进程信息，使用 SQL 语句获取数据库快照信息等。将上述提取的快照与 Goby 攻击面分析工具得到的分析报告进行对比。

实验 2：系统安全事件检测

采用 Windows 或 Linux 操作系统自带的命令或工具软件，对系统账户、进程、服务、启动项、关键文件、网络连接、注册表项、共享资源等进行检查，并与以前保留的系统快照进行对比，检测异常和攻击痕迹。

实验 3：日志分析

分别模拟 SQL 注入攻击事件入侵 IIS 或 Apache Web Server，利用 Notepad＋＋和 grep、awk 等 shell 命令，分析 Web 服务器日志信息，查找定位攻击事件的来源及造成的影响。

分别模拟针对 Windows 操作系统登录账户的暴力破解和典型漏洞利用攻击，并植入灰鸽子木马，利用 Windows 事件查看器或 Log Parser Lizard 分析操作系统日志，查找定位攻击事件的来源及造成的影响。

实验 4：全流量分析

分别模拟 SQL 注入攻击、针对 Windows 操作系统登录账户的暴力破解攻击和典型漏洞利用攻击，采用 Wireshark 捕获目标网络数据包并进行全流量分析，查找定位攻击事件的来源及造成的影响。

实验 5：恶意代码分析与查杀

分别模拟勒索病毒、蠕虫病毒和特洛伊木马感染终端计算机或服务器，使用

WinHex、AOMEI Backupper、Memoryze 等取证工具进行系统取证,使用 netstat、ipconfig、regedit 等操作系统 shell 命令进行网络状态及配置分析,使用 process explorer、PcHunter、火绒剑等工具进行进程分析,使用 Densityscout、Sigcjeck 等工具进行文件分析,利用防病毒软件进行病毒查杀或恢复系统镜像。

实验 6:操作系统安全配置

采用微软的 Security Compliance Toolkit 或 CIS CAT Lite[①] 对所使用的 Windows 操作系统进行基线检查;根据预先设定的安全基线,分别对典型的 Windows 和 Linux 操作系统进行安全策略配置,并提取系统快照。

---

① CIS-CAT 精简版是由 CIS(互联网安全中心)开发的免费评估工具,https://learn.cisecurity.org/cis-cat-lite。

参 考 文 献

［1］ Center for Internet Security. CIS Critical Security Controls Version 8［EB/OL］. 2022. https://www.cisecurity.org/controls/v8.

［2］ National Institute of Standards and Technology，U. S. A. Security and Privacy Controls for Information Systems and Organizations［EB/OL］. 2022. https://csrc.nist.gov/publications/detail/sp/800-53/rev-5/final.

［3］ ISO/IEC 27002：2013 Information technology —Security techniques —Code of practice for information security controls［EB/OL］. 2022. https://www.iso.org/standard/54533.html.

［4］ National Institute of Standards and Technology，U. S. A. Framework for Improving Critical Infrastructure Cybersecurity Version 1.1［EB/OL］. 2022. https://www.nist.gov/cyberframework/framework.

［5］ ISO/IEC 27001：2013 Information technology — Security techniques — Information security management systems — Requirements［EB/OL］. 2022. https://www. iso. org/standard/54534. html.

［6］ The MITRE Corporation. ATT&CK Matrix for Enterprise［EB/OL］. 2022. https://attack.mitre.org/.

［7］ National Institute of Standards and Technology，U.S.A. Zero Trust Architecture［EB/OL］. 2022. https://www.nist.gov/publications/zero-trust-architecture.

［8］ Gartner，Inc. Seven Imperatives to Adopt a CARTA Strategic Approach［EB/OL］. 2022. www.gartner.com/imagesrv/media-products/pdf/hpe/hpe-1-504080P.pdf.

［9］ National Institute of Standards and Technology，U. S. A. Managing Information Security Risk：Organization，Mission，and Information System View［EB/OL］. 2022. https://csrc. nist. gov/publications/detail/sp/800-39/final.

［10］ National Institute of Standards and Technology，U. S. A. Risk Management Framework for Information Systems and Organizations：A System Life Cycle Approach for Security and Privacy［EB/OL］. 2022. https://csrc.nist.gov/publications/detail/sp/800-37/rev-2/final.

［11］ National Institute of Standards and Technology，U.S.A. Guide for Conducting Risk Assessments［EB/OL］. 2022. https://csrc.nist.gov/publications/detail/sp/800-30/rev-1/final.

［12］ National Institute of Standards and Technology，U. S. A. Information Security Continuous Monitoring (ISCM) for Federal Information Systems and Organizations［EB/OL］. 2022. https://csrc.nist.gov/publications/detail/sp/800-137/final.

［13］ National Institute of Standards and Technology，U. S. A. Performance Measurement Guide for Information Security［EB/OL］. 2022. https://csrc.nist.gov/publications/detail/sp/800-55/rev-1/final.

［14］ National Institute of Standards and Technology，U.S.A. Assessing Security and Privacy Controls in Federal Information Systems and Organizations：Building Effective Assessment Plans［EB/OL］. 2022. https://csrc.nist.gov/publications/detail/sp/800-53a/rev-4/final.

［15］ National Institute of Standards and Technology，U.S.A. Control Baselines for Information Systems and Organizations[EB/OL]. 2022. https://csrc.nist.gov/publications/detail/sp/800-53b/final.

[16] 王宇，阎慧. 信息安全保密技术[M]. 北京：国防工业出版社，2012.

[17] 王宇，卢昱，吴忠望，鲁俐，陈立云. 军队院校信息安全保障[M]. 北京：国防工业出版社，2011.

[18] 王宇，卢昱. 网络安全与控制技术[M]. 北京：国防工业出版社，2010.

[19] 亚当·斯塔克(美). 威胁建模：设计和交付更安全的软件[M]. 北京：机械工业出版社，2015.

[20] Samer Yousef Khamaiseh. Security Testing With Misuse Case Modeling [D]. Boise State University，U.S.A. 2016.

[21] Roy. OWASP Risk Rating Methodology[EB/OL]. http://www.owasp.org.cn/OWASP-CHINA/owasp-project/download/OWASP%20Risk%20Rating%20Methodology-V2.pdf，2022.

[22] Christopher J. Alberts，Sandra Behrens，Richard D. Pethia，William R. Wilson. Operationally Critical Threat，Asset，and Vulnerability Evaluation (OCTAVE) Framework，Version 1.0[EB/OL]. 2022. https://resources.sei.cmu.edu/library/asset-view.cfm? assetid=13473.

[23] Jack Freund，Jack Jones. Measuring and Managing Information Risk，A FAIR Approach[M]. Butterworth-Heinemann publications，Elsevier Inc. 2015.

[24] HEAling Vulnerabilities to ENhance Software Security and Safety (HEAVENS)[EB/OL]. 2016. The HEAVENS Consortium. https://www.autosec.se/wp-content/uploads/2018/03/HEAVENS_D2_v2.0.pdf.

[25] IEC 31010：2019 Risk management，Risk assessment techniques[EB/OL]. 2022. https://www.iso.org/standard/72140.html.

[26] Gabriel Jakobson. Mission Cyber Security Situation Assessment Using Impact Dependency Graphs [C]. USA：14th International Conference on Information Fusion Chicago，Illinois，2011，July 5-8：253-260.

[27] 聂君，李燕，何杨军. 企业安全建设指南[M]. 北京：机械工业出版社，2019.

[28] 杨东晓，张锋，冯涛，韦早裕. 网络安全运营[M]. 北京：清华大学出版社，2020.

[29] 张红旗，杨英杰，唐慧林，常德显. 信息安全管理[M]. 北京：人民邮电出版社，2017.

[30] 奇安信安服团队. 网络安全应急响应技术实战指南[M]. 北京：电子工业出版社，2020.

[31] 李江涛，张敬，张欣. 应急响应技术实战[M]. 北京：电子工业出版社，2020.

[32] 中国国家标准化管理委员会. GB/Z 20986—2007 信息安全技术 信息安全事件分类分级指南[S]. http://www.djbh.net/webdev/file/webFiles/File/jsbz/201232395947.pdf，2007.

[33] 微软中国. 安全基线指南[EB/OL]. https://docs.microsoft.com/zh-cn/windows/security/threat-protection/windows-security-configuration-framework/windows-security-baselines，2022.

[34] 中国国家标准化管理委员会. GB/T 36626—2018 信息安全技术 信息系统安全运维管理指南[S]. 2019.4.

[35] 王瑞锦，杨珊，文淑华，李冬芬，罗绪成. 信息安全系统综合设计与开发[M]. 北京：人民邮电出版社，2021.

[36] 王瑞锦，李冬芬，朱国斌，张风荔. 信息安全工程与实践[M]. 北京：人民邮电出版社，2017.

[37] 安全应急响应[EB/OL]. https://www.cnsrc.org.cn/.

[38] 曾浩洋. 网络安全网格概念及其影响[J]. 信息安全与通信保密，2022(4)：52-60.

[39] 柯善学. 网络安全架构：建立安全架构方法的指导框架[EB/OL]. "网络安全观"微信公众号. https://www.secrss.com/articles/18231，2020.

［40］　柯善学. 网络安全架构：安全框架之综述［EB/OL］.“网络安全观”微信公众号. 2020. https://www.secrss.com/articles/22777.

［41］　郭启全. 网络安全等级保护基本要求（通用要求部分）应用指南［M］. 北京：电子工业出版社，2022.

［42］　刘永刚. 网络安全应急响应基础理论及关键技术［M］. 北京：电子工业出版社，2022.

［43］　奇安信战略咨询规划部，奇安信行业安全研究中心. 内生安全：新一代网络安全框架体系与实践［M］. 北京：人民邮电出版社，2021.

安全架构公理

公理 1：业务风险驱动安全

如果安全架构无法支撑组织利用其资产来完成业务工作，则该安全架构更有可能被边缘化和显得无用。安全架构应基于业务风险驱动，并且应该是对这些风险进行适当响应。在设计安全架构时，应该遵循以下两个基本原则。

- 二八原则：用 20% 的成本保护 80% 的秘密；
- 价值原则：避免将有价值的数据汇聚在一处，例如为了使文印室、保密室更安全，可以考虑建立分散的文印中心，二人监管等。

公理 2：场景

不同场景下的安全架构、组件或策略不能完全重用，应基于不同的场景实施差别化的认证、授权与访问控制策略。专为一种环境而设计的安全系统或解决方案并不总是可以有效迁移到另一种环境中工作。可重用的基于组件的架构有很多好处。但是，如果有时为了节省时间和精力将安全系统重新用于不同的用例，则需要针对这两个用例之间的所有差异进行新的风险分析。否则，现有的安全功能可能不足以应对新用例中资产价值或攻击面的任何变化，亦可能会造成过度防护并浪费资源。

公理 3：范围

如图 A-1 所示，明确定义安全架构的范围很重要，这样有利于准确界定系统面临的威胁、受保护的资产和存在的安全风险。

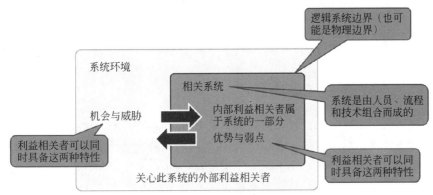

图 A-1　准确界定系统的范围

公理 4：情报

安全系统应利用情报来主导响应活动。通过威胁情报，既可以了解对手的意图、能力、攻击方式，也可以了解自身的漏洞情况。有关对手动机的情报可能有助于确定最可能的攻击目标和预期的攻击方式。同时，需要深入地了解自身的漏洞，以及漏洞被利用后对资产(特别是关键资产)和流程的潜在影响。这有助于优先考虑系统中最重要的领域,以实施安全防御。需要了解是什么使我们成为了诱人的目标,并从对手的角度来寻找切入点。

公理 5:信任

一切安全都建立在信任基础上。安全架构应该保障系统可以准确建模业务实体关系中存在的信任的性质、类型、级别、复杂性。信任从来都不是非黑即白,而是一个很长的灰度带。"信任"和"被信任"不是镜像关系。即使是最复杂的信任关系,也可以自顶向下分解为一系列简单的单向信任关系。建立安全架构时应该考虑如何评估信任、如何基于信任进行安全控制,要最小化系统间的信任需求,谨防过度信任。

公理 6:整体分析

安全需求应与其他的功能性需求和非功能性需求集成在一起。安全需求通常被描述为非功能需求(NFR),并且不应将其与其他功能需求或非功能需求分离。只有将所有需求都视为 SOI(系统收益)整体风险的一部分时,安全架构才能有效工作。

公理 7:简洁性

系统和服务应在保证功能性的前提下尽可能简洁。复杂是安全的敌人,必须在保持整体性的同时,将其简化为子结构进行管理。高度复杂的系统倾向于表现出涌现性,例如系统安全漏洞主要来自两个来源:设计错误和涌现性。简化复杂性的方法,通常是通过自上而下的逐层分解。

公理 8:重用

在可行的情况下,尽可能重用受信任的系统开发实践和系统组件。安全架构师不应从零开始,也不用重新发明轮子。从通用框架和参考架构开始,并针对特定的场景进行定制,始终是效率更高的方法。

公理 9:弹性

经过精心设计的安全架构融合了容错子系统和冗余设备,以确保在异常情况下能够持续服务。但是架构的韧性不仅仅是设备,还必须包括人员和流程。弹性的关键特征是计划内的系统降级——通过控制将系统降级,而非由于无法控制导致故障。

公理 10:流程驱动

安全开发过程应涵盖所需的计划期并以清晰的生命周期引入利益相关方。

公理 11:优化冲突解决

安全架构的作用之一是以最佳方式解决利益相关方的冲突,在功能需求和其他非功能需求与安全需求之间取得平衡。请考虑三个不同风险因素之间的相互作用:可用性、成本和安全等级。风险管理要求上述三个因素彼此间始终形成合力。最大化可用性可能会增加成本并降低安全性。最大化安全性可能会增加成本并降低可用性。最小化成本可能会降低可用性和安全性。安全架构的终极目标是在整体的 SOI 级别上优化这些和其他风险因素。

公理 12:清晰的沟通

安全应使用有利于业务和技术利益相关方之间进行有效沟通的通用术语。安全架构师必须至少会两种"语言",能熟练使用业务涉众的语言(业务术语)和技术人员的知识(技术术语）。

公理 13：易用性

安全系统应该尽可能对用户透明且易于使用。不易使用或导致生产受到影响/破坏的安全控制措施,通常会被忽略、禁用、废除,导致资源容易受到攻击,从而失去控制措施的价值。被绕过或未被使用的安全系统将毫无价值。可用性差的经典示例是密码的使用。密码的有效性取决于密码的长度和复杂性,有效性越强的密码越难记忆。在许多系统中,经常更新密码的要求加大了记忆难度。最终结果是,许多人不但为多个系统选择了相同的密码,并且还选择了更容易被猜到的密码。另一个示例是 Web 浏览器使用 PKI 证书对网站进行验证。如果该站点具有未知证书,浏览器则会向用户显示一条弹出消息,询问用户是否批准或信任该站点。这种事本不该由用户做选择,它违背了使用 PKI 证书的初衷。典型的变通方法是向浏览器证书缓存内预加载尽可能多的证书,以希望包含用户将访问的网站所需要的证书,但这样做相当于取消了基于浏览器 PKI 证书的任何安全对策。用户无法判断预加载的证书是真实的证书,还是某些恶意软件攻击后伪造的证书。

公理 14：安全设计

安全性应依赖于经过验证的特定控制措施,而非隐藏。隐写术与加密相仿,不同的是前者只需要一个密钥-数据嵌入/检索算法,而且由于算法无法更改,若图片采用了隐写术,提取数据相对更容易。因此,安全不应依赖于暗箱操作或其他晦涩的形式。安全性应依赖于经过验证的特定安全控制措施,同理,密码学的安全性取决于对加密密钥的保护,并假设算法是可公开的,只有密钥需要保护。

以下是一些不合理的安全假设的例子。

(1) 若某个人很难解决某个问题,则该问题对所有人来说都很难解决。

(2) 人们难以理解的问题对于机器而言同样困难。

(3) 如果安全解决方案的一部分具有强大的防御能力,则意味着整个解决方案都很强大。

(4) 相信人们不会因系统实施不当或不安全的操作而损坏系统安全性。

(5) 所有的安全控制措施都能正确运转。

公理 15：优先级

要使用较强的保护机制来保护较弱的机制,而非相反。最重要的事物不应依赖于不重要的事物。在安全领域,它具体表示为当使用多个安全系统时,应使用功能更强的安全系统来保护功能较弱的安全系统,因为一个系统直接控制另一系统的安全性。

例如,大多数电子邮件系统都支持使用加密密钥和证书来对电子邮件进行签名和加密。为了有效地执行此操作,密钥通常存储在电子邮件用户计算机的文件系统中的某个位置。主机操作系统提供的文件访问控制通常比电子邮件加密保护弱得多。如果密钥仅受操作系统权限控制的保护,则攻击者可以通过破坏操作系统和提取密钥来读取或修改电子邮件,而不是直接攻击加密保护措施。

为了对此进行补偿性防护,电子邮件系统应该对密钥进行加密,要求最终用户输入密钥解密密码,甚至更好地使用附加的硬件令牌对密钥加密密钥进行解密,然后才能将其应用于电子邮件。

公理 16：设备主权

所有设备均应能够在不受信任的网络上保持其安全策略。保护机制通常位于本地或靠近被保护的资源更有效。这使得防护机制更容易随受保护资源一起迁移。

公理 17：纵深防御

通过分层防御可以获得更高的安全性。纵深防御是一种传统方法，它通过在攻击路径上应用多层或多级安全性，来最大限度地保护每个资源。为了使纵深防御有效，各层之间必须彼此独立，各层应该由不同类型的控制措施组成，而非多层使用同一类型的控制。当控制措施失效时，选择失效而开放，还是失效而关闭，取决于资源的敏感性和它所支持的服务的需求。

公理 18：最小特权

主体(人员、事物、流程等)应仅被授予执行其授权任务所需的权限。部署最小特权系统和服务的能力，在一定程度上取决于可以执行细粒度访问控制的技术和流程。细粒度的访问控制，要求以一种方式捕获或存储有关资源或资产以及最终用户的元数据，以便访问控制系统可以通过它来作出有关资源的访问决策。职责分离的概念也是从纵深防御中衍生出来的一种特殊形式的最小特权。职责分离是一种将关键任务划分为多个角色的实践，以确保单个人不会因为意外或故意而破坏它们。例如，一个应用程序可能具有管理员角色，该角色用于填充最终用户账户，但不能行使该应用程序的功能。可以运行该应用程序的最终用户不能添加、更改或删除账户。

公理 19：访问管理

所有有价值的资源均应由可扩展的访问控制机制保护。访问控制包括三种不同的操作过程。

- 识别：识别并区分主体；
- 认证：验证主体的身份；
- 授权：授予主体适当的访问权限。

识别身份也称为弱认证。

认证包括初始认证和重新认证两部分。访问控制决策应受策略驱动，访问控制操作和访问决策应尽可能自动化，访问控制系统应由可能来自不同供应商的标准化且松耦合的组件构建，这些组件应使用行业标准协议进行连接，并且必须定期检查访问控制决策是否适当，是否与权限规则和决策保持一致。

公理 20：通信安全

设备和应用程序应使用开放、安全的协议进行通信。

信息技术安全的工程原理

1. 安全基础

- 原则 1：要制定一个完整的安全策略，并将其作为安全设计的"基础"。所谓完整是指安全策略要包括确定的安全目标（CIA 等）、制定相应的安全架构（过程、标准、控制）、进行威胁分析、明确安全相关的角色和职责。
- 原则 2：应该把安全看作整个系统设计的不可分割的组成部分。安全要融入信息系统的整个生命周期中，实现"同步规划、同步设计、同步实施、同步运行"。
- 原则 3：在安全策略中清楚地描述出物理及逻辑安全边界。强调安全边界不仅包括物理边界，还包括逻辑边界。逻辑边界往往跨越物理边界，是按照系统和信息的安全需求确定的。
- 原则 4：确保开发人员经过开发安全软件的培训。

2. 基于风险

- 原则 5：将风险降低到可接受的程度。
- 原则 6：要铭记外部系统是不安全的。这里所指的外部系统不等于外部网络，是指逻辑安全域以外的不可信系统，因此只要没有经过认证，内网也是不安全的。
- 原则 7：必须明确降低风险与增加系统成本，降低系统运行效率之间的对应关系，并作出慎重的抉择。安全要考虑成本效益，并基于风险评估结果实施安全。
- 原则 8：实施可裁剪的安全措施以达到组织的安全目标。
- 原则 9：保护被存储、处理和传输的信息。
- 原则 10：考虑定制产品实现所需的安全。
- 原则 11：防范各种可能的"攻击"类型。强调直接采用货架安全产品并不一定能够满足用户的安全需求，必须进行一定的裁剪和定制。

3. 方便使用

- 原则 12：尽可能采用开放的安全标准，以提高系统的便携性和互操作能力。
- 原则 13：开发安全需求时使用通用的语言。
- 原则 14：进行安全设计时要考虑到能容纳新的技术，使系统具有安全、合理的技术升级能力。
- 原则 15：尽量简化用户的操作。

4. 增加弹性

- 原则 16：实现分层的安全机制（防止单点失效）。
- 原则 17：设计与运行的信息系统要能有效减少可能的损害，并能对攻击作出弹性响应。强调一定的容侵容错、系统分隔、动态检测响应能力。
- 原则 18：确保系统始终能够持续、弹性地应对可能的威胁。强调动态的安全风险评估域控制。

- 原则 19：限制或包容缺陷。强调采取技术措施限制漏洞被利用，或减少漏洞利用造成的影响损害。
- 原则 20：将公共访问系统与任务关键的资源（如关键的数据、进程）区分开来。
- 原则 21：通过边界控制将计算系统与网络基础设施分隔开来。
- 原则 22：设计与实现审计机制，以检测非授权的操作，并支持事件调查。
- 原则 23：建立和演练应急和灾难恢复机制以保证系统的可用性。

5. 减少脆弱性

- 原则 24：力求简洁。
- 原则 25：最小化被信任的系统元素。
- 原则 26：遵循最小特权。
- 原则 27：不要实现多余的安全机制。
- 原则 28：当系统停止运行或废弃时，要保证系统的安全性。
- 原则 29：识别并预防已经公开的错误或缺陷。已经出现或发生过的错误要吸取教训不要再犯。

6. 设计时充分考虑网络

- 原则 30：通过组合分布式的物理和逻辑策略实现系统的安全。
- 原则 31：制定的安全措施可应用于多个重叠的信息域。强调尽量不要再采用物理隔离的方式控制安全域，而是通过在操作系统、应用程序或工作站一级进行逻辑隔离，网络层面仍然采用共同的基础设施，实现安全域的划分和访问控制。
- 原则 32：在系统内部和跨越系统边界的任何场合都要实行用户鉴别机制，以保证访问控制的可靠性。
- 原则 33：使用唯一的身份以确保可审计性。

附录 C

××单位网络安全事件应急响应预案

一、总则

1.1 编制目的

建立健全网络安全事件应急工作机制,提高应对网络安全事件能力,预防和减少网络安全事件造成的损失和危害,确保重要信息系统的实体安全、运行安全和数据安全,保护公众利益,维护国家安全、公共安全和社会秩序。

1.2 编制依据

(1)《中华人民共和国网络安全法》。

(2)《中华人民共和国突发事件应对法》。

(3)《国家网络安全事件应急预案》。

(4)《国家突发公共事件总体应急预案》。

(5)《突发事件应急预案管理办法》。

(6)《国务院有关部门和单位制定和修订突发公共事件应急预案框架指南》(国办函[2004]33号,2004-04-06)。

(7) GB/T 36626—2018《信息安全技术 信息系统安全运维管理指南》。

(8) GB/T 31509—2015《信息安全技术 信息安全风险评估实施指南》。

(9)《信息安全事件分类分级指南》(GB/Z 20986—2007)。

(10)《信息安全事件管理指南》(GB/Z 20985—2007)。

1.3 适用范围

本预案所述网络安全事件是指由于自然灾害、人为原因、软硬件缺陷或故障等,对网络和信息系统或者其中的数据造成危害,对社会造成负面影响的事件,可分为有害程序事件、网络攻击事件、信息破坏事件、门户网站安全事件、设备设施故障、灾害性事件和其他事件。

1.4 事件分级

按照故障影响范围、系统损失和社会影响,分为四级:特别重大(Ⅰ级)、重大(Ⅱ级)、较大(Ⅲ级)、一般(Ⅳ级)。

1.4.1 特别重大事件(Ⅰ级)

符合如下内容任意一条的,定义为特别重大事件。

(1)由于自然灾害事故(如水灾、地震、地质灾害、气象灾害、自然火灾等)、人为原因(如人为火灾、恐怖袭击、战争等)、软硬件缺陷或故障等,导致×××网络服务及业务系统发生灾难性破坏;

(2)信息系统中的数据被篡改、窃取,导致数据的完整性、保密性遭到破坏,或业务系统出现反动、色情、赌博、毒品、谣言等违法内容,对国家安全和社会稳定构成特别严重的影响。

1.4.2　重大事件(Ⅱ级)

符合如下内容任意一条且未达到特别重大事件的,定义为重大事件。

(1) 由于自然灾害、人为原因、软硬件缺陷或故障等导致如下问题,且经应急响应调查处置小组及应急响应日常运行小组评估,预计 8 小时内不可恢复的。

① 网站系统无法向互联网公众提供正常服务;

② 除网站外,同时有 4 个及以上重要业务系统无法正常提供服务。

(2) 信息系统中的数据被篡改、窃取,导致数据的完整性、保密性遭到破坏,对×××形象和×××网络稳定造成严重影响。

1.4.3　较大事件(Ⅲ级)

符合如下内容任意一条且未达到重大事件的,定义为较大事件。

(1) 自然灾害、人为原因、软硬件缺陷或故障等导致如下问题,且经应急响应调查处置小组及应急响应日常运行小组评估,预计在 1 小时以上 8 小时以内可以恢复的。

① 网站系统无法向互联网公众提供正常服务;

② 除网站外,同时有 2 个及以上、4 个以下重要业务系统无法正常提供服务。

(2) 信息系统中的数据被篡改、窃取,导致数据的完整性、保密性遭到破坏,对×××形象和×××网络稳定造成影响。

1.4.4　一般事件(Ⅳ级)

符合如下内容任意一条且未达到较大事件的,定义为一般事件。

自然灾害、人为原因、软硬件缺陷或故障等导致单个重要业务系统无法正常提供服务,且经应急响应调查处置小组及应急响应日常运行小组评估,预计 1 小时内可以恢复的。

1.5　事件分类

网络安全事件分为有害程序事件、网络攻击事件、信息破坏事件、网站安全事件、设备设施故障、灾害性事件和其他事件。

(1) 有害程序事件分为计算机病毒事件、蠕虫事件、特洛伊木马事件、僵尸网络事件、混合程序攻击事件、网页内嵌恶意代码事件和其他有害程序事件。

(2) 网络攻击事件分为拒绝服务攻击事件、后门攻击事件、漏洞攻击事件、网络扫描窃听事件、网络钓鱼事件、干扰事件和其他网络攻击事件。

(3) 信息破坏事件分为信息篡改事件、信息假冒事件、信息泄露事件、信息窃取事件、信息丢失事件和其他信息破坏事件。

(4) 网站安全事件是指网站访问异常或页面异常,出现传播法律法规禁止信息,组织非法串联、煽动集会游行或炒作敏感问题并危害社会稳定和公众利益的事件。

(5) 设备设施故障分为软硬件自身故障、外围保障设施故障、人为破坏事故和其他设备设施故障。

(6) 灾害性事件是指由自然灾害等其他突发事件导致的网络安全事件。

(7) 其他事件是指不能归为以上分类的网络安全事件。

1.6　工作原则

1.6.1 统一领导,分级负责

建立健全统一指挥、密切配合、综合协调、分类管理、分级负责的应急管理体系,形成平战结合、预防为主、快速反应、科学处置的协调管理机制和联动工作机制。

1.6.2 快速反应,科学处置

一旦发生突发事件,按照"分级响应、及时报告、及时救治、及时控制"的要求,确定事件分类、级别,启动对应的应急处置预案,明确职责,层层落实,采取有力措施积极应对,及时控制处理,防止产生连带风险。

1.6.3 敏感数据,严格管理

在应急准备和应急预案正式启动期间,各部门要明确数据资料保管责任人,资料接触人员要严格保密,做好敏感数据资料的防泄漏工作。应急处置结束后,对于为防止敏感数据资料丢失而保存的数据备份,要进行统一销毁。

1.6.4 加强沟通,有效传递

建立有效的沟通机制,各部门之间加强共同协作,确保信息畅通;加强与新闻媒体等外部单位的沟通协调,及时、客观发布突发事件事态发展及处置工作情况,做好宣传解释工作,全面争取突发事件的内部处置和外部舆论主动权,正确引导社会舆论。

二、组织体系与职责

应急组织体系由应急响应领导小组、应急响应调查处置小组、应急响应日常运行小组、应急响应协调小组及专家组组成。

2.1 应急响应领导小组

主要由网络安全与信息化领导小组部分成员、领导小组办公室主要负责人构成,由×××任组长。

应急响应领导小组主要职能包括

(1)启动和终止特别重大应急预案;

(2)组织、指导和指挥特别重大和重大安全事件的应急响应工作;

(3)审核安全事件处理和分析报告;

(4)指导应急预案的宣传和教育培训;

(5)外部媒体沟通及安全事件信息发布。

2.2 应急响应协调小组

主要由×××负责人、网络安全管理人员、机房管理人员、运维人员以及安全服务技术人员组成,由信息中心主要负责人任组长。

应急响应协调小组主要职能包括

(1)启动和终止重大事件和较大事件应急预案;

(2)组织、指导和指挥较大事件的应急响应工作;

(3)传达应急响应领导小组信息指令,上报事件应急处理进度;

(4)组织、协调相关技术支持人员、关联单位和各应急小组及时到场开展应急处置工作;

(5)安全事件处理和分析报告以及其他发布资料的审核与上报;

(6)起草和修订应急预案,并定期组织专家对应急预案进行研究、评估;

（7）制订应急预案培训及演练方案，组织开展应急预案培训及应急演练；

（8）如有必要，在处理网络安全应急事件时配合×××省国家安全局、×××进行调查取证，为后期责任追查提供有力证据。

2.3　专家组

主要由网络安全与信息化领导小组成员、信息中心主要负责人以及网络安全行业专家组成，由网络安全与信息化的分管领导任组长。

专家组主要职能包括

（1）提供安全事件的预防与处置建议；

（2）在制定网络安全应急有关规定、预案、制度和项目建设的过程中提供参考意见；

（3）定期对应急预案进行评审，及时反映网络安全应急工作中存在的问题与不足，并提出相关改进建议；

（4）对网络安全事件发生和发展趋势、处置措施、恢复方案等进行研究、评估，并提出相关改进建议；

（5）指导网络安全事件应急演练、培训及相关教材编审等工作。

2.4　应急响应调查处置小组

主要由机房管理人员、业务应用运营人员、运维人员以及安全服务技术人员组成，由信息中心机房管理人员任组长。

应急响应调查处置小组主要职能包括

（1）应急响应过程中技术问题的解决；

（2）及时向应急响应协调小组报告进展情况；

（3）制定信息安全事件技术应对表，明确职责和沟通方式；

（4）分析事件发生原因，提出应用系统加固建议；

（5）评估和总结应急响应处置过程，提供应急预案的改善意见。

2.5　应急响应日常运行小组

主要由运维人员组成，由运维负责人任组长。

应急响应日常运行小组主要职能包括

（1）对系统进行日常监控，及时预警，尽早发现安全事件；

（2）启动和终止一般事件应急预案；

（3）及时向应急响应协调小组汇报事件的发生时间、影响范围、事态发展变化情况和处置进展等情况；

（4）现场参与和跟踪安全事件的应急处置过程；

（5）定期核查应急保障物资，特别是冗余设备的状态，保证事件发生时应急保障物资的正常使用。

三、应急响应

3.1　基本响应

网络安全事件发生后，应立即启动应急预案，实施处置并及时报送信息。

（1）控制事态发展，防控蔓延。先期处置，采取各种技术措施，及时控制事态发展，最大限度地防止事件蔓延。

（2）快速判断事件性质和危害程度。尽快分析事件发生原因，根据网络与信息系统运行和承载业务情况，初步判断事件的影响、危害和可能波及的范围，提出应对措施和建议。

（3）及时报告信息。在先期处置的同时要按照预案要求，及时向上级主管部门报告事件信息。

（4）做好事件发生、发展、处置的记录和证据留存。

3.2　事件上报

3.2.1　上报原则

当判定为发生特别重大事件（Ⅰ级）和重大事件（Ⅱ级）时启动完整上报流程。

3.2.2　上报流程

（1）事件认定。由应急响应日常运行小组和应急响应调查处置小组的专业技术人员确定发生信息安全事件的系统受影响的程度，初步判定事件原因，并对事件影响状况进行评估。

（2）事件上报。应急响应协调小组负责填写《附录 3 重大网络安全事件报告表》后上报给应急响应领导小组。应急响应领导小组组长按照事件级别决定是否向×××网络安全与信息化领导小组组长报告，并决定是否通知和协调×××省国家安全局、×××协助妥善处理信息安全事件。

3.3　分级响应

3.3.1　Ⅰ级响应

Ⅰ级响应由应急响应领导小组启动，并向×××网络安全与信息化领导小组组长报告，其他各应急响应小组在应急响应领导小组的统一指挥下，开展应急处置工作。

（1）启动应急体系。

应急响应领导小组组织专家组专家、应急响应协调小组、应急响应日常运行小组和应急响应调查处置小组的专业技术人员研究对策，提出处置方案建议，为领导决策提供支撑。

（2）掌握事件动态。

事件影响部门及时告知事态发展变化情况和处置进展情况，应急响应日常运行小组在全面了解信息系统受到事件波及或影响的情况后，汇总并上报应急响应协调小组。

3.3.2　Ⅱ级响应

Ⅱ级响应由应急响应协调小组启动，并报应急响应小组，其他各应急响应小组在应急响应领导小组的统一指挥下，开展应急处置工作。

（1）启动应急体系。

应急响应领导小组组织专家组专家、应急响应协调小组、应急响应日常运行小组和应急响应调查处置小组的专业技术人员研究对策，提出处置方案建议，为领导决策提供支撑。

（2）掌握事件动态。

事件影响部门及时告知事态发展变化情况和处置进展情况，应急响应日常运行小组在全面了解信息系统受到事件波及或影响的情况后，汇总并上报应急响应协调小组。

3.3.3 Ⅲ级响应

Ⅲ级响应由应急响应协调小组启动,其他各应急响应小组在应急响应协调小组的统一指挥下,开展应急处置工作。

(1)启动应急体系。

应急响应协调小组组织应急响应日常运行小组和应急响应调查处置小组的专业技术人员研究对策,提出处置方案建议。

(2)掌握事件动态。

事件影响部门及时告知事态发展变化情况和处置进展情况,应急响应日常运行小组在全面了解信息系统受到事件波及或影响的情况后,汇总并上报应急响应协调小组。

3.3.4 Ⅳ级响应

Ⅳ级响应由应急响应日常运行小组启动,并开展应急处置工作。

(1)启动应急体系。

应急响应日常运行小组组织应急响应调查处置小组的专业技术人员研究对策,组织应急处置工作。

(2)掌握事件动态。

事件影响部门及时告知事态发展变化情况和处置进展情况,应急响应日常运行小组全面了解信息系统受到事件波及或影响的情况。

3.4 现场应急处置

3.4.1 处置原则

(1)当发生水灾、火灾、地震等突发事件时,应根据当时的实际情况,在保障人身安全的前提下,首先保障数据的安全,然后保障设备安全。

(2)当人为或病毒破坏信息系统安全时,按照网络安全事件发生的性质可采取隔离故障源、暂时关闭故障系统、保留痕迹、启用备用系统等措施。

3.4.2 处置流程

(1)事件认定。收集网络安全事件相关信息,识别事件类别,判断破坏的来源与性质,确保证据准确,以便缩短应急响应时间。

(2)控制事态发展。抑制事件的影响进一步扩大,限制潜在的损失与破坏。

(3)事件消除。在事件被抑制之后,找出事件根源,明确响应的补救措施并彻底清除。

(4)系统恢复。修复被破坏的信息,清理系统,恢复数据、程序、服务和信息系统。把所有被破坏的系统和网络设备还原到正常运行状态。恢复工作中如果涉及敏感数据资料,要明确数据资料保管责任人,资料接触人员要严格保密,做好敏感数据资料的防泄漏工作。

(5)事件追踪。关注系统恢复以后的安全状况,特别是曾经出现问题的地方;建立跟踪档案,规范记录跟踪结果;对进入司法程序的事件,配合国家相关部门进行进一步的调查,打击违法犯罪活动。

3.5 应急终止

3.5.1 应急终止的条件

现场应急处置工作在事件得到控制或者消除后,应当终止。

3.5.2　应急终止的程序

(1) 应急响应领导小组决定终止应急,或其他应急响应小组提出,经应急响应领导小组批准;

(2) 应急响应领导小组向组织处置事件的各应急响应小组下达应急终止命令;

(3) 应急状态终止后,应急响应领导小组应根据×××统一安排和实际情况,决定是否继续进行环境监测和评价工作。

四、信息管理

4.1　信息报告

各应急响应小组和部门根据各自职责分工,及时收集、分析、汇总本部门或本系统网络与信息系统安全运行情况信息、安全风险及事件信息,及时报告应急响应协调小组,由应急响应协调小组汇总后上报应急响应领导小组。

倡导全员参与网络、网站和信息系统安全运行的监督和信息报告,发现网络、网站和信息系统发生安全事件时,应及时报告。

发生Ⅰ级、Ⅱ级网络安全事件后,应由应急响应协调小组及时填报《重大网络安全事件报告表》,并在应急事件终止后填报《重大网络安全事件处理结果报告》。

发生Ⅲ级、Ⅳ级网络安全事件并处置完成后,应由应急响应日常运行小组及时填报《网络安全事件故障分析处置报告》。

4.2　信息报告内容

信息报告内容一般包括以下要素:事件发生时间、发生事故网络信息系统名称及运营使用管理单位、地点、原因、信息来源、事件类型及性质、危害和损失程度、影响单位及业务、事件发展趋势、采取的处置措施等。

4.3　信息发布和新闻报道

发生Ⅰ级网络安全事件后,需要开展情况公告时,应由×××网络与信息化领导小组负责外部媒体沟通及安全事件信息发布,正确引导舆论导向。

发生Ⅱ级网络安全事件后,需要开展情况公告时,应由应急响应领导小组负责外部媒体沟通及安全事件信息发布,正确引导舆论导向。

五、后期处置

5.1　系统重建

在应急处置工作结束后,应制定重建方案,尽快抢修受损的基础设施,减少损失,尽快恢复正常工作。

5.2　应急响应总结

响应总结是应急处置之后应进行的工作,由应急响应调查处置小组负责,具体包括

(1) 分析和总结事件发生的原因;

(2) 分析和总结事件发生的现象;

(3) 评估系统的损害程度;

(4) 评估事件导致的损失;

(5) 分析和总结应急处置过程;

（6）评审应急响应措施的效果和效率，并提出改进建议；

（7）评审应急响应方案的效果和效率，并提出改进建议；

（8）评审应急过程中是否存在失职情况，并给出处理建议；

（9）根据事件发生的原因，提出应用系统加固改进建议。

六、保障措施

6.1 装备、物资保障

建立应急响应设备库，包括信息系统的备用设备、应急响应过程所需要的工具。由应急响应日常运行小组进行保管，每季度进行定期检查，确保能够正常使用。

6.2 技术保障

6.2.1 应急响应技术服务

技术保障由应急响应调查处置小组负责，该小组应制定信息安全事件技术应对表，全面考察和管理技术基础，选择合适的技术服务人员，明确职责和沟通方式。

6.2.2 日常技术保障

日常技术保障包括事件监控与预警的技术保障和应急技术储备两部分。

（1）事件监控与预警的技术保障

由应急响应日常运行小组采取监控技术对整个系统进行安全监控，及时预警，尽早发现安全事件。

（2）应急技术储备

由应急响应协调小组分析应急过程所需要的各项技术，针对各项技术形成培训方案或操作手册，定期进行交流、演练。确保各应急技术岗位人员分工清晰，职责明确。

（3）应急专家储备

由应急响应协调小组定期组织和外部专家或技术供应商进行应急处理预案和技术的交流。

6.3 责任与奖惩

（1）网络安全事件应急处置工作实行责任追究制。

（2）对网络安全事件应急管理工作中作出突出贡献的先进集体和个人给予表彰和奖励。

（3）对不按照规定，迟报、谎报、瞒报和漏报网络安全事件重要情况或者应急管理工作中有其他失职、渎职行为的，依照相关规定对有关责任人给予处分；构成犯罪的，依法追究刑事责任。

七、预防工作

7.1 宣传、教育和培训

将突发信息网络事件的应急管理、工作流程等列为培训内容，增强应急处置能力。加强对突发信息网络事件的技术准备培训，提高技术人员的防范意识及技能。信息中心负责人每年至少开展一次信息网络安全教育，提高信息安全防范意识和能力。

7.2 应急演练

信息中心负责人每年定期安排演练，建立应急预案定期演练制度。通过演练，发现和解决应急工作体系和工作机制存在的问题，不断完善应急预案，提高应急处置能力。

7.3　重要活动期间的预防措施

在重要任务、活动、会议期间,着重加强网络安全事件的防范和应急响应,及时预警可能造成重大影响的风险和隐患,确保网络安全。

八、附则

8.1　预案更新

结合信息化建设发展状况,配合相关法律法规的制定、修改和完善,适时修订本预案。

8.2　制定及发布

本预案由信息中心起草制定,经应急响应领导小组审核、批准后发布生效。

8.3　预案实施时间

本预案自印发之日起实施。

附录 D

典型网络安全事件专项预案举例

D.1 网络故障事件专项预案

1. 恢复顺序

网络恢复时首先保证网络可用,再逐步恢复安全性、高可用性等功能。

2. 恢复步骤

业务网络恢复步骤主要分为三大部分:故障判断、故障处理、故障恢复。故障处理流程见图 D-1 和表 D-1。

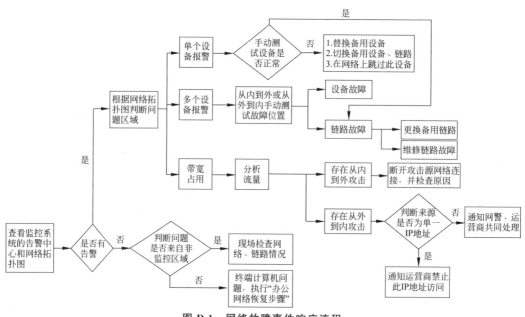

图 D-1 网络故障事件响应流程

表 D-1 网络故障事件响应流程

查看报警信息	1	登录监控系统,查看告警中心、拓扑图有无告警
监控有报警时,根据网络拓扑图判定问题区域	2	单个设备报警时,手动测试设备是否正常。如果正常,那么应该是链路故障,更换备用链路或维修链路即可;如果不正常,则应该是设备故障,更换备用设备,或者跳过此设备或链路即可
	3	多个设备报警时,需要使用 ping、tracert 等网络工具从内到外或从外到内手动测试故障位置。如果是设备故障,就更换备用设备或者跳过此设备或链路;如果是链路故障,则更换备用链路或维修链路

续表

监控有报警时，根据网络拓扑图判定问题区域	4	告警显示带宽占满时，需要分析流量。存在从内到外攻击时，通过抓包确定主机 IP 地址，并关闭源主机网络连接，协调源主机维护方处理。存在从外到内攻击时，判断来源 IP 是否为单一 IP。如果是单一 IP 地址，就联系运营商禁止此 IP 访问；如果是多个 IP，则通知网警、运营商共同处理，并设置办公网防火墙，使办公人员通过备用线路上网
故障恢复	5	恢复正常后，通知领导报警解除，恢复正常运营。
	6	编制《网络安全事件处理结果报告》

网络中各设备所在网络位置如图 D-2 所示。

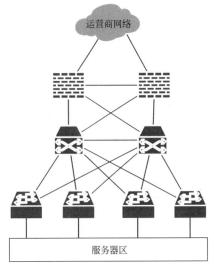

图 D-2　网络中各设备所在网络位置

网络设备备份与替换安排如表 D-2 所示。

表 D-2　网络设备替换列表

序号	设备名称	备用设备	备用设备位置	替换方法
1	防火墙	无	无	防火墙设备为双机，一台故障时不影响使用，维修故障设备即可
2	核心交换机	无	无	核心交换机设备为双机，一台故障时不影响使用，维修故障设备即可
3	接入交换机	交换机	仓库	导入故障设备配置，更换

D.2　病毒导致网络拥塞专项预案

病毒导致的网络拥塞恢复步骤，详细信息和故障处理流程图如图 D-3 所示。

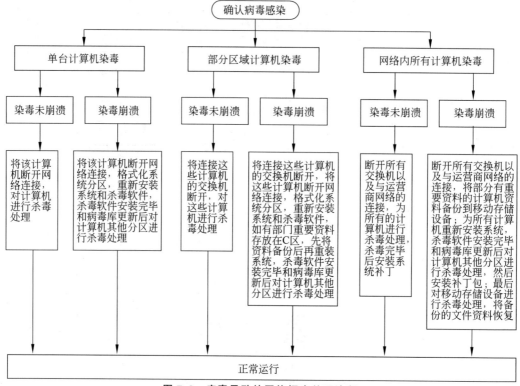

图 D-3　病毒导致的网络拥塞处理流程

图书资源支持

感谢您一直以来对清华版图书的支持和爱护。为了配合本书的使用，本书提供配套的资源，有需求的读者请扫描下方的"书圈"微信公众号二维码，在图书专区下载，也可以拨打电话或发送电子邮件咨询。

如果您在使用本书的过程中遇到了什么问题，或者有相关图书出版计划，也请您发邮件告诉我们，以便我们更好地为您服务。

我们的联系方式：

清华大学出版社计算机与信息分社网站：https://www.SHUIMUSHUHUI.com/

地　　址：北京市海淀区双清路学研大厦 A 座 714

邮　　编：100084

电　　话：010-83470236　　010-83470237

客服邮箱：2301891038@qq.com

QQ：2301891038（请写明您的单位和姓名）

资源下载：关注公众号"书圈"下载配套资源。

资源下载、样书申请

书 圈

图书案例

清华计算机学堂

观看课程直播